中等职业教育课程改革国家规划新教材

全国中等职业教育教材审定委员会审定

机械制图

黄正轴 张贵社 主编

人民邮电出版社

北 京

图书在版编目（CIP）数据

机械制图 ：多学时 / 黄正轴，张贵社主编. —— 北
京 ：人民邮电出版社，2010.8（2023.8重印）
中等职业教育课程改革国家规划新教材
ISBN 978-7-115-22543-6

Ⅰ. ①机… Ⅱ. ①黄… ②张… Ⅲ. ①机械制图—专
业学校—教材 Ⅳ. ①TH126

中国版本图书馆CIP数据核字(2010)第129509号

中等职业教育课程改革国家规划新教材
全国中等职业教育教材审定委员会审定

机械制图（多学时）

- ◆ 主　　编　黄正轴　张贵社
　　责任编辑　刘盛平

- ◆ 人民邮电出版社出版发行　　北京市丰台区成寿寺路 11 号
　　邮编　100164　　电子邮件　315@ptpress.com.cn
　　网址　https://www.ptpress.com.cn
　　涿州市般润文化传播有限公司印刷

- ◆ 开本：787×1092　1/16
　　印张：18.25　　　　　　　　2010 年 8 月第 1 版
　　字数：457 千字　　　　　　2023 年 8 月河北第 15 次印刷

ISBN 978-7-115-22543-6

定价：25.00 元

读者服务热线：(010)81055256　印装质量热线：(010)81055316
反盗版热线：(010)81055315
广告经营许可证：京东市监广登字 20170147 号

中等职业教育课程改革国家规划新教材
出版说明

　　为贯彻《国务院关于大力发展职业教育的决定》（国发〔2005〕35号）精神，落实《教育部关于进一步深化中等职业教育教学改革的若干意见》（教职成〔2008〕8号）关于"加强中等职业教育教材建设，保证教学资源基本质量"的要求，确保新一轮中等职业教育教学改革顺利进行，全面提高教育教学质量，保证高质量教材进课堂，教育部对中等职业学校德育课、文化基础课等必修课程和部分大类专业基础课教材进行了统一规划并组织编写，从2009年秋季学期起，国家规划新教材将陆续提供给全国中等职业学校选用。

　　国家规划新教材是根据教育部最新发布的德育课程、文化基础课程和部分大类专业基础课程的教学大纲编写，并经全国中等职业教育教材审定委员会审定通过的。新教材紧紧围绕中等职业教育的培养目标，遵循职业教育教学规律，从满足经济社会发展对高素质劳动者和技能型人才的需要出发，在课程结构、教学内容、教学方法等方面进行了新的探索与改革创新，对于提高新时期中等职业学校学生的思想道德水平、科学文化素养和职业能力，促进中等职业教育深化教学改革，提高教育教学质量将起到积极的推动作用。

　　希望各地、各中等职业学校积极推广和选用国家规划新教材，并在使用过程中，注意总结经验，及时提出修改意见和建议，使之不断完善和提高。

教育部职业教育与成人教育司

2010年6月

前　言

　　"机械制图"作为中等职业学校机械类和工程技术类各专业的核心课程之一,对学生职业技能的学习起到了关键性的、基础性的作用。

　　本书是以教育部 2009 年颁布的《中等职业学校机械制图教学大纲》为依据编写的,以适应中等职业学校学生就业需求为出发点。在编写过程中,本书遵循"好教、好学、好用、够用"的原则,充分考虑老师和学生的现状以及企业的实际需求,使教学内容、教学方法与教学手段相协调,注重知识的实践应用,将抽象的问题具体化,将复杂的理论简单化,将理论知识实践化,强调培养学生的绘图能力、识图能力、空间思维能力、徒手绘图能力和工程应用能力。

　　与本书配套使用的习题集,内容充实、题型多,为教师的取舍和学生多练提供了方便。

　　本书在编写过程中,还充分考虑中职学生的知识基础和学习特点,版式设计上采取较为生动的形式,在文字中插入大量示意图、表格,增强内容的直观性。在语言表达上更贴近中职学生的年龄特征,文字表达力求简明。为了提醒任课教师在讲解相应知识点的过程中充分调动学生的学习积极性,在本书的每一章都设计了一些"课堂活动","课堂测试"、"提示"等小栏目,旨在让学生在活动中探索,在活动中感悟,既形成师生之间的友好互动,又培养学生的团队意识,从而达到边讲边练的目的。书中标"*"的内容为选学内容,各学校可根据实际情况进行选择并安排教学。

　　为了更好地发挥教材的作用,保证教学质量,我们还将开发配套的多媒体教学辅助资源,这样可以弥补单一纸质教材的不足,有利于教师利用现代教育技术手段完成教学任务。在教学过程中,针对不同的教学内容,可选择在多媒体教室、实习工厂教学,边讲边练,在做中教,在做中学,调动学生学习的积极性和主动性,教与学寓于一体。

　　本书各章参考学时如下表(供参考)。

序　号	课程内容	教学时数
	绪论	0.5
1	制图的基本知识和技能	7.5
2	正投影基础	14
3	基本体的三视图	8
4	轴测图	6
5	组合体	10
6	机械图样的基本表达方法	10
7	标准件、常用件及其规定画法	10
8	零件图	14
9	装配图	8
10	专用图样的识读	14

（续表）

序　号	课程内容	教学时数
11	第三角画法	16
	机动	10
	总学时数	128

本书由武汉市教育科学研究院职业教育与成人教育研究室黄正轴、武汉机电工程学校张贵社担任主编，负责设计全书的编写框架、图例审定、文字统稿以及教学辅助资源的开发工作；参与本书编写和教学辅助资源开发的还有库盛贵、程立群、罗文彩、黄莉、邓汉屏、谌小婷和黄克新。本书在编写过程中，北京理工大学董国耀教授、辽宁石化职业技术学院胡建生教授以及北京电子科技职业学院徐玉华副教授提出了许多宝贵的修改意见和建议，在此表示感谢。

本教材经全国中等职业教育教材审定委员会审定通过，由军械工程学院郭朝勇教授、河北工业职业技术学院董兆伟教授审稿，在此表示诚挚感谢。

由于编者水平有限，书中难免存在不足之处，欢迎广大读者批评指正。

编　者

2010 年 6 月

目　录

　　在工程中，一个待加工的零件用文字进行表达时，需要表达的内容包括：零件的名称、材料、各部分的结构形状和大小尺寸、各表面的加工方法和加工质量、各部分结构的测量要求和精度、表面处理及热处理等。这样，仅仅用文字将零件所有的制造过程完整、准确地表达清楚，就显得非常困难，而且，零件越复杂，表达越困难。在图 0.1 所示的图样（零件图）中，采用一组图形来表达零件的结构形状和大小尺寸，用一些简单的符号、代号和标注来表达各种加工、测量和检验等方面的要求，这样不仅可以完整、真实、清晰地表达设计意图，也避免了用文字叙述的烦琐，且便于识读。

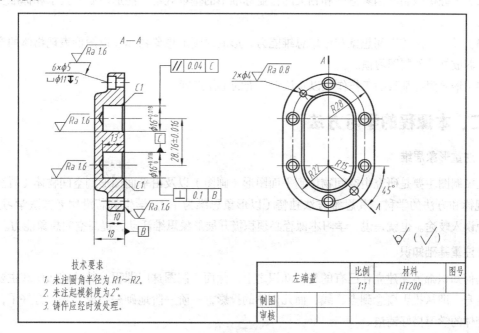

图 0.1　零件图

　　可见，图样和文字、数字一样，也是人类用来表达、交流思想和分析事物的基本工具，是工程技术界进行技术交流的一种特殊语言——工程技术语言。例如，在零部件的设计、加工制造以

及检验装配过程中，设计者对设计思想和加工要求的表达与制造者对设计意图的领会都可用零件图进行交流。而且，在机械工业中，各种机器、设备的设计、制造与使用的全过程，都把图样作为主要的技术资料。

一、本课程的研究对象

在工程技术中，为了准确地表达机械、仪器、建筑物等的形状、结构和大小，根据投影原理、标准或有关规定画出的图，称为图样。图样是制造工具、机器、仪表等产品和进行建筑施工的重要技术依据。不同的生产部门对图样有不同的要求和名称，如建筑工程中使用的图样称为建筑图样，机械制造业中的图样称为机械图样等。"机械制图"就是研究机械图样的图示原理、读图和画图方法及有关标准的课程。它主要包括以下内容。

（1）制图的基本知识。主要介绍基本制图标准、绘图工具、几何作图等知识。

（2）正投影法与三视图。主要介绍机械图样的图示原理和方法。

（3）机械图样。主要介绍机械图样读图、画图的规则和方法。

（4）其他图样。主要介绍机械工人应知的锻造、焊接、金属结构等图样。

二、本课程的目的和任务

本课程的目的和任务主要有以下几个方面。

（1）掌握正投影法的基本原理和作图方法，能绘制简单的零件图，识读中等复杂程度的零件图和简单的装配图。

（2）掌握机械制图国家标准和相关的行业标准中的基本规定，能适应制图技术和标准变化的需要。

（3）具备一定的空间想象和形象思维能力，形成由图形想象物体、以图形表现物体的意识和能力，养成规范的制图习惯。

（4）培养耐心细致的工作作风以及认真负责的工作态度。

三、本课程的学习方法

1. 注重形象思维

机械制图主要是研究由空间物体到平面图形（画图）以及由平面图形到空间物体（看图）转化的规律和方法的学科。其思维方法独特（以形象思维为主），学生倘若沿用老方法学习此课，则难免误入歧途。也就是说，学习本课程必须积极开展形象思维活动，提高空间想象能力。

2. 注重基础知识

任何知识都需要建立在已有的基础知识之上。然而，制图这门课程，其基础知识却主要来自课程自身，即从投影慨念到点、线、面几何体的投影，一阶一阶地砌垒而成。基础打好了，才能为组合体的学习搭好铺垫。

组合体在制图教学中具有重要的地位。可以把组合体比作"转运站"，因为它能把投影理论的基础知识"吸收"进来，"转发"出去，又可作为零件图的基础；组合体又好比是座"桥"，因为只有顺利地通过它，才能到达学习的理想境地。可以说，组合体教学是整个制图教学中的一座"里程碑"。

组合体的教学内容极其丰富：画图、看图、标注尺寸——制图课的三大"经脉"，以及疏通"经脉"的两种方法——形体分析法和线面分析法均聚集在此。尤其是在学习零件图的绘制、识图及尺寸标注时，它们将作为最基本、最重要的基础知识为之所用。

3. 注重作图实践

制图课的实践性很强，"每课必练"是本课的又一突出特点。就是说，若想学好这门课，具有画图、看图的本领，只有通过扎扎实实、反反复复地"练"才能奏效，绝无他法。应该说制图课是画会的，而绝不可能看会或听会。练习时，应做到以下几点。

（1）正确掌握绘图工具和用品的使用方法，以提高作图的质量和速度。

（2）作图必须以投影理论为指导，先看书，后画图。在作"依物画图"和"由图想物"的练习时，一定要弄清楚"物"、"图"之间的相互转化关系，注意培养自己的空间想象能力。

（3）及时完成作业，批改后，将错处改正过来。

综上所述，制图课是以形象思维为主的课程，学习时切勿采用背记的方法，注意打好知识基础；只有通过大量的作图实践，才能不断提高看图和画图能力，才能达到本课程最终的学习目标。

第1章

制图的基本知识和技能

图 1.1 所示为日常生活中常见的齿轮，下面请同学们来思考几个问题。

（1）齿轮模型如何表达？

（2）根据学生提出的表达方案，组织学生讨论，该表达方案是否表达完整？

（3）如果将以上表达方案送到任意一个工厂进行加工，是否能让工厂师傅看明白并加工出和齿轮模型完全一样的产品？

（4）综合讨论设计者和制造者沟通的桥梁是什么？这个桥梁是否需要满足一定的标准和规则呢？

图 1.1 齿轮

机械图样是设计和制造机械零件的重要技术文件，是交流技术思想的一种工程语言。因此，在设计和绘制图样时，必须严格遵守国家标准《技术制图》、《机械制图》和有关技术标准。本章扼要介绍国家标准《技术制图》、《机械制图》中的基本规定，主要有：制图工具的使用、图纸幅面和格式、比例、字体、图线、尺寸注法等。

学习目标

- 正确使用常用的尺规绘图工具
- 熟悉国家标准《技术制图》与《机械制图》的一些基本规定和要求
- 掌握常用几何图形的画法
- 掌握简单平面图形的分析方法和作图步骤
- *掌握画草图的基本方法

1.1 常用尺规绘图工具

"工欲善其事，必先利其器"。正确、熟练地使用绘图工具和采用正确的绘图方法，是提高绘图质量，加快绘图速度的重要手段。

常用的制图工具和用品有：图板、丁字尺、三角板、圆规、制图用品等。

1.1.1 图板和丁字尺

如图 1.1 所示，图板是绘图时用来固定图纸的矩形木板，板面应光滑平坦。图纸用胶纸固定在图板上。图板的左侧短边为工作边，称作导边，必须光滑平直。

丁字尺由尺头和尺身组成，如图 1.2 所示。作图时将尺头内侧紧靠图板的导边，上下滑动，即可沿尺身的上边（工作边）绘制水平线，如图 1.3 所示。

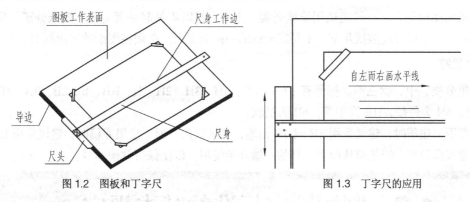

图 1.2　图板和丁字尺　　　　　　　　　　　图 1.3　丁字尺的应用

1.1.2 三角板

三角板由两块合成为一副，一块为 45°，另一块为 30°（60°）。将三角板和丁字尺配合使用，可画垂直线（见图 1.4）和一些常用特殊角度的倾斜线（见图 1.5），如 30°、45°、60°、75° 等。

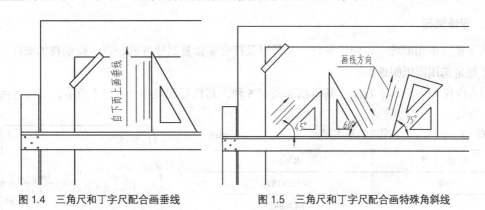

图 1.4　三角尺和丁字尺配合画垂线　　　　　图 1.5　三角尺和丁字尺配合画特殊角斜线

1.1.3 圆规

圆规主要用来画圆或圆弧。画圆或圆弧时，圆规的钢针应使用有肩台的一端，这样不致使图纸上的针孔过大。圆规的使用方法如图 1.6 所示。

 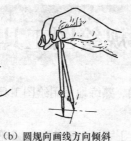 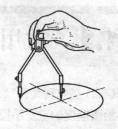

（a）将针尖扎入圆心　　（b）圆规向画线方向倾斜　　（c）画大圆时圆规两脚垂直纸面

图 1.6　圆规的用法

1.1.4　制图用品

常用的制图用品有图纸、铅笔、橡皮、胶带纸、小刀、砂纸等。

1. 图纸

图纸的品种很多，一般应选用质地坚实、用橡皮擦时不易起毛者为宜。图纸分正、反两面，识别的方法为：用橡皮擦拭几下，不易起毛的的一面为正面，必须在图纸的正面画图。

2. 铅笔

铅笔分硬、中、软三种。标号有：6H、5H、4H、3H、2H、H、HB、B、2B、3B、4B、5B、6B13 种。6H 为最硬，HB 为中等，6B 为最软。

绘制图形底稿时，建议采用 2H 或 3H 铅笔，并削成圆锥形；描黑底稿时，建议采用 B 或 HB 铅笔，削成扁铲形。铅笔应从没有标号的一端开始使用，以便保留软硬标号。

1.2　制图国家标准的基本规定

1.2.1　图纸幅面和格式（GB/T 14689—2008）

1. 图纸幅面

为了使图纸幅面统一，便于装订、保管以及符合缩微复制原件的要求，绘制技术图样时，应按以下规定选用图纸幅面。

（1）应优先采用基本幅面，基本幅面共有 5 种，其代号和规格如表 1.1 所示。其尺寸关系如图 1.7 所示。

表 1.1　　　　　图纸的基本幅面　　　　　mm

幅面代号	$B \times L$
A0	841 × 1189
A1	594 × 841
A2	420 × 594
A3	297 × 420
A4	210 × 297

图 1.7　基本幅面的尺寸关系

（2）必要时，也允许选用加长幅面。但加长幅面的尺寸必须是由基本幅面的短边成整数倍增加后得出。更多加长幅面及其尺寸关系如图 1.8 所示。

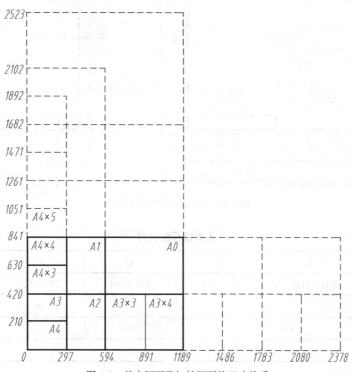

图 1.8 基本幅面及加长幅面的尺寸关系

2. 图框格式

在图纸上必须用粗实线画出图框。图框有两种格式：不留装订边和留装订边。同一种产品中所有图样均应采用同一种格式。

不留装订边图纸的图框格式如图 1.9（a）和图 1.9（b）所示；留有装订边的图纸，图框格式如图 1.10（a）和图 1.10（b）所示。各部分尺寸按表 1.2 所示选取。

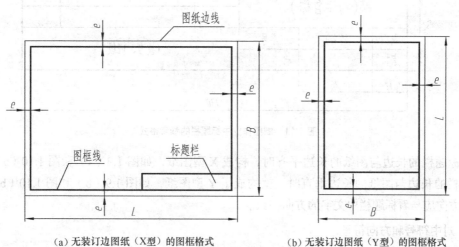

（a）无装订边图纸（X型）的图框格式　　　　（b）无装订边图纸（Y型）的图框格式

图 1.9 不留装订边的图框格式

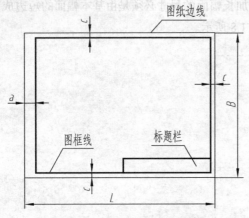

（a）有装订边图纸（X型）的图框格式

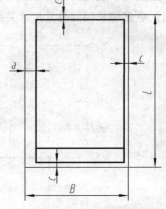

（b）有装订边图纸（Y型）的图框格式

图1.10　留有装订边的图框格式

表1.2　　　　　　　　　　　　　　　基本幅面的尺寸

幅面代号	A0	A1	A2	A3	A4
$B \times L$	841 × 1189	594 × 841	420 × 594	297 × 420	210 × 297
e	20			10	
c	10			5	
a	25				

3．标题栏的方位

每张图纸上都必须画出标题栏。标题栏的格式和尺寸应按国家标准（GB/T 10609.1—2008）的规定。在制图作业中建议采用图1.11的格式。标题栏的位置应位于图纸的右下角，如图1.9和图1.10所示。

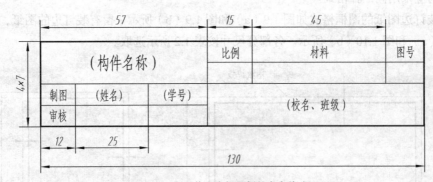

图1.11　制图作业中标题栏的参考格式

当标题栏的长边与图纸的长边平齐时，构成X型图纸，如图1.9（a）和图1.10（a）所示；当标题栏的长边与图纸的长边垂直时，就构成了Y型图纸，如图1.9（b）和图1.10（b）所示。看图的方向应与看标题栏中文字的方向一致。

4．对中符号和方向符号

（1）对中符号。为了使图样复制和缩微摄影时定位方便，对各号图纸，均应在图纸各边长的

的中点处分别画出对中符号。

对中符号用粗实线绘制，线宽不小于 0.5mm，长度从纸边界开始至伸入图框内约 5mm，如图 1.12 和图 1.13 所示。对中符号处在标题栏范围内时，伸入标题栏部分省略不画。

（2）方向符号。为了利用预先印制好的图纸，允许将 X 型图纸竖向使用，摆放的方位如图 1.12 所示；或将 Y 型图纸横向使用，摆放方位如图 1.13 所示。

将 X 型图纸竖向使用，或将 Y 型图纸横向使用时，为了明确绘图与看图的方向，应在图纸图框的下边中点处绘制一个方向符号，如图 1.12 和图 1.13 所示。

方向符号是使用细实线绘制的等边三角形，其大小和所处的位置如图 1.14 所示。

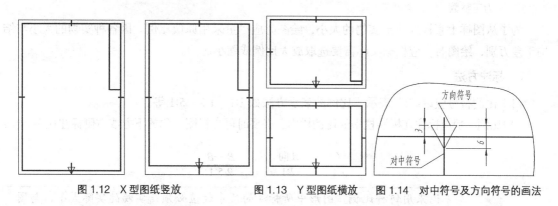

图 1.12　X 型图纸竖放　　　　　图 1.13　Y 型图纸横放　　图 1.14　对中符号及方向符号的画法

想一想

（1）图纸的基本幅面有哪几种？5 种基本幅面间的尺寸有什么规律？

（2）A3 图纸幅面的尺寸是多少？不留装订边的图框尺寸是多少？

（3）A3 幅面与 A4 幅面的尺寸关系是什么？

（4）图框线的线宽有什么要求？

（5）A4×3 的加长幅面，其尺寸是多少？

1.2.2　比例（GB/T 14690 —1993）

1. 术语

（1）比例。图中图形与其实物相应要素的线性尺寸之比。

（2）原值比例。比值为 1 的比例，即 1:1。

（3）放大比例。比值大于 1 的比例，如 2:1 等。

（4）缩小比例。比值小于 1 的比例，如 1:2 等。

2. 比例系列

当需要按比例绘制图样时，应从 GB/T 14690 —1993 规定的系列中选取适当的比例。规定的比例系列如表 1.3 所示。

表 1.3 比例系列

种 类	优先选用的比例系列			允许选用的比例系列				
原值比例	1:1			—				
放大比例	5:1	2:1		4:1		2.5:1		
	$5 \times 10^n:1$	$2 \times 10^n:1$	$1 \times 10^n:1$	$4 \times 10^n:1$		$2.5 \times 10^n:1$		
缩小比例	1:2	1:5	1:10	1:1.5	1:2.5	1:3	1:4	1:6
	$1:2 \times 10^n$	$1:5 \times 10^n$	$1:1 \times 10^n$	$1:1.5 \times 10^n$	$1:2.5 \times 10^n$	$1:3 \times 10^n$	$1:4 \times 10^n$	$1:6 \times 10^n$

注：n 为正整数

为了从图样上直接反应出实物的大小，绘图时应尽量采用原值比例。因各种实物的大小与结构千差万别，绘图时，应根据实际需要选取放大比例或缩小比例。

3. 标注方法

（1）比例符号应以"："表示。比例的表示方法如 1:1、1:2、5:1 等。

（2）比例一般应标注在标题栏中的比例栏内。必要时可在视图名称的下方或右侧标注比例，如：

$$\frac{I}{2:1} \qquad \frac{A向}{2:1} \qquad \frac{B—B}{2.5:1}$$

不论采用何种比例，图形中所标注的尺寸数值必须是实物的实际大小，与图形的绘图比例无关，如图 1.15 所示。

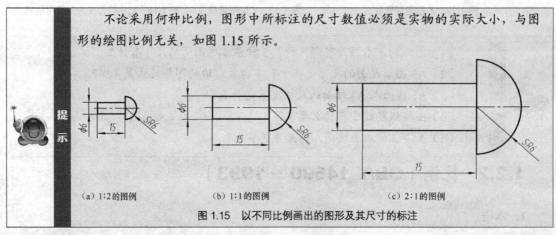

（a）1:2的图例   （b）1:1的图例   （c）2:1的图例

图 1.15   以不同比例画出的图形及其尺寸的标注

1.2.3   字体（GB/T 14691—1993）

1. 基本要求

（1）在图样中书写的汉字、数字和字母，都必须做到"字体工整、笔画清楚、间隔均匀、排列整齐"。

（2）字体的高度（用 h 表示）代表字体的号数，字体高度的公称尺寸系列为：1.8、2.5、3.5、5、7、10、14、20，单位：mm。

（3）汉字应写成长仿宋字，采用国家正式公布的简化字。汉字的高度 h 不应小于 3.5mm。其字宽一般为：$h/\sqrt{2}$。

（4）数字和字母分为 A 型、B 型两种字型，字型以笔画的宽度进行区分：A 型字体的笔画宽度（d）为字高（h）的 1/14，B 型字体的笔画宽度（d）为字高（h）的 1/10。同一张图纸上只允许选用一种字型。

（5）数字和字母可写成斜体和直体。斜体字字头向右倾斜，与水平基准线成75°。

2. 字体示例

汉字、数字和字母的字体示例见表1.4。

表1.4　　　　　　　　　　　　　　　　字　体

字　体		示　例
长仿宋体汉字	7号	横平竖直、注意起落、结构均匀、填满方格
	5号	机械制图 石油化工 机械电子 汽车 航空 般舶 土木建筑 矿山
	3.5号	螺纹 齿轮 端子 接线 飞行指导 驾驶舱位 挖填 施工 引水 通风 闸 阀 坝 化纤
拉丁字母	大写	ABCDEFGHRJKLMNOPQRSTUVWXYZ
	小写	abcdefghrjklmnopqrstuvwxyz
阿拉伯数字	斜体	0123456789
	直体	0123456789
罗马数字	斜体	I II III IV V VI VII VIII IX X XI XII
	直体	I II III IV V VI VII VIII IX X XI XII

1.2.4　图线（GB/T 4457.4—2002）

1. 线型及图线尺寸

国家标准《机械制图图样画法 图线》(GB/T 4457.4—2002) 中规定了在机械图样中使用的9种图线，其名称、线型、图线宽度及其在图样上的应用如表1.5所示。

表1.5　　　　　　　　　　　　　　　图线

图线名称	线型	线宽	应用举例
粗实线	——————	d	可见轮廓线、螺纹牙顶线、螺纹长度终止线、齿顶圆（线）、剖切符号用线等
细实线	——————	$d/2$	尺寸线、尺寸界线、剖面线等
波浪线	∼∼∼∼	$d/2$	视图和剖视的分界线、断裂处的边界线

图线名称	线型	线宽	应用举例
双折线		$d/2$	断裂处的边界线、视图与剖视图的分界线
细虚线		$d/2$	不可见轮廓线
粗虚线		d	允许表面处理的表示线
细点画线		$d/2$	轴线、齿轮分度圆（线）、对称中心线等
粗点画线		d	有特殊要求或限定范围的表示线
细双点画线		$d/2$	相邻辅助零件的轮廓线、可动零件极限位置的轮廓线、重心线、成型前的轮廓线、轨迹线等

图线分为粗细两种。粗线的宽度 d 应按图样的大小和复杂程度，在 0.13mm、0.18mm、0.25mm、0.35mm、0.5mm、0.7mm、1mm、1.4mm、2mm 系列中选择，细线的宽度约为 $d/2$。

粗线宽度的推荐系列为：0.25、0.35、0.5、0.7、1mm。

2. 图线的应用

常用图线的应用举例，如图 1.16 所示。

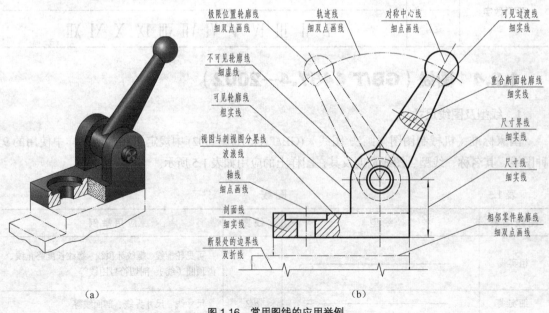

图 1.16 常用图线的应用举例

3. 图线的画法要求

（1）同一图样中，同类图线的宽度应一致。虚线、点画线及双点画线的线段长度和间隔应各

自大致相等。

（2）两条平行线（包括剖面线）之间的距离应不小于粗实线的两倍宽度，其最小距离不得小于0.7mm。

（3）绘制圆的对称中心线时，圆心应为线段的交点。细点画线和细双点画线的首末两端应是线段而不是短画线。

（4）在较小的图形上绘制点画线或双点画线有困难时，可用细实线代替。

（5）轴线、对称中心线、双折线和作为中断线的双点画线，均应超出轮廓线3～5mm。

（6）细虚线与细虚线（或其他图线）相交时，应线段相交，细虚线是粗实线的延长线时，在连接处需留有间隙。图1.17（a）和图1.17（b）所示为图线画法的应用举例。

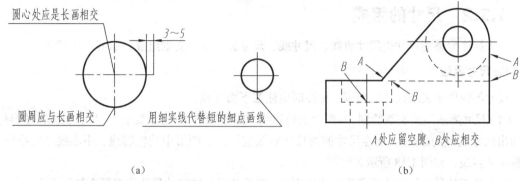

（a）   （b）

图1.17　细点画线及虚线相交处的画法

 （1）粗实线的线宽是否可以任意选取？

（2）当粗实线的线宽取0.5mm时，图形中细线（细实线、细虚线、细点画线等）的线宽应取多少？

（3）虚线、细点画线和细双点画线是否可以在点或间隔处相交？

1.3　尺寸注法

尺寸是图样中的重要内容之一，是制造零件的直接依据，也是图样中指令性最强的部分。

因此，国家标准《机械制图　尺寸注法》（GB/T 4458.4—2003）、《技术制图　简化表示法第2部分：尺寸标法》（GB/T 16675.2—1996）对尺寸标注作出了详细的规定。标注尺寸时，应严格执行国家标准，做到正确、齐全、清晰、合理。

1.3.1　标注尺寸的基本规则

（1）机件的真实大小应以图样上所注尺寸数值为依据，与图形的大小及绘图的准确度无关。

（2）图样中的尺寸，以mm为单位时，不需标注计量单位的符号或名称，若采用其他单位，则必须注明相应的计量单位的符号和名称。

（3）机件的每一尺寸，一般只标一次，并应标注在反映该结构特征的图形上。

（4）图样中所标注的尺寸，为该图样所示机件的最后完工尺寸，否则应另加说明。

（5）标注尺寸时。应尽量使用符号和缩写词。常用的符号和缩写词如表1.6所示。

表1.6　　　　　　　　　　　　　常用的符号和缩写词

名称	符号或缩写词	名称	符号或缩写词	名称	符号或缩写词
直径	ϕ	厚度	t	沉孔或锪平孔	⨆
半径	R	正方形	□	埋头孔	⋁
球直径	$S\phi$	45°角	C	均布	EQS
球半径	SR	深度	↓	斜度	∠

1.3.2　尺寸的组成

一个标注完整的尺寸由尺寸界线、尺寸线、尺寸数字3个要素组成，如图1.18所示。

1. 尺寸界线

尺寸界线用来表示尺寸的范围。标注时应注意下面几点。

（1）尺寸界线用细实线绘制，自图形的轮廓线、轴线或对称中心线处引出，尽量引画在图形外，并超出尺寸线外约2mm，线性尺寸的两尺寸界线应平行。图形中的轮廓线、中心线和轴线均可代替尺寸界线，如图1.18所示。

（2）角度的尺寸界线应沿角度的边线引出；弦长和弧长的尺寸界线应平行于弦的垂直平分线，如图1.19所示。

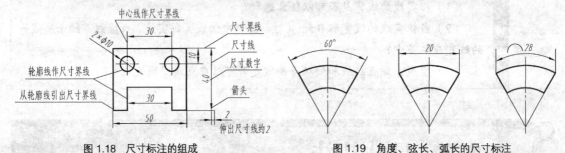

图1.18　尺寸标注的组成　　　　　　　　　图1.19　角度、弦长、弧长的尺寸标注

（3）尺寸界线一般应与尺寸线垂直，必要时才允许倾斜；在光滑过渡处标注尺寸时，应用细实线将轮廓线延长，从它们的交点处引出尺寸界线，如图1.20所示。

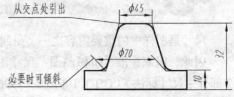

图1.20　尺寸界线标注示例

2. 尺寸线

尺寸线用来表示尺寸度量的方向。标注时应注意下面几点。

（1）尺寸线用细实线绘制在两尺寸界线之间。尺寸线的两端通过尺寸终端与尺寸界线接触，其终端可以有两种形式：箭头和斜线。箭头和斜线的画法如图1.21所示。

注意　　①机械图样中一般采用箭头作为尺寸线的终端。不正确的箭头画法如图1.22所示。

②同一张图样中，只能采用一种尺寸线终端形式。

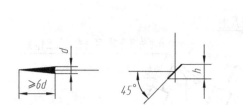

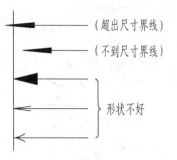

d=图中粗实线的宽度	h=字体高度
（a）箭头的画法	（b）斜线的画法

图 1.21　尺寸线终端的两种表示方法

图 1.22　不正确的箭头画法

（2）标注线性尺寸时，尺寸线必须与所标注的线段平行；尺寸线不可被任何图线或其延长线代替，必须单独画出；不可伸出尺寸界线外；尺寸线到轮廓线的距离以及相互平行的尺寸线间距应大于 7mm，如图 1.23 所示。

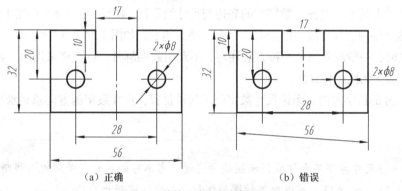

（a）正确　　　　　　　　　　　　（b）错误

图 1.23　线性尺寸的尺寸线标注示例

（3）标注角度和弧长时，尺寸线应画成圆弧，圆心是该角的顶点；弦长的尺寸线应垂直于尺寸界线，如图 1.19 所示。

（4）圆的直径和圆弧半径的尺寸线终端应画成箭头，尺寸线或尺寸线的延长线必须过圆心。

3. 尺寸数字

尺寸数字用于表示所注机件尺寸的实际大小。标注时应注意以下几个方面。

（1）尺寸数字应采用阿拉伯数字，同一张图样中数字大小应一致。

（2）尺寸线为水平时，尺寸数字应注写在尺寸线的上方；如若尺寸线铅垂，尺寸数字应注写在尺寸线的左侧；若尺寸线倾斜，尺寸数字注写在尺寸线的斜上方，如图 1.24（a）所示。尺寸数字也可以注写在尺寸线的中断处，如图 1.24（b）所示。但同一张图样上的注写方法应一致。标注时应尽量避免在图 1.25（a）中所示 30° 范围内标注尺寸，当无法避免时，可用引线引出标注，如图 1.25（b）所示。

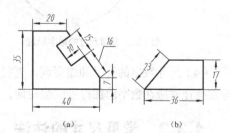

（a）　　　　　（b）

图 1.24　尺寸数字的位置（一）

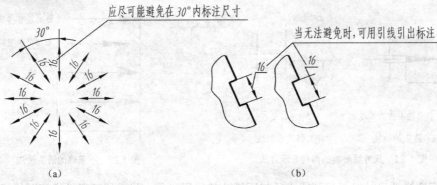

图 1.25 尺寸数字的位置（二）

（3）尺寸数字的方向。

①线性尺寸的数字方向有下面两种方式。

（a）尺寸数字与尺寸线对齐。数字行的底边与尺寸线平行，如图 1.24（a）和图 1.25（a）所示。

（b）尺寸数字注写在尺寸线中断处时，数字总是头朝上，如图 1.24（b）所示。

实际标注时，一般应采用第一种方法注写，不致引起误解时，也允许采用第二种方法。但在同一张图样中应采用同一种方法。

②角度尺寸的数字方向。无论尺寸数字处于何种位置，尺寸数字的方向总是水平方向，如图 1.26 所示。

注意 　尺寸数字不允许被任何图线所通过。当不可避免时，必须把图线断开，如图 1.27 中的 $\phi 18$，穿过数字的圆周线和中心线均应断开。

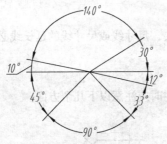

图 1.26 角度尺寸的数字标注

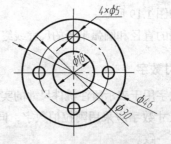

图 1.27 被尺寸数字压住的图线应断开

（4）尺寸数字的符号和缩写词。直径、半径、球径、角度、倒角、正方形、沉孔、均布符号等在标注时应在数字前加符号或缩写词，如表 1.7 所示。

1.3.3 常见尺寸的注法

1. 线性尺寸的标注

（1）串联尺寸，箭头对齐，如图 1.28 所示。

（2）并联尺寸，小尺寸在内，大尺寸在外，尺寸线间隔应大于 7mm，如图 1.29 所示。

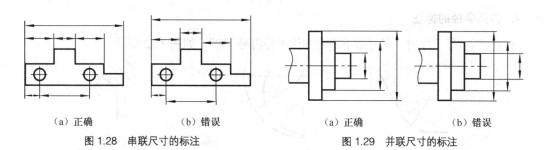

<table>
<tr><td>（a）正确</td><td>（b）错误</td><td>（a）正确</td><td>（b）错误</td></tr>
</table>

<table>
<tr><td>图 1.28　串联尺寸的标注</td><td>图 1.29　并联尺寸的标注</td></tr>
</table>

2．直径尺寸的标注

（1）标注直径尺寸时，应在尺寸数字前标注直径符号"ϕ"。

（2）均匀分布的结构，可简化画图，标注时使用均布缩写词"EQS"进行简化标注。

（3）在圆弧上标注直径或半径尺寸时，尺寸线应通过圆心，箭头指到圆弧上。

标注示例如图 1.30 所示。

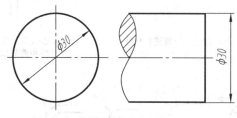
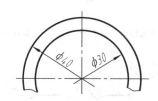

（a）直径尺寸的基本注法　　　　　　　　（b）大于半圆的圆弧，应注直径尺寸
　　　　　　　　　　　　　　　　　　　　　　（尺寸线和箭头不完整）

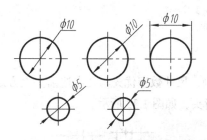
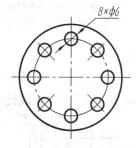
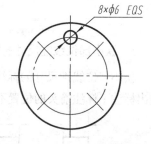

（c）小圆的直径注法　　　　（d）沿圆周均布小孔直径的注法　　　（e）用均布缩写词简化标注

图 1.30　直径尺寸的标注

3．球径的标注

标注球面直径时，在尺寸数字前应加注球面直径符号"$S\phi$"，球面半径的标注数字前应加注球面半径符号"SR"，如图 1.31 所示。

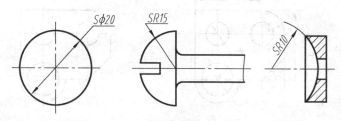

图 1.31　球径尺寸的标注

4. 圆弧半径的标注

标注圆弧半径尺寸时，尺寸数字前应加注半径符号"R"，如图1.32所示。

 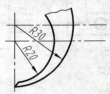

（a）半径尺寸的一般注法：尺寸线过圆心，单箭头指向圆弧

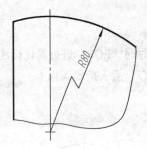 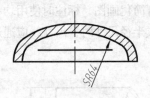

（b）圆心位置较远时，用折线缩近圆心，标注半径　（c）不示意圆心位置进行标注　（d）同心圆弧可共用一个尺寸线和箭头依次标注

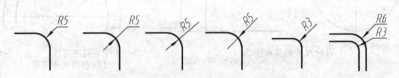

（e）较小圆弧的半径尺寸可用引线标注

图1.32　圆弧半径的标注示例

5. 狭小部位线性尺寸的标注

狭小部位线性尺寸的标注，可将箭头画在尺寸界线外侧，尺寸数字优先写在右边箭头上方或引出标注；标注箭头的位置不够时，可用圆点或斜线代替箭头，如图1.33所示。

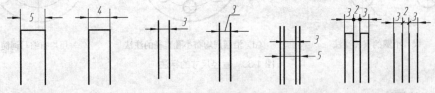

图1.33　狭小部位的标注示例

分析图1.34（a）中的尺寸标注，找出错误，并在图1.34（b）上重新标注。

挑战训练

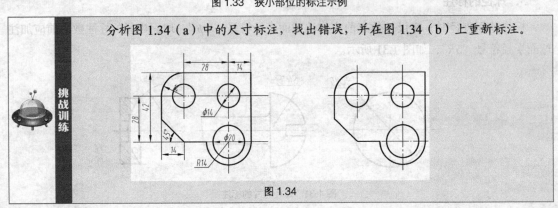

图1.34

1.4 几何作图

1.4.1 等分线段

在绘制图形时,常常需要将一条线段等分为若干等份,制图中一般多用平行线法进行等分(根据数学中相似三角形对应边成比例的原理推导而来),下列举例说明线段等分法的画法步骤。

用平行线法将线段 *AB* 分成 5 等份的作图方法如表 1.7 所示。

表 1.7 等分直线段的作图方法

图例	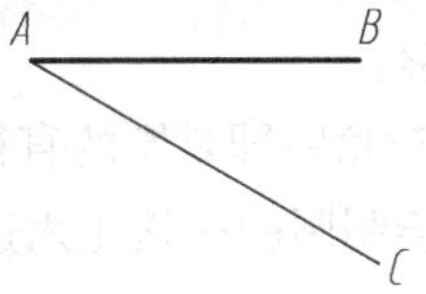	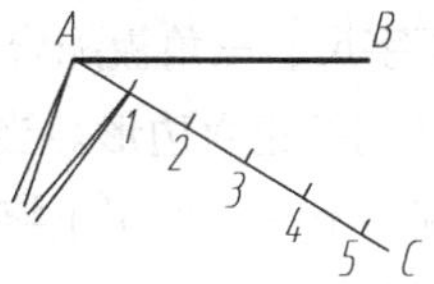
说明	①绘制已知线段 *AB*,并过点 *A* 作直线 *AC*,与已知直线段 *AB* 成锐角	②用分规在线段 *AC* 上以任意长度截得五个等分点:*1*、*2*、*3*、*4*、*5*
图例	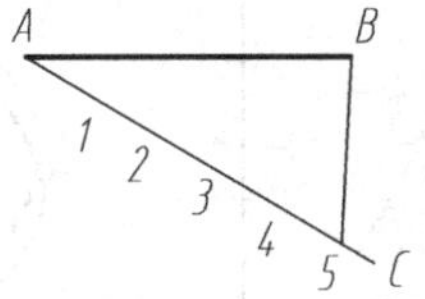	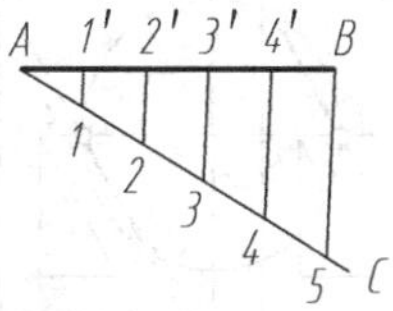
说明	③连接 *5*、*B* 点	④分别过点 *4*、*3*、*2*、*1* 作 *5B* 的平行线,交 *AB* 于 *4'*、*3'*、*2'*、*1'* 四点,即为所求的五等分点

1.4.2 等分圆周

画正多边形最简便的方法就是等分圆周,再连接各等分点,即可完成正多边形的绘图。

跟我做

【活动内容】每位学生绘制一个直径为50的圆。

【活动目的】将画圆过程中的问题凸显现来。

【讨论分析】针对反映出的问题,强调尺规画圆的注意事项。

1. 六等分圆周和作正六边形

(1)用圆的半径等分圆周,并绘制正六边形。当已知正六边形对角距离(即外接圆直径)时,可用此法画出圆的内接正六边形,绘图方法和步骤如表 1.8 所示。

表1.8　　　　　　　　　　　　　用半径等分圆周画正六边形的作图方法

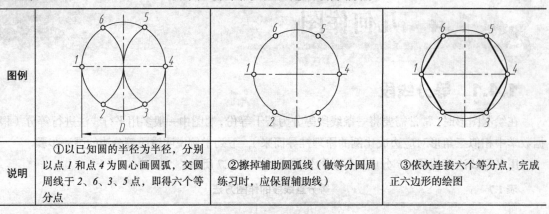

图例	(如图例所示)		
说明	①以已知的半径为半径，分别以点1和点4为圆心画圆弧，交圆周线于2、6、3、5点，即得六个等分点	②擦掉辅助圆弧线（做等分圆周练习时，应保留辅助线）	③依次连接六个等分点，完成正六边形的绘图

（2）用丁字尺、三角板配合作圆的内接或外切正六边形。

①作圆的内接正六边形。当已知六边形的对角距时，对角距即是圆的直径。绘图时，以对角距为直径绘制一个圆，再用丁字尺和30°（60°）三角板绘制圆的内接正六边形，绘图方法和步骤如表1.9所示。

表1.9　　　　　　　　　　　已知对角距画正六边形的作图方法

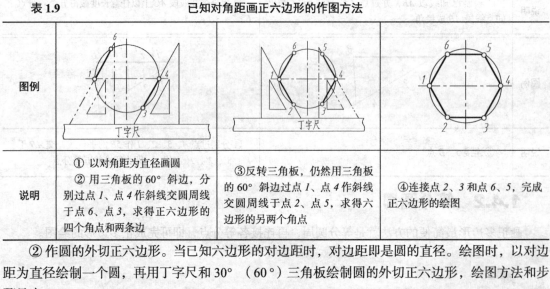

图例	(如图例所示)		
说明	① 以对角距为直径画圆 ② 用三角板的60°斜边，分别过点1、点4作斜线交圆周线于点6、点3，求得正六边形的四个角点和两条边	③反转三角板，仍然用三角板的60°斜边过点1、点4作斜线交圆周线于点2、点5，求得六边形的另两个角点	④连接点2、3和点6、5，完成正六边形的绘图

②作圆的外切正六边形。当已知六边形的对边距时，对边距即是圆的直径。绘图时，以对边距为直径绘制一个圆，再用丁字尺和30°（60°）三角板绘制圆的外切正六边形，绘图方法和步骤见表1.10。

表1.10　　　　　　　　　　　已知对边距画正六边形的作图方法

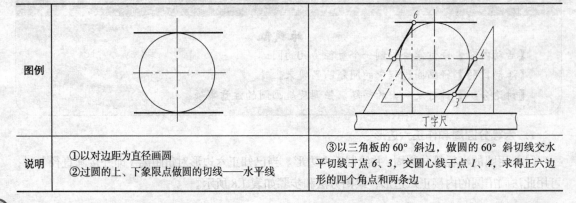

图例	(如图例所示)	
说明	①以对边距为直径画圆 ②过圆的上、下象限点做圆的切线——水平线	③以三角板的60°斜边，做圆的60°斜切线交水平切线于点6、3，交圆心线于点1、4，求得正六边形的四个角点和两条边

图例	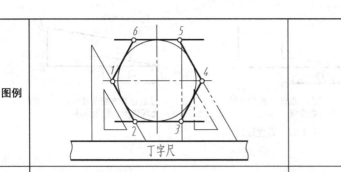	
说明	④反转三角板，仍然用三角板的60°斜边斜切圆周线，得点2、5	⑤擦掉多余图线，完成正六边形的绘图

2. 五等分圆周和作正五边形

五等分圆周的作图步骤如表1.11所示。

表1.11　　　　　　　　　五等分圆周画正五边形的作图方法

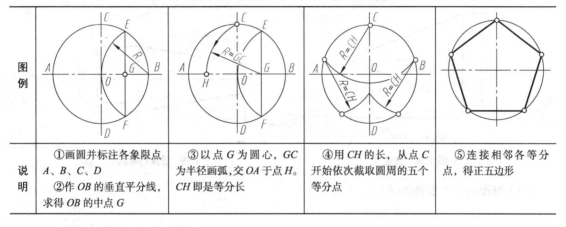

图例			
说明	①画圆并标注各象限点A、B、C、D ②作OB的垂直平分线，求得OB的中点G	③以点G为圆心，GC为半径画弧，交OA于点H。CH即是等分长	④用CH的长，从点C开始依次截取圆周的五个等分点	⑤连接相邻各等分点，得正五边形

1.4.3　斜度和锥度的画法

1. 斜度

一直线（或平面）对另一直线（或平面）的倾斜程度叫做斜度。例如，机械图样中的铸造斜度、锻造斜度、斜键的斜度等。

斜度的大小可以用两直线（或平面）间夹角的正切值来表示，如图1.35所示。

（1）斜度在图样中的标注形式如图1.36所示。斜度用引线标注，用符号"∠"标注在斜度值的前面。符号的斜线与水平成30°，高度与图样中数字高相同；方向应与斜度方向一致。

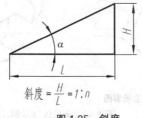

图1.35　斜度

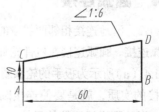

图1.36　斜度线的标注

（2）斜度线的画法步骤如图1.37所示。

（a）绘制已知线段

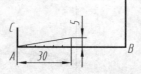

（b）过任意一点作一条1:6的
参考斜度线

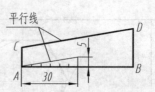

（c）过点C作参照斜度线的平行线，
完成作图，即为所求

图 1.37 斜度线的画法

2. 锥度

锥度是指圆锥底圆直径与锥高的比，如图 1.38 所示。若是圆锥台，则为两底圆直径之差与圆锥台高度之比。

锥度的大小为：锥度 $= D / L = 1:n$。

（1）锥度在图样上的标注形式如图 1.39 所示。锥度符号是一个顶角为 30° 的等腰三角形，底边长与图样中尺寸数字的高度（h）相同，符号的指向与锥度方向一致。

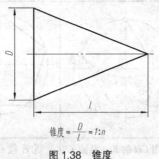

图 1.38 锥度

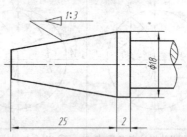

图 1.39 锥度的标注

（2）锥度的画法步骤如图 1.40 所示。

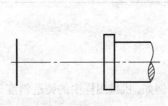

（a）绘制已知线段

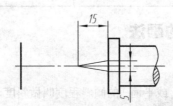

（b）过轴线上任一点作1:3的
参考锥度线

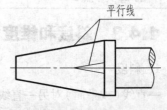

（c）过锥度线的右端点作参照斜线的平行线
与左端轮廓线相交，即为所求锥度

图 1.40 斜度线的画法

1.4.4 圆弧连接

用一段圆弧光滑地连接相邻两线段的作图方法，称为圆弧连接。圆弧连接在机件轮廓图中经常可见，图 1.41（a）所示为扳手的轮廓图形。

圆弧连接的实质，就是要使连接圆弧与相邻线段相切，以达到光滑连接的目的。

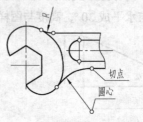

（a）扳手轮廓图

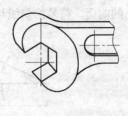

（b）扳手

图 1.41 圆弧连接示例

圆弧连接的作图要点为：首先求作连接弧的圆心和连接弧与已知线段的切点，再用圆弧将两切点连接起来。下面介绍圆弧连接的三种情况。

1. 直线间圆弧连接的画法

两相交直线，夹角的类别有锐角、钝角和直角。

钝角和直角连接弧的作图方法如表 1.12 所示。

表 1.12　　　　　　　　　　　　直线间的圆弧连接

类别	作图步骤			
钝角	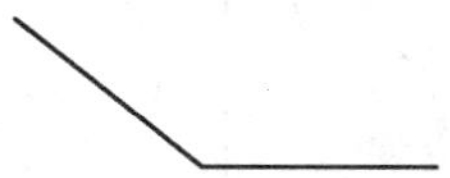 	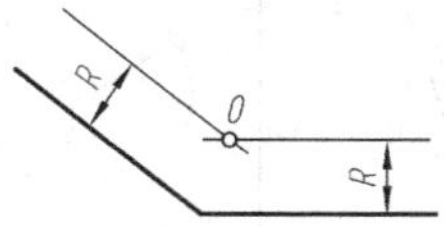	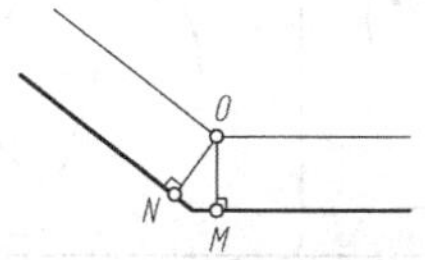	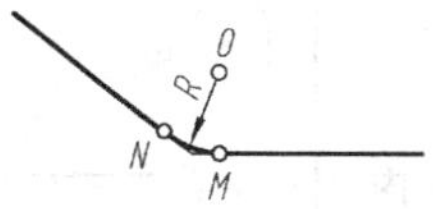
	①绘制夹角为钝角的两相交直线	②作与已知角两边相距为 R 的平行线，交点 O 即为连接弧的圆心	③过点 O 分别向已知角两边作重线，垂足 M、N 即为连接弧的两切点	④以点 O 为圆心，R 为半径绘制 MN 圆弧即为所求
直角	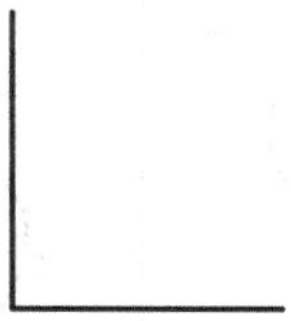	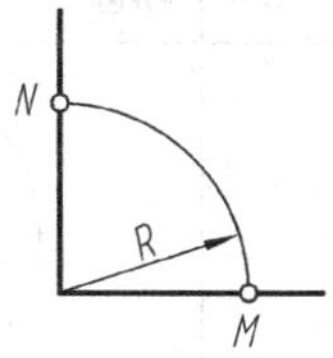	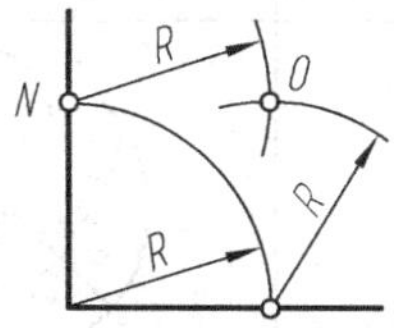	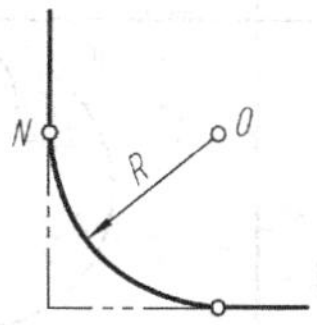
	①绘制夹角为直角的两相交直线	②以直线的角点为圆心，R 为半径作弧，与直线的交点 M、N 即为连接弧的切点	③分别以点 M、N 为圆心，R 为半径画弧，交点即为连接弧的圆心 O	④以点 O 为圆心，R 为半径绘制 MN 圆弧即为所求

课堂活动

举一反三

【活动内容】选择适当的半径，参照钝角连接弧的画法步骤，在图1.42中绘制锐角连接弧。

【活动方法】学生练习，教师讲评。

图 1.42

2. 圆弧与圆弧间用圆弧连接的画法

圆弧与圆弧之间的圆弧连接可分为：外切连接、内切连接和混合连接。

连接类型及其作图方法见表 1.13（图中 R、R_1、R_2 的数值可从图中量取，取整数绘图）。

表 1.13　　　　　　　　　　　　圆弧与圆弧之间的圆弧连接

类别	条件及要求	作图步骤		
		①求作连接弧的圆心 O	②求作连接点 M、N	③画连接弧
外切	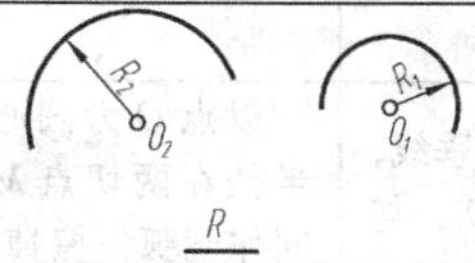 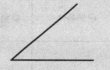	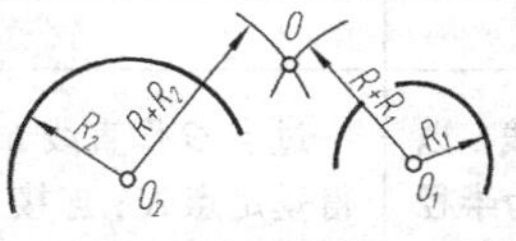	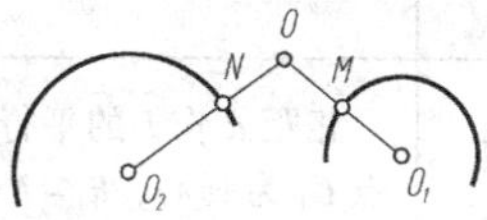	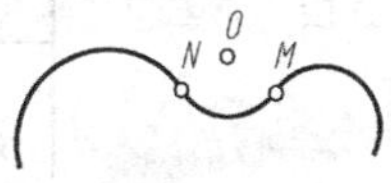

类别	条件及要求	作图步骤		
		①求作连接弧的圆心 O	②求作连接点 M、N	③画连接弧
内切	条件：连接弧半径为 R 要求：连接弧与两已知弧 R_1、R_2 均为外切	分别以点 O_1、O_2 为圆心，$R+R_1$、$R+R_2$ 为半径作圆弧，交点 O 即为连接弧的圆心	连接 OO_1 交 R_1 弧于点 M；连接 OO_2 交 R_2 弧于点 N，点 M、N 即为两切点	以点 O 为圆心，R 为半径在两切点 M、N 之间作圆弧，即为所求
	条件：连接弧半径为 R 要求：连接弧与两已知弧 R_1、R_2 均为内切	分别以点 O_1、O_2 为圆心，$R-R_1$、$R-R_2$ 为半径作圆弧，交点 O 即为连接弧的圆心	连接 OO_1，其延长线与 R_1 弧交于点 M；连接 OO_2，其延长线与 R_2 弧交于点 N，点 M、N 即为两切点	以点 O 为圆心，R 为半径在两切点 M、N 之间作圆弧，即为所求
混合切	条件：连接弧半径为 R 要求：连接弧与 R_1 弧外切，与 R_2 弧内切	以点 O_1 为圆心，$R+R_1$ 为半径作圆弧，以点 O_2 为圆心，R_2-R 为半径作圆弧，两圆弧交点 O 即为连接弧的圆心	连接 O_1O 交 R_1 弧于点 M；连接 O_2O，其延长线交 R_2 弧于点 N，点 M、N 即为两切点	以点 O 为圆心，R 为半径在两点 M、N 之间作圆弧，即为所求

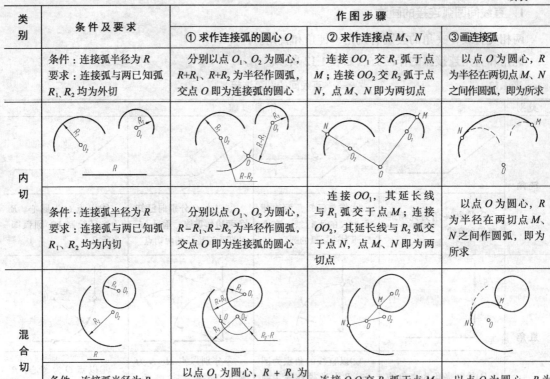

3. 直线与圆弧间圆弧连接的画法

用连接弧将已知直线段和圆弧光滑地连接，其作图方法如表 1.14 所示。

表 1.14　　　　　　　直线与圆弧间的圆弧连接

已知条件	类别	作图步骤		
		①求作连接弧的圆心 O	②求连接点 M、N	③画连接弧，清理图线
用半径 R 在已知直线 L 和圆弧 R_1 之间作圆弧连接	外切			
	作图说明	相距 R 作 L 的平行线；以点 O_1 为圆心，$R+R_1$ 为半径作圆弧，求得交点 O	过点 O 作直线 L 的垂线，得垂足点 N；连接 OO_1，与已知弧交于点 M	以点 O 为圆心，R 为半径在两切点 M、N 之间作圆弧，擦掉多余的图线即可完成圆弧连接
	内切			
	作图说明	相距 R 作 L 的平行线；以点 O_1 为圆心，R_1-R 为半径作圆弧，求得交点 O	过点 O 作直线 L 的垂线，得垂足点 N；连接 OO_1，与已知弧交于 M 点	以点 O 为圆心，R 为半径在两切点 M、N 之间作圆弧，擦掉多余的图线即可完成圆弧连接

*1.4.5 椭圆的近似画法

椭圆为常见的非圆曲线。在已知长、短轴的条件下，通常采用四心圆法，以四段相切圆弧画近似椭圆。

四心圆法画椭圆的要点为：先求得四段圆弧的圆心，再求其连接点（四个切点），最后过切点依次绘制四段圆弧。

四心圆法绘制椭圆的作图步骤如表 1.15 所示。

表 1.15 　　　　　　　　　四心圆法绘制椭圆的作图方法

图例		
说明	① 画椭圆的已知端点 （a）绘制椭圆的轴线 （b）根据已知条件确定长、短轴的四个端点 A、B、C、D	② 求作四心圆的圆心 （a）以点 O 为圆心，OA 为半径画弧，交 OC 于点 E （b）以点 C 为圆心，CE 为半径画弧，交 AC 于点 F （c）作 AF 的垂直平分线，分别与长、短轴相交，得交点 O_1、O_2，即为四心圆的两个圆心
图例		
说明	③ 确定另两个圆心，并绘制大圆弧 （a）根据对称性确定点 O_3、O_4 （b）连接 O_1O_2、O_2O_3、O_3O_4、O_4O_1 并适当延长 （c）分别以点 O_2、O_4 为圆心，以 O_2C 为半径绘制两段大圆弧，与四条连心线交于点 1、2、3、4，即四段圆弧的连接点（切点）	④ 绘制两段小圆弧 （a）分别以点 O_1、O_3 为圆心，以 $O_1 1$（或 $O_1 4$）为半径绘制两段小圆弧 （b）完成绘图，清理图线

1.5 　平面图形的画法

平面图形是由若干直线和曲线连接而成的，这些线段又必须根据给定的尺寸关系画出。所以，要想正确而又迅速地画出平面图形，就必须对图形的构成，图线间的连接关系和相对位置以及尺寸关系进行分析，然后再按一定的方法和步骤运用所学的作图技巧完成绘图。

1.5.1　尺寸分析

平面图形中的尺寸，按其作用可分为下面两类。

1. 定形尺寸

用于确定线段的长度、圆弧半径、圆的直径、角度大小的尺寸，称为定形尺寸，如图 1.43 中的 $\phi 20$、$\phi 32$、$\phi 50$、$R5$、10。

2. 定位尺寸

用与确定线段在平面图形中所处位置的尺寸，称为定位尺寸，如图 1.43 中的 60、80、100 等。

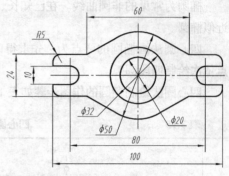

图 1.43　平面图形

定位尺寸须从尺寸基准出发进行标注。确定尺寸起点位置的几何元素称为尺寸基准（在平面图形中，几何元素则指点和线）。例如，图 1.43 中以竖直中心线作为左右（长度）方向的尺寸基准，以水平中心线作为上下（高度）方向的尺寸基准。

标注尺寸时，应首先确定图形长度方向和高度方向的基准，然后依次标注出各线段的定位尺寸和定形尺寸。

1.5.2　线段分析

对于平面图形中的线段，根据其定位尺寸的完整与否，可分为三类：已知线段、中间线段和连接线段。

1. 已知线段

具有完整的定形尺寸（确定大小）和定位尺寸（确定相对位置），能直接画出的线段，称为已知线段。例如，图 1.43 中的 $\phi 20$、$\phi 32$、$\phi 50$ 以及左右两端的直线轮廓和拱形轮廓为已知线段。

2. 中间线段

仅知道线段的定形尺寸和不完整的定位尺寸，需借助与其一端相切的已知线段来确定位置，然后才能画出的线段，称为中间线段。例如，图 1.43 中的四条斜线，已知其一个端点的定位尺寸（60），另一端点的位置需根据直线与 $\phi 50$ 相切的关系来确定。

3. 连接线段

只有定形尺寸，而无定位尺寸，需借助与两端相邻线段的相切关系方能绘制出的线段，称为连接线段。例如，图 1.43 中的 $R5$，它们必须根据与已知线段的相切关系方能完成绘图。

作图时，由于已知线段尺寸齐全，故可直接画出；中间线段一般缺少一个定位尺寸，但它总是和一个已知线段相切，利用相切的条件便可画出；由于缺少两个定位尺寸，连接线段只能借助于它和已经画出的两条线段的相切条件才能画出。

综上可知，在画平面图形时，应先画已知线段，再画中间线段，最后画连接线段。

1.5.3　平面图形的画法

以图 1.44 所示手柄平面图为例，介绍平面图形的画图方法和步骤。

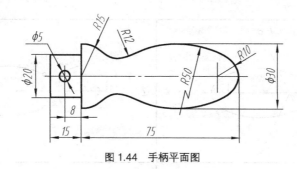

图 1.44　手柄平面图

1. 准备工作

画图前,应先对平面图形中的尺寸和线段进行分析,拟定出具体的作图步骤。然后,确定比例,选定图幅,固定好图纸。

2. 绘制底稿

绘制底稿时,要用 2H 或 3H 铅笔,将铅芯修成圆锥形,底稿线要画得轻而细,作图力求正确。该图形底稿的作图步骤如表 1.16 所示。

表 1.16　　　　　　　　　　　　手柄的画法步骤

图例	① ②	③
说明	(a)根据已知的定位尺寸,绘制中心线和最外端的定位线 (b)绘制尺寸完整的已知线段	确定中间线段 R50 的圆心位置 (a)圆心的上下位置可根据已知尺寸 φ30 推算出 (b)圆心的左右定位可根据 R50 与 R10 的内切关系求得
图例	④	⑤
说明	确定两段 R50 与 R10 的切点,画两段 R50 圆弧	求做连接弧 R12 的圆心:R12 分别与 R50 和 R15 外切,可用外切圆弧的连接方法求圆心

续表

图例	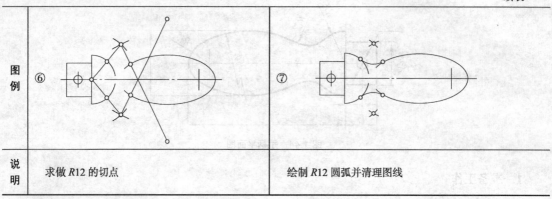
说明	求做 R12 的切点	绘制 R12 圆弧并清理图线

3. 描深底稿

要用 HB 或 B 型铅笔描深各种图线，其顺序为：

（1）先粗后细。一般应先描深全部粗实线，再描深全部虚线、细点画线及细实线等，这样既可提高作图效率，又可保证同一线型在全图中粗细一致，不同的线型之间的粗细也符合比例关系。

（2）先曲后直。在加深同一种线型（特别是粗实线）时，应先描深圆弧和圆，然后描深直线，以保证连接圆滑。

（3）先水平、后垂斜。先用丁字尺或两个三角板用画平行线的方法自上而下画出全部同类型的水平线，再用丁字尺和三角板或两个三角板自左向右画出全部相同线型的垂直线，最后画出倾斜的直线。

（4）其余事项。画箭头、填写尺寸数字、标题栏等（此步骤可将图纸从图板上取下来再进行填写）。

最后完成的平面图形如图 1.41 所示。

提示　要标注尺寸时，应在图线描深前进行标注。

练一练　对图 1.45 所示的图形进行图形分析和尺寸分析，确定绘图顺序，按步骤绘图。

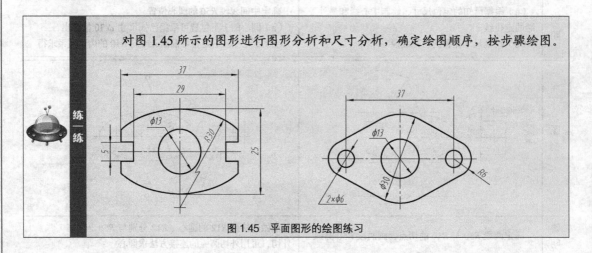

图 1.45　平面图形的绘图练习

*1.6　徒手画图的方法

徒手图也称草图。它是以目测估计图形与实物的比例，按一定画法要求（或部分使用绘图仪器）绘制的图形。在生产实践中，经常需要人们通过绘制草图来记录或表达技术思想，因此，徒手画图是从事制图工作人员必备的一项重要的基本技能。在学习本课过程中应通过实践，逐步地提高徒手画图的速度和技巧。

画草图的要求：① 画线要稳，图线要清晰；② 目测尺寸要准（尽量符合实际），各部分比例要匀称；③ 绘图速度要快；④ 注尺寸无误，字体工整。

画草图的铅笔比用仪器画图的铅笔软一号，削成圆锥形，画粗实线笔尖要秃些，画细线笔尖要尖些。

要画好草图，必须掌握徒手绘制各种线条的基本手法。

1．握笔的方法

手握笔的位置要比用仪器绘图时高些，以利于运笔和观察目标。笔杆与纸面成45°～60°，执笔稳而有力。

2．直线的画法

画直线时，手腕靠着纸面，沿着画线方向移动，保证图线画的直。眼睛不可盯着笔尖，要注意终点方向，以便控制图线。

徒手画图的手法为：画水平线时，从左到右运笔，图纸可放斜一点，不要将图纸固定住，以便随时可将图纸转动到画线最为顺手的位置；画垂直线时，自上而下运笔；画斜线时的运笔方向分别为左下到右上和左上到右下，如图1.46所示。

为了便于控制图形大小比例和各图形间的关系，可利用方格纸画草图。

图1.46　直线的徒手画法

3．常见角度的画法

画45°、30°、60°等常见角度，可根据两直角边的比例关系，在两直角边上定出几点，然后连线而成，如图1.47所示。

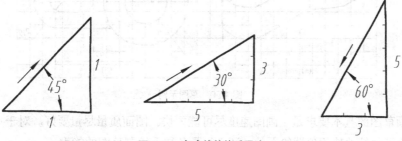

图1.47　角度线的徒手画法

4. 圆的画法

画直径较小的圆时，先在中心线上按半径目测定出四点，然后徒手将各点连接成圆。当画直径较大的圆时，可过圆心加画一对十字线，按半径目测定出八点，连接成圆，如图 1.48 所示。

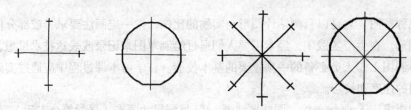

图 1.48　圆的徒手画法

5. 圆角、曲线连接及椭圆的画法

圆角、圆弧连接及椭圆的画法，可以尽量利用圆弧与正方形、菱形相切的特点进行画图，如图 1.49 所示。

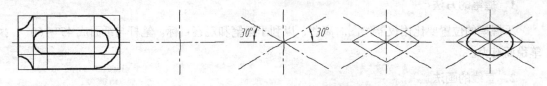

（a）圆角、圆弧连接　　　　　　　　（b）椭圆的徒手画法

图 1.49　圆角、圆弧连接及椭圆的徒手画法

6. 在方格上画草图

初学者可在方格上画草图，尽量使图形中的直线与分格线重合，这样便于控制图形各部分的比例、大小及投影关系，且更为方便、准确地利用格线画中心线、轴线、水平线、垂直线和一些倾斜线，如图 1.50 所示草图示例。

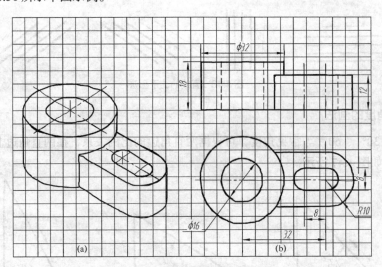

图 1.50　草图示例

总之，画草图的基本要求是：画图速度尽可能要快，图面质量尽量要好。对于一位工程技术人员来说，除了熟练地使用仪器绘图外，还必须具备徒手绘制草图的能力。

第 2 章

正投影基础

课堂讨论

（1）工程技术人员在用机械图样表达设计思想时，会用什么图形进行表达呢？

（2）如果用实体图、透视图或者草图表达，会有什么不妥？对于如图 2.1 所示的图形，设计者方便标注尺寸和各种技术要求吗？制造者容易领会设计意图并能加工出符合要求的零件吗？

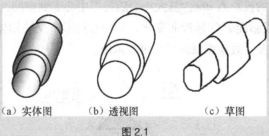

（a）实体图　　　　（b）透视图　　　　（c）草图

图 2.1

（3）即使应用上述图形，再加上一些辅助说明将意图表述清楚了，如果形体再复杂一些呢？

机械图样中表达物体的图形是按正投影法绘制的，正投影法是绘制和阅读机械图样的理论基础。所以掌握正投影法理论，是提高看图和绘图能力的关键。本章将介绍正投影法的有关知识。

学习目标

● 理解投影法的概念，熟悉正投影的特性
● 掌握点的三面投影及投影规律
● 熟悉直线段和平面形的三面投影及作图方法
● 掌握特殊位置直线和平面的投影特性

2.1 投影法的基本知识

2.1.1 投影法的概念

当日光或灯光照射物体时，在地面或墙面上就会出现物体的影子，这就是我们在日常生活中所见到的投影现象。人们将这种现象进行科学的总结和抽象，提出了投影法。

如图 2.2 所示，将三角形薄板△ABC（物体）放在平面 P（地面）的上方，然后由点 S（灯）分别通过 A、B、C 各点向下引直线（光线）并延长之，使它与平面 P 交于点 a、b、c，则△abc 就是三角形薄板△ABC 在平面 P 上的投影（影子）。

在形成投影的过程中，点 S 称为投射中心，平面 P 称为投影面，直线 Aa、Bb、Cc、称为投射线。

这种投射线通过物体，向选定的平面上投射，并在该面上得到图形的方法，称为投影法。根据投影法得到的图形（△abc）称为投影。

2.1.2 投影法的分类

投影法分为中心投影法和平行投影法两种。

1. 中心投影法

投射线汇交于一点的投影法，称为中心投影法，如图 2.2 所示。

用中心投影法所得到的投影△abc，其大小会随投影中心 S 到空间△ABC 的距离的变化而变化，或者会随△ABC 距投影面 P 的远近而变化，即中心投影不反映物体原来的真实大小。中心投影法作图复杂且度量性差，故在机械图样中极少采用。

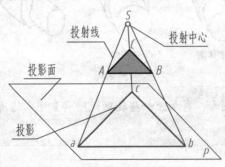

图 2.2 中心投影法

2. 平行投影法

投射线相互平行的投影法，称为平行投影法。

在平行投影法中，按投射线是否垂直于投影面，又可分为斜投影法和正投影法。

（1）斜投影法。投射线倾斜于投影面的平行投影法，称为斜投影法，根据斜投影法得到的投影，称为斜投影，如图 2.3（a）所示。

（2）正投影法。投射线垂直于投影面的平行投影法，称为正投影法，根据正投影法得到的投影，称为正投影，如图 2.3（b）所示。

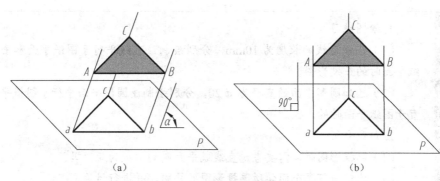

图 2.3　平行投影法

由于正投影法的投射线相互平行且垂直于投影面，所以，当空间平面图形平行于投影面时其投影将反映该平面图形的真实形状和大小，即使改变它与投影面之间的距离，其投影形状和大小也不会改变。因此，绘制机械图样主要采用正投影法。

2.1.3　正投影的基本性质

用正投影法进行投影时，形成的投影具有以下性质。

（1）显实性。当直线或平面与投影面平行时，直线的投影反映实长，平面的投影反映实形，这种投影特性称为显实性，如图 2.4（a）所示。

（2）积聚性。当直线或平面与投影面垂直时，直线的投影积聚成一点、平面的投影积聚成一条直线，这种投影特性称为积聚性，如图 2.4（b）所示。

（3）类似性。当直线或平面与投影面倾斜时，其直线的投影长度变短。平面的投影面积变小，但投影的形状仍与原来的形状类似，这种投影特性，称为类似性，如图 2.4（c）所示。

（4）从属性。线段（或平面）上的点，其投影一定在线段（或平面）的投影上，如图 2.4（d）中的点 K。

（5）平行性。空间相互平行的线段，在同一投影面上的投影也必然相互平行，如图 2.4（e）所示。

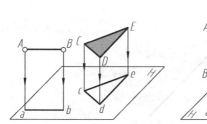
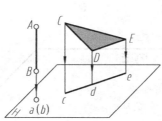
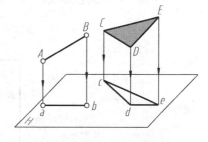

（a）线、面平行投影面，具有显实性　　（b）线、面垂直投影面，具有积聚性　　（c）线、面倾斜投影面，具有类似性

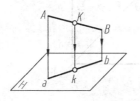
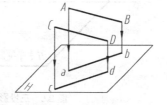

（d）直线上点的投影，具有从属性　　（e）空间相互平行的线段，投影具有平行性

图 2.4　正投影的特性

课堂测试

1. 绘图练习

（1）已知直线的长度为 10mm，分别绘制该直线平行于图纸平面和垂直于图纸平面时的正投影图。

（2）已知圆形平面的直径为 $\phi 20$，分别绘制该圆形平面平行于图纸平面和垂直于图纸平面时的正投影图。

2. 讨论分析

（1）画投影图时，需要考虑直线或平面圆到图纸的距离吗？

（2）比较一下每个同学所画投影图的异同，并进行讨论。

（3）如果所给直线和平面圆倾斜于图纸平面，投影图会怎样？

2.2 几何元素的三面投影

点、线、面是构成物体形状的基本几何元素。学习和熟练掌握它们的三面投影规律，就能够透彻理解机械图样所表达的内容。在点、线、面这几个基本几何元素中，点是最基本、最简单的几何元素。物体三视图的绘制和读图要从点的三面投影开始。

2.2.1 三投影面体系

1. 三投影面体系的形成

互相垂直的三个投影面构成的空间体系，称为三投影面体系，如图 2.5 所示。

（1）正对观察者的投影面称为正立投影面，简称正面，用代号"V"表示。

（2）右边侧立的投影面称为侧立投影面，简称侧面，用代号"W"表示。

（3）水平位置的投影面称为水平投影面，简称水平面，用代号"H"表示。

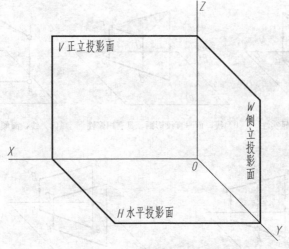

图 2.5 三投影面体系

三个相互垂直的投影面就好似室内的一角，像相互垂直的两堵墙和地板那样，构成一个三投影面体系。当物体分别向三个投影面作正投影时，就会得到物体的正面投影（V面投影）、侧面投影（W面投影）和水平面投影（H面投影）。

2. 投影轴及其作用

由于三投影面彼此垂直相交，其交线形成了三根投影轴，它们的名称作用分别是：

V、H面的交线，称 OX 轴，简称 X 轴，它代表物体的长度方向（从左到右）；

H、W面的交线，称 OY 轴，简称 Y 轴，它代表物体的宽度方向（从前到后）；

V、W面的交线，称 OZ 轴，简称 Z 轴，它代表物体的高度方向（从上到下）。

X、Y、Z轴的交点称为原点，用"O"表示。

2.2.2　点的三面投影

1. 点的三面投影及其三面投影规律

（1）点的投影特性：点的投影仍然是点。

（2）点的三面投影的形成和标注。过点 A 分别向三个投影面作垂线（即投射线），其与三个投影面的交点 a、a'、a'' 分别表示点 A 在 H 面、V 面和 W 面的投影，如图 2.6 所示。

规定：空间点用大写字母如 A、B、C…表示；水平投影面（H 面）上的投影用相应的小写字母如 a、b、c…表示；正投影面（V 面）上的投影用相应的小写字母在右上角加一撇，如 a'、b'、c'…表示；侧投影面（W 面）上的投影用相应的小写字母在右上角加两撇，如 a''、b''、c''…表示。

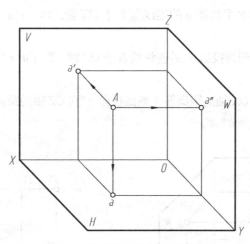

图2.6　点的三面投影的形成和标注

（3）三面投影的展开。为了把空间的三面投影画在同一张图纸上，就必须把三个投影面展开摊平，如图 2.7（a）所示，将正面（V）保持不动；水平面（H）与侧面（W）于 OY 轴处拆开后，各自按箭头方向绕 OX 轴、OZ 轴旋转 90°，使它们和正面（V）展开成一个平面，如图 2.7（b）所示。由于投影面的边框是假设的，所以不必画出，如图 2.7（c）所示。

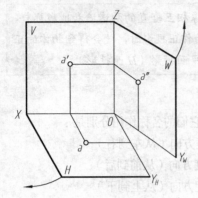

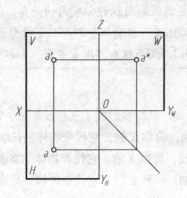

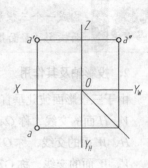

（a）点A三面投影的展开　　　　　　（b）展开后点A的三面投影　　　　　（c）点A的三面投影

图2.7　点的三面投影的展开

（4）点到投影面的距离。如图2.8（a）所示，在三投影面体系中，点A到H面的距离为Aa；到V面的距离为Aa'；到W面的距离为Aa"。

由图2.8（a）分析可知：空间点到投影面的距离也可用其三面投影a、a'、a"到相应投影轴的距离（相应坐标）来表示。

点A到H面的距离为：a'到OX轴的距离，a"到OY轴的距离（a'、a"的z坐标）；

点A到V面的距离为：a到OX轴的距离，a"到OZ轴的距离（a、a"的y坐标）；

点A到W面的距离为：a到OY轴的距离，a'到OZ轴的距离（a、a'的x坐标）。

（5）点的三面投影规律。将点的三面投影展开后，各个投影之间的位置关系如图2.8（b）所示。分析后可归纳出点的三面投影规律（a、a'、a"之间的位置关系）为：

① 点的正面投影a'和水平投影a的连线垂直于OX轴，即：a'a ⊥ OX。这两个投影都反映空间点到W面的距离。

② 点的正面投影a'和侧面投影a"的连线垂直于OZ轴，即：a'a" ⊥ OZ。这两个投影都反映空间点到H面的距离。

③ 点的水平投影a到OX轴的距离等于侧面投影a"到OZ轴的距离。这两个投影都反映空间点到V面的距离，即：$a\,a_x = a''\,a_z$。

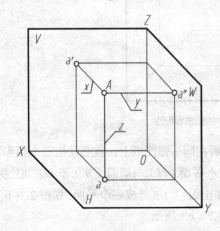

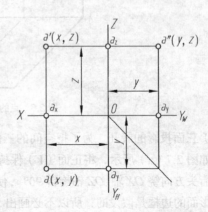

（a）三投影面体系中点的位置　　　　　　　　　（b）展开图中的三面投影规律

图2.8　点到投影面的距离及其三面投影规律

（6）点的三面投影规律的应用。

【**例2.1**】　已知点A的两面投影a、a'，如图2.9（a）所示。求作点的第三面投影a''。

分析：根据点的三面投影规律，按照第三投影与已知两投影的关系即可求出。

作图步骤：

① 分别过a'、a作OZ、OY_H轴的垂线，不能直接确定a''的位置，如图2.9（b）所示。

② 利用点的H、W面投影规律确定a''的作图方法有两种，如图2.9（c）和图2.9（d）所示。

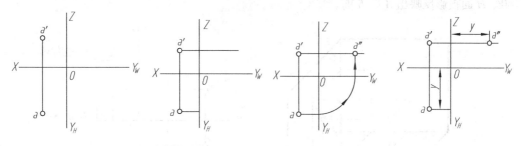

（a）已知a、a'　　　（b）绘图步骤①　　　（c）绘图步骤②（1）　　　（d）绘图步骤②（2）

图2.9　已知a、a'，求a''的作图步骤

课堂活动

跟我做

【**活动内容**】参照例2.1的作图思路和步骤，完成图2.10中各点的第三面投影。

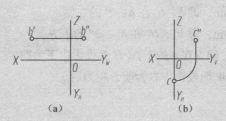

（a）　　　　　　　　（b）

图2.10

【**活动方法**】教师边讲边做，学生随做。

【**讨论分析**】根据各点的三面投影，分析其在三投影面体系中的位置。

2. 两点的相对位置

两点的相对位置是指以一点为基准，判别其他点相对于这一点的左右、高低、前后的位置关系。

（1）两点的方位关系。空间两点在三投影面体系中的相对位置，由空间点到三个投影面的距离来确定。距 W 面远者在左，近者在右；距 V 面远者在前，近者在后；距 H 面远者在上，近者在下。如图 2.11（a）所示。

相对于 H 面 A 近 B 远，B 在上；

相对于 V 面 A 近 B 远，B 在前；

相对于 W 面 A 远 B 近，B 在右。

也可根据两点的三面投影来确定，如图 2.11（b）所示。

V、H 面投影反映出 A 左 B 右；

V、W 面投影反映出 A 下 B 上；

W、H 面投影反映出 A 后 B 前。

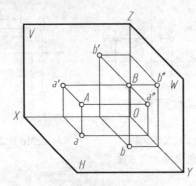
（a）点 A、B 的空间位置

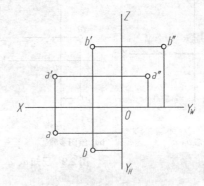
（b）点 A、B 的三面投影

图 2.11　点 A 和点 B 的空间位置

（2）两点相对位置关系的应用。

【例 2.2】　已知点 A 的三面投影如图 2.12 所示，又知点 B 在点 A 的左边 4mm、下方 8mm、前方 4mm，求作点 B 的三面投影图。

分析：

①　点 B 在点 A 的左边 4mm，即 b、b' 在 a、a' 的左侧。

②　点 B 在点 A 的下方 8mm，即 b'、b'' 在 a'、a'' 的下方。

③　点 B 在点 A 前方 4mm，即 b 在 a 的下方（H 面投影中下为前，上为后），b'' 在 a'' 的右边（W 面投影中右为前，左为后）。

绘图步骤如图 2.13 所示。

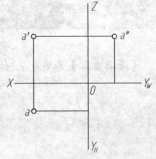
图 2.12　已知点 A 的三面投影

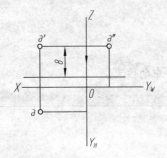
（a）b'、b'' 在 a'、a'' 的下方 8mm

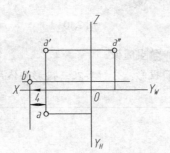
（b）b、b' 在 a、a' 的左边 4mm

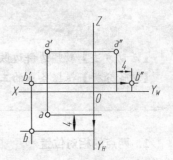
（c）b、b'' 在 a、a'' 的前方 4mm

图 2.13　已知两点的相对位置求其三面投影

跟我做

【活动内容】已知点A的三面投影图，如图2.14所示，作点B（25，8，0）的三面投影，并判断两点在空间的相对位置。

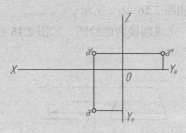

图2.14

【活动方法】教师边讲边做，学生随做。

【讨论分析】根据两点的三面投影，分析并判断点A、B的方位关系及距离。

*【例2.3】 如图2.15所示，已知四棱台的V面和H面投影，并已知四棱台下底表面的W面投影。用点的三面投影规律，求做四棱台上表面四个角点的W面投影，并将四棱台上各对应角点的W面投影用直线连接。

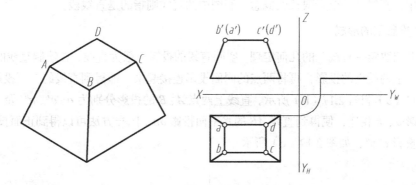

（a）四棱台的空间立体图　　　　　　（b）四棱台的已知投影图

图2.15 四棱台的立体图和已知的投影图

分析：

四棱台上表面的四个角点高度相等，点D在点A的正右侧，点C在点B的正右侧；点A在点B的正后方，点D在点C的正后方。可知，点A、B、C、D的W面投影中有两对重影点，且点C、D不可见。另外，四个角点各个方位的相对位置可由V面投影和H面投影确定。

第2章
正投影基础

当两点相对某个投影面处于同一投射线上时，其对该投影面具有重合的投影，这两点称为对该投影面的重影点。在投影图上，如果两个点的投影重合，则距投影面较近的点是不可见的，在投影图中进行标注时，将不可见点的字母符号用括弧括起来，如图2.16（b）中的（a'）和（d'）。

作图步骤：

① 根据 H 面投影和 W 面投影的 y 坐标值相等的关系，利用几何原理，求做 a''、b''、c''、d''，绘图方法有两种，如图2.16（a）和图2.16（b）所示。

② 依次连接各点的同名投影，完成四棱台的绘图，如图2.16（c）所示。

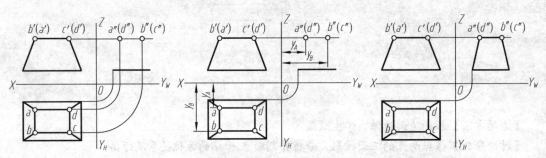

（a）利用几何原理求作各点　　（b）根据宽相等的投影关系求作各点　　（c）依次连接各点投影

图2.16　求作四棱台上 a''、b''、c''、d'' 的图示步骤

2.2.3　直线的三面投影

在数学中，直线是一个无限长的概念，制图中的直线则指的是直线段。

1. 直线投影图的形成

根据"两点决定一直线"的几何定理，空间直线的投影一般为直线，在绘制直线的投影图时，只要作出直线上两端点的投影，再将两点的同面投影连接起来，即得到直线的三面投影。

如图2.17（a）和图2.17（b）所示，直线上两点 A、B 的投影分别为 a、a'、a'' 及 b、b'、b'' 。将水平面投影 a、b 相连，便得到直线 AB 的水平面投影 ab；同样方法可以得到正面投影 $a'b'$ 和直线的侧面投影 $a''b''$，如图2.17（c）所示 。

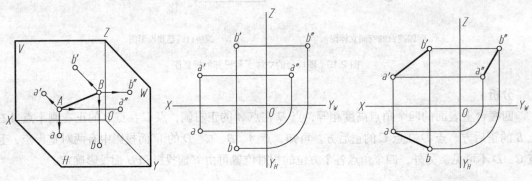

（a）直线的两端点向三投影面投影　　（b）两端点的三面投影　　（c）连接两端点的同名投影

图2.17　直线三面投影的形成

2．直线的投影特性

根据正投影的基本性质。直线相对投影面的位置，有下面三种情况。

（1）直线倾斜于投影面。如图 2.18（a）所示，直线 *AB* 倾斜于投影面 *H*，则直线 *AB* 在该投影面上的投影 *ab* 长度比 *AB* 长度要短，即具有类似性（或称收缩性）。

（2）直线平行于投影面。如图 2.18（b）所示，直线 *AB* 平行于投影面 *H*，则直线在该投影面的投影 *ab* 长度等于 *AB* 的实长，即具有显实性。

（3）直线垂直于投影面。如图 2.18（c）所示，直线 *AB* 垂直于投影面 *H*，则直线 *AB* 在该投影面的投影 *ab* 重合成一点，即具有积聚性。

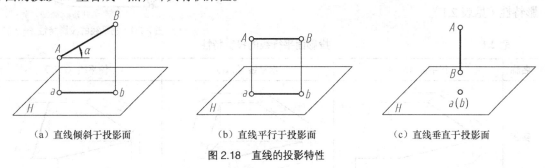

（a）直线倾斜于投影面	（b）直线平行于投影面	（c）直线垂直于投影面

图 2.18　直线的投影特性

3．直线在三面投影体系中的投影特性

在三投影面体系中，直线相对于投影面的位置可分为 3 种：投影面的平行线、投影面的垂直线、投影面的倾斜线。前两种直线称为特殊位置直线，后一种称为一般位置直线。

图 2.19（a）所示三棱锥表面棱线 *AC* 垂直于 *W* 面，平行于 *V*、*H* 面；*SB* 平行于 *W* 面，倾斜于 *V*、*H* 面；*SA* 倾斜于 *V*、*H*、*W* 面。其三面投影如图 2.19（b）所示。

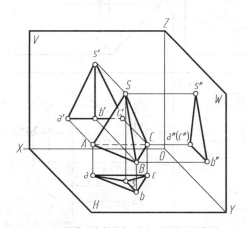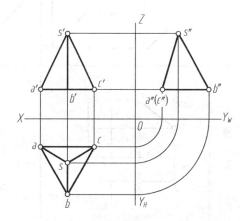

（a）三棱锥上各棱线相对于三投影面的位置	（b）三棱锥上各棱线的三面投影

图 2.19　三棱锥表面棱线相对三投影面的位置

下面分别介绍各种位置直线的投影特性。

（1）投影面的平行线。平行于一个投影面、倾斜于另外两个投影面的直线段，称为投影面的平行线。平行于 *V* 面的称为正平线；平行于 *H* 面的称为水平线；平行于 *W* 面的称为侧平线。例如，图 2.19 中三棱锥上的 *SB* 棱线为一侧平线。

如图 2.20 所示，由 SB 棱线的三面投影可归纳出侧平线的投影特性为：

① 侧平线的 W 面投影 s"b" 倾斜于投影轴，其长度反映线段的实长，即：$s''b'' = SB$。

② 侧平线的 V、H 面投影 s'b' 和 sb 分别平行于 OZ、OY_H 轴，即：$s'b' // OZ$；$sb // OY_H$，它们的投影长度小于 SB 实长。

对于正平线和水平线作同样的分析，可得出类似的投影特性（见表 2.1）。

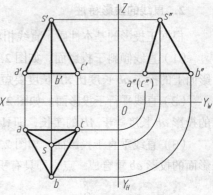

图 2.20　侧平线的投影特性

表 2.1　　　　　　　　　　　　投影面平行线的投影特性

名称	正平线（// V）	水平线（// H）	侧平线（// W）
实例			
直观图			
投影图			
投影特性	① V面投影 a'b' 倾斜于投影轴，并反映实长 ② H面投影 ab // OX轴 ③ W面投影 a"b" // OZ轴	① H面投影 cd 倾斜于投影轴，并反映实长 ② V面投影 c'd' // OX轴 ③ W面投影 c"d" // OY_W轴	① W面投影 e"f" 倾斜于投影轴，并反映实长 ② H面投影 ef // OY_H轴 ③ V面投影 e'f' // OZ轴
	小结：① 直线在所平行的投影面上的投影倾斜于投影轴并反映实长 　　　　② 另外两个投影分别平行于相应的投影轴		

课堂活动

跟我做

【活动内容】直线AB、CD的两面投影如图2.21所示，完成第三面投影并判断各直线的位置（正平、水平或侧平）。

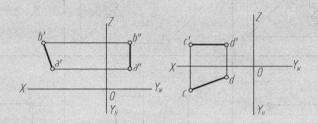

图 2.21

【活动方法】教师边讲边做，学生随做。

【讨论分析】AB为＿＿＿＿平线，A在B的＿＿＿＿方；CD为＿＿＿＿平线，C在D的＿＿＿＿方。

（2）投影面的垂直线。垂直于一个投影面，即与另外两个投影面都平行的直线，称为投影面的垂直线。垂直于V面的称为正垂线；垂直于H面的称为铅垂线；垂直于W面的称为侧垂线。图2.19（a）所示的三棱锥表面棱线AC垂直于W面，即为侧垂线。

如图2.22所示，由AC棱线的三面投影可归纳出侧垂线的投影特性为：

① 侧垂线的W面投影$a''c''$积聚为一点。

② 侧垂线的V、H面投影$a'c'$和ac分别垂直于OZ、OY_H轴，即：$a'c' \perp OZ$，$ac \perp OY_H$，它们的投影长度反映AC的实长，即$a'c' = ac = AC$。

对于正垂线和铅垂线作同样的分析，得出类似的投影特性如表2.2所示。

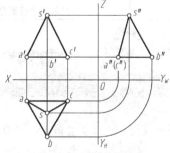

图 2.22　侧垂线的投影特性

表 2.2　　　　　　　　　　投影面垂直线的投影特性

名称	正垂线（⊥V）	铅垂线（⊥H）	侧垂线（⊥W）
实例			

名称	正垂线（⊥ V）	铅垂线（⊥ H）	侧垂线（⊥ W）
直观图			
投影图			
投影特性	① V 面投影 a'(b') 积聚为一点 ② H 面投影 ab ⊥ OX 轴，W 面投影 a"b" ⊥ OZ 轴，且均反映实长	① H 面投影 c(d) 积聚为一点 ② V 面投影 c'd' ⊥ OX 轴，W 面投影 c"d" ⊥ OYw 轴，且均反映实长	① W 面投影 e"(f") 积聚为一点 ② H 面投影 ef ⊥ OYH 轴，V 面投影 e'f' ⊥ OZ 轴，且均反映实长
	小结：① 直线在所垂直的投影面上的投影积聚为一点 ② 另外两个投影分别垂直于相应的投影轴，且均反映实长		

跟我做

【活动内容】 直线 AB、CD、EF 的两面投影如图 2.23 所示，完成第三面投影并判断各直线的位置（正垂、铅垂或侧垂）。

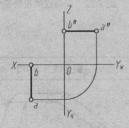
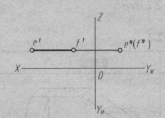

（a）AB 线段的两面投影　　　（b）CD 线段的两面投影　　　（c）EF 线段的两面投影

图 2.23　直线 AB、CD、EF 的两面投影

【活动方法】 教师边讲边做，学生随做。

【讨论分析】 AB 为＿＿垂线，A 在 B 的＿＿方；CD 为＿＿垂线，C 在 D 的＿＿方；EF 为
＿＿　EF 为＿＿垂线，E 在 F 的＿＿方。

（3）一般位置的直线。对三个投影面都倾斜的直线称为一般位置的直线。如图 2.24（a）所示，三棱锥中的 *SA*、*SC* 棱线为一般位置直线，它的投影特性为：

① 直线的两端点到任一投影面的距离都不相等，所以它的三面投影都与投影轴倾斜，如图 2.24（b）所示。

② 因为一般位置直线与三个投影面都倾斜，所以它的三个投影都小于线段的实长。

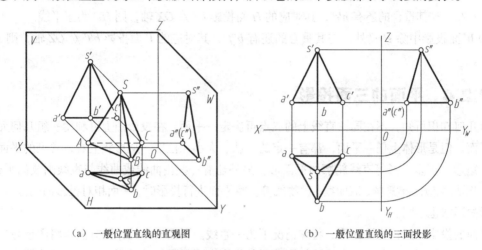

（a）一般位置直线的直观图   （b）一般位置直线的三面投影

图 2.24　一般位置直线的直观图和三面投影

（4）各种位置直线投影特性的综合判断和应用。通过上述分析可归纳出各种位置直线的综合判断规律为：

① 直线的三面投影中有一个投影是倾斜的，另两面投影平行投影轴，则该直线定为投影面平行线，其直线平行于倾斜投影所在的投影面。

② 直线的三面投影中有一个投影是积聚点，则可直接断定该直线为投影面的垂直线，且直线垂直于积聚点所在的投影面。

③ 如果直线的三面投影均倾斜与投影轴，则该直线一定是一般位置直线。

通常只需根据两面投影即可判断出直线的位置。

【例 2.4】　如图 2.25 所示，该图为一形体的三面投影和立体图，试分析图中棱线与三投影面的位置关系。

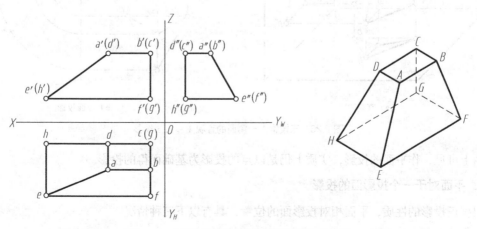

图 2.25　根据立体的三面投影判断各棱线的位置

分析的思路和方法如下。

① 首先根据积聚投影判断出投影面的垂直线。由 *V* 面投影可断定 *EH*、*AD*、*BC*、*GF* 为正垂线；由 *H* 面投影可断定 *CG* 为铅垂线；由 *W* 面投影可断定，*DC*、*AB*、*EF*、*GH* 均为侧垂线。

② 在各投影面中对倾斜的投影进行分析，判断其是投影面的平行线还是一般位置直线：*H* 面投影中有一条斜线 *ea*，其对应的 *V* 面投影 *e'a'* 仍为斜线，可断定 *EA* 为一般位置直线；*V* 面投影中除 *e'a'* 外，与其重合的还有 *h'd'*，其对应的 *H* 面投影 *hd* ∥ *OX* 轴，则 *HD* 为正平线。

③ *W* 面投影中除 *e"a"* 外，与其重合的还有 *b"f'*，其对应的 *V* 面投影 *b'f'* ∥ *OZ* 轴，则 *BF* 为侧平线。

2.2.4　平面的三面投影

由几何知识可知，不在同一直线上的三点可决定一平面。在投影图上可利用一组几何元素来表示平面。但是形体上任一平面，都有一定的形状、大小和位置。从形状上看，常见的平面有三角形、矩形、正多边形等直线轮廓的平面形。另外还有一些由曲线或曲线与直线围成的平面形，如圆、半圆、椭圆、半椭圆、双曲线、抛物线等。将平面进行投影时，平面相对投影面的位置不同，其投影的形状也不同。

平面的投影一般仍为平面形，特殊情况下为一直线。平面投影的作图方法是将图形轮廓线上的一系列点向投影面投射，光滑连接投影面上的投影点即得平面的投影。对于直线边围成的平面多边形，只需画出其各边交点后，依次连接即可。

图 2.26 所示为一正三棱锥将侧面 △*SAB* 三个顶点向三投影面进行投射的直观图和三面投影图。其各投影即为空间三角形各顶点的同面投影的连线。其他多边形的投影法与此类似。

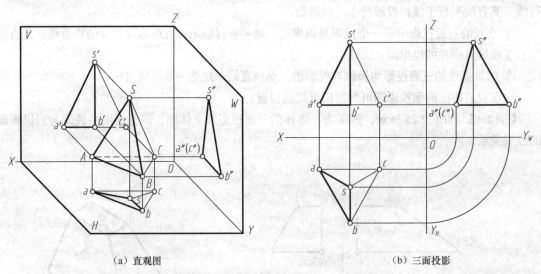

（a）直观图　　　　　　　　　　　　　　（b）三面投影

图 2.26　三棱锥上一侧面的直观图和三面投影

由上可见，作平面的投影，实质上仍是以点的投影为基础而得的投影。

1．平面对于一个投影面的投影

根据正投影的性质，平面相对投影面的位置，具有以下三种情况。

（1）平面平行于投影面，如图2.27（a）所示。当△ABC平行于投影面H时，其投影反映真实形状和大小，即投影具有显实性。

（2）平面垂直于投影面，如图2.27（b）所示。当平面形△ABC垂直于投影面H时，其投影积聚成一条直线段，即投影具有积聚性。

（3）平面倾斜于投影面，如图2.27（c）所示。当平面形△ABC倾斜于投影面H时，其投影和原平面类似，但比原平面小，即投影具有类似性。

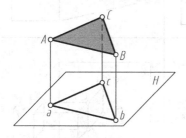

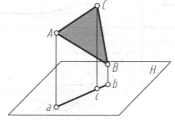

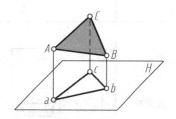

（a）平面平行于投影面　　　　　　（b）平面垂直于投影面　　　　　　（c）平面倾斜于投影面

图2.27　平面相对于投影面的位置

2．平面的三面投影

平面在三投影面体系中按其对投影面的位置不同可分为三种：投影面的垂直面、投影面的平行面、投影面的倾斜面。前两种平面称为特殊位置的平面，后一种平面称为一般位置的平面。下面分别介绍各种位置平面的投影特性。

（1）投影面的平行面。平行于一个投影面，而同时垂直于其他两个投影面的平面称为投影面的平行面。平行于H面的称为水平面，平行于V面的称为正平面，平行于W面的称为侧平面。

如图2.28所示，三棱锥底面△ABC为一水平面。其三面投影的特性为：

① 水平投影（即H面上的投影）△abc反映△ABC的实形。

② 正面投影△a'b'c'和侧面投影△a"b"（c"）均积聚为直线，它们分别与OX、OY_W轴平行。

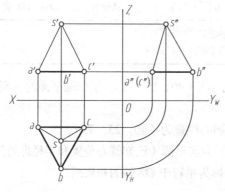

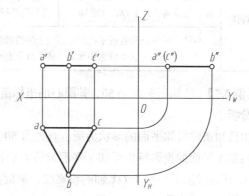

（a）三棱锥中底平面的三面投影　　　　　　（b）分离出的底平面三面投影

图2.28　水平面的三面投影

对于正平面和侧平面作同样的分析，也可得出其投影特性，如表2.3所示。

表 2.3 投影面平行面的投影特性

名称	正平面（∥V）	水平面（∥H）	侧平面（∥W）
实例	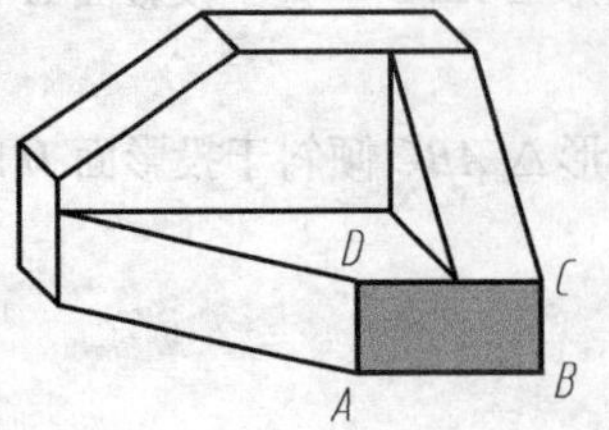	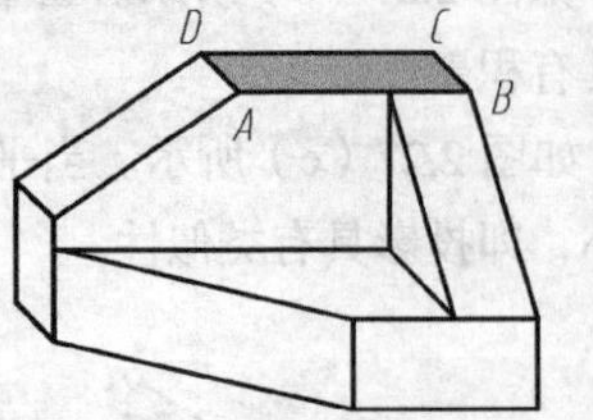	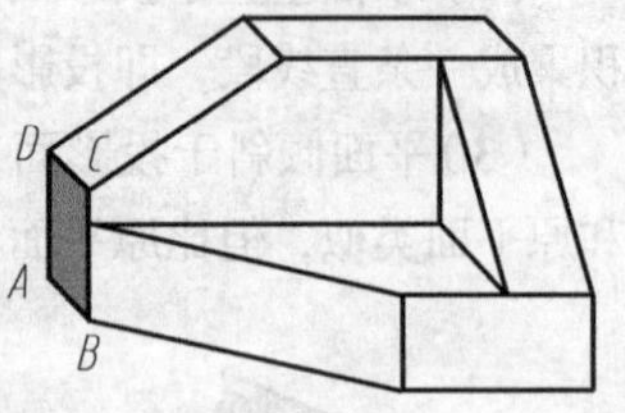
直观图	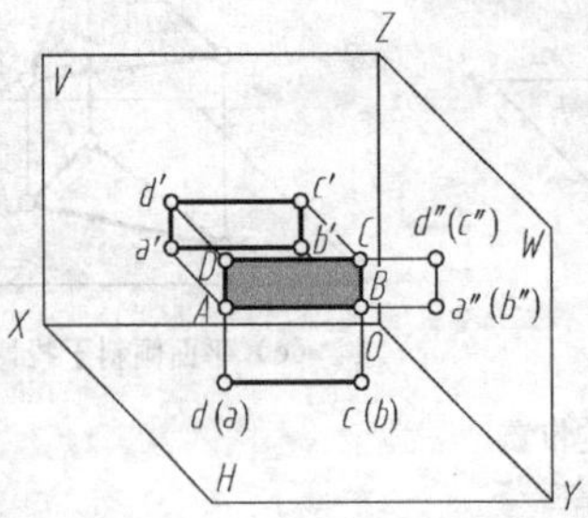	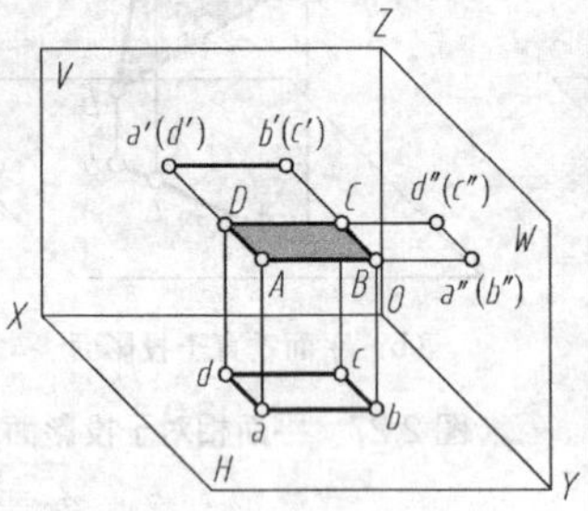	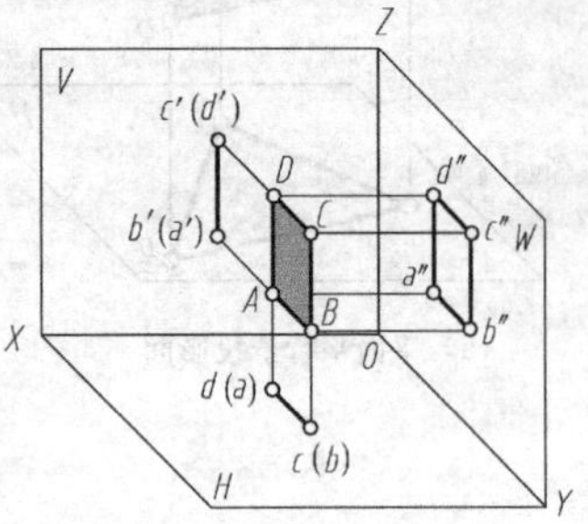
投影图	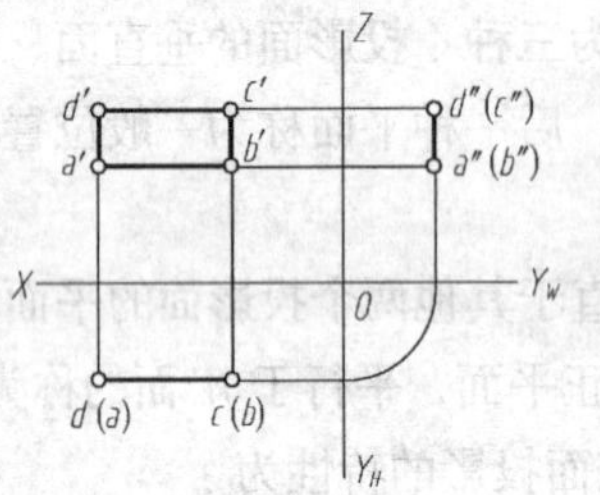	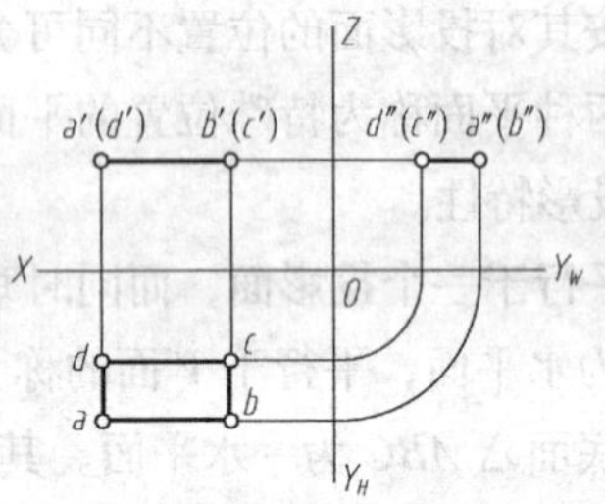	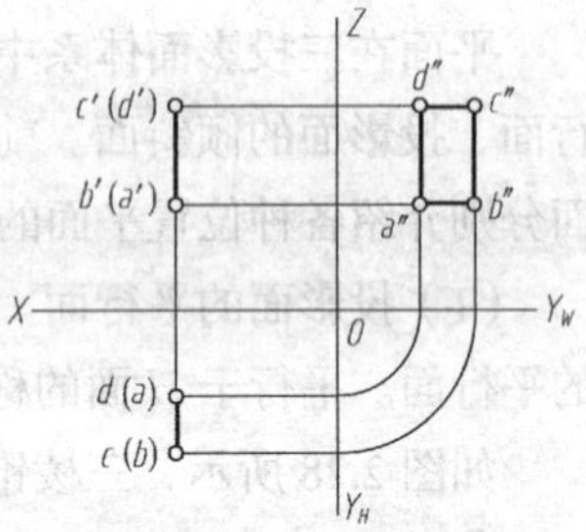
投影特性	① V 面投影反映实形 ② H、W 面投影积聚成一条直线，且分别平行于 OX、OZ 轴	① H 面上的投影反映实形 ② V、W 面投影积聚成一直线，且分别平行于 OX、OY_W 轴	① W 面投影反映实形 ② H、V 面投影积聚成一直线，且分别平行于 OY_H、OZ 轴
	小结：① 平面形在所平行的投影面上的投影反映实长 ② 另外两个投影积聚成直线，且分别平行于相应的投影轴		

【例 2.5】 已知正平圆 $\phi 50$，其圆心的坐标值为：O_1（40，25，35）。求作圆平面的三面投影。

分析：

由已知条件可知平面的形状为圆、直径为 50、圆心位置为（40，25，35）；

根据正平面的投影特性可知：平面圆的 V 面投影为实形圆（已知圆心位置和半径即可用圆规画出），H 面投影为平行于 OX 轴的积聚线，W 面投影为平行于 OZ 轴的积聚线。

作图方法和步骤：

① 根据 O_1（40，25，35），绘制圆心的三面投影：O_1、O_1'、O_1''，如图 2.29（a）所示。

② 以 O_1' 为圆心，25 为半径画圆，即为平面圆的 V 面投影，如图 2.29（b）所示。

③ 过 O_1、O_1'' 作 OX、OZ 的平行线，其长度等于圆的直径，如图 2.29（c）所示。

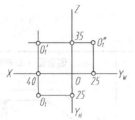 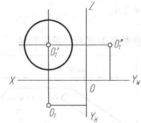 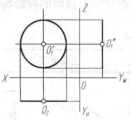

（a）圆心三面投影　　　　（b）平面圆的 V 面投影　　　（c）平面圆的 H、W 面投影

图 2.29　平面形相对于投影面的位置

跟我做

【活动内容】侧平梯形 ABCD 的侧面投影如图2.30所示，并知道梯形平面到 W 面的距离为10mm。求做梯形平面的 V 面和 H 面投影。

【活动方法】教师边讲边做，学生随做。

【讨论分析】梯形平面的 H 面投影具有_____性；四个角点在_____面上的投影需要判断可见性。

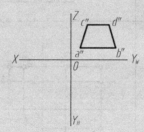

图 2.30　侧平梯形 ABCD 的侧面投影

（2）投影面的垂直面。垂直于一个投影面而与另外两投影面倾斜的平面称为投影面的垂直面。垂直于 H 面的称为铅垂面，垂直于 V 面的称为正垂面，垂直于 W 面的称为侧垂面。

如图 2.31 所示，三棱锥的表面△ SAC 为一侧垂面，它的三面投影的特性为：

① 侧面投影 $s''a''(c'')$ 积聚成一条直线，且倾斜于 OZ、OY_W 轴。

② 正面投影△ $s'a'c'$ 与水平投影△ sac 仍然为平面三角形，但均比△ SAC 缩小，为类似形。对于铅垂面和正垂面作同样的分析，也可以得出类似的投影特性。

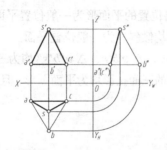 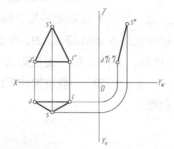

（a）三棱锥中△ ACS 的三面投影　　　　（b）分离出的△ ACS 的三面投影

图 2.31　侧垂面的三面投影

各种投影面垂直面的投影特性见表2.4。

表2.4　　　　　　　　　　　投影面垂直面的投影特性

名称	正垂面（⊥V）	铅垂面（⊥H）	侧垂面（⊥W）
实例	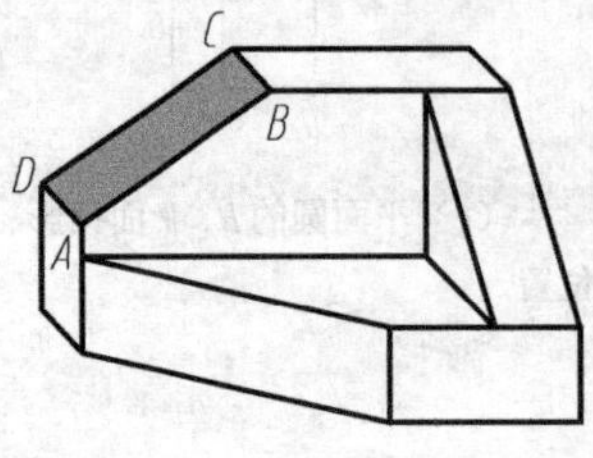	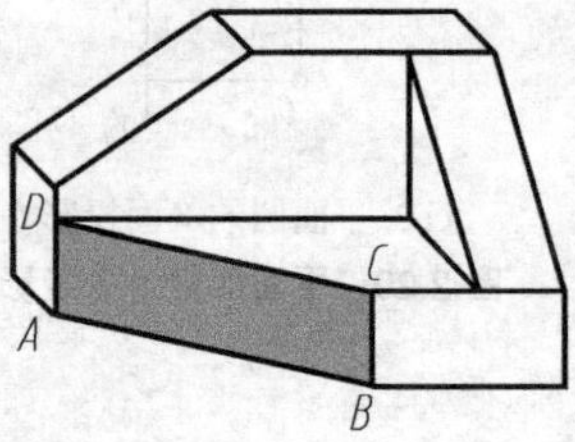	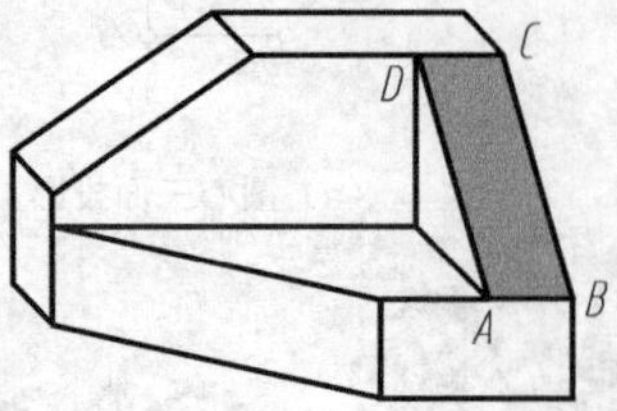
直观图	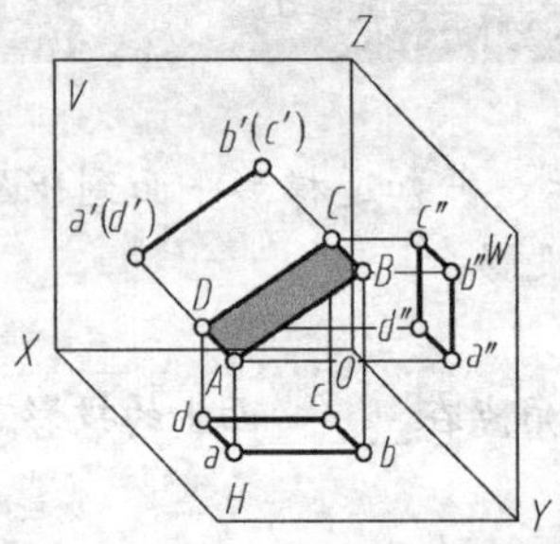	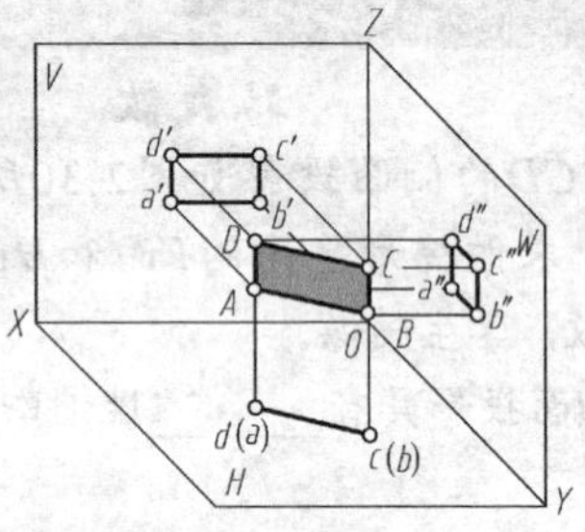	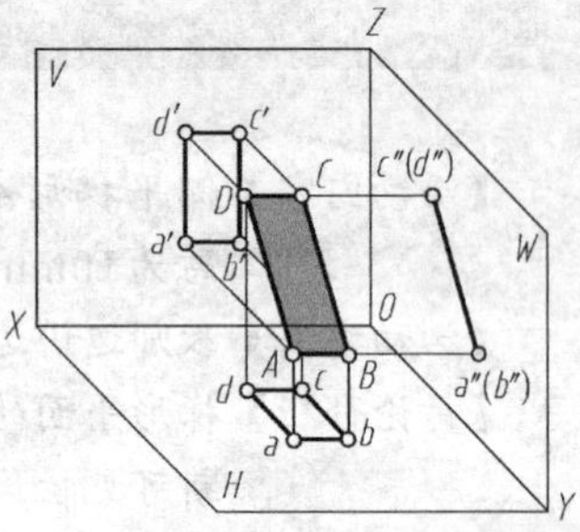
投影图	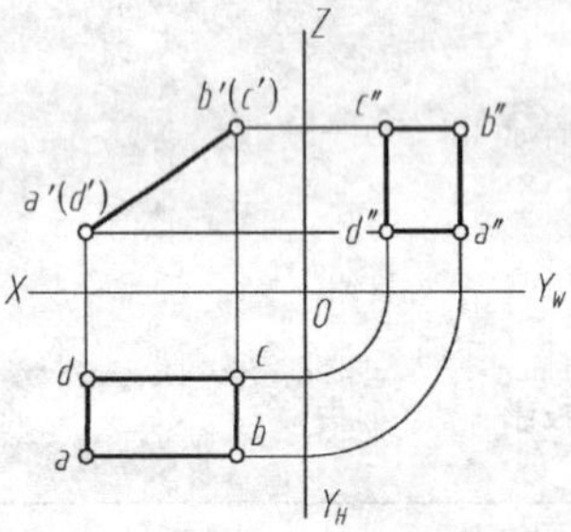	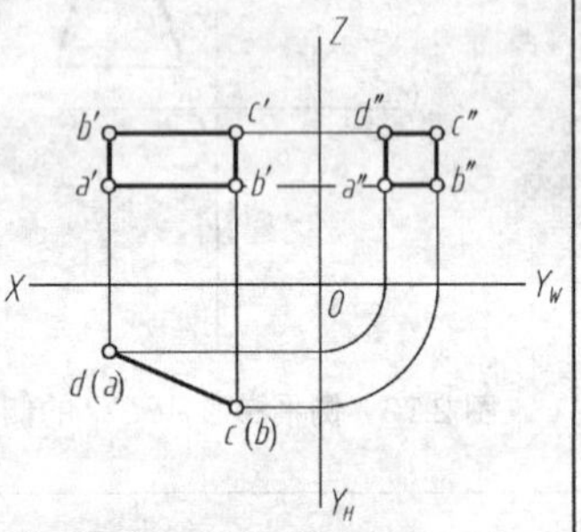	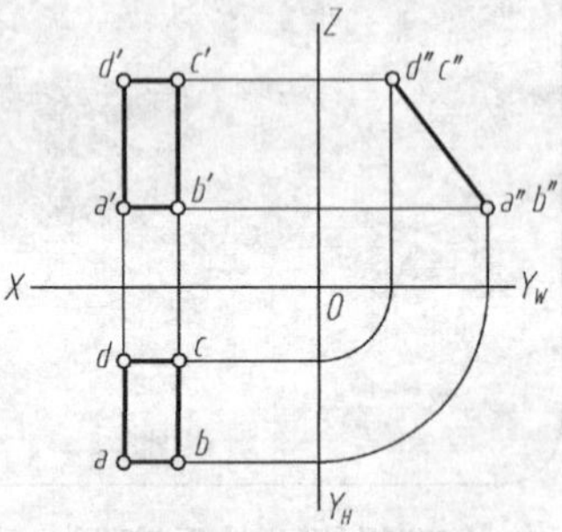
投影特性	① V面投影为倾斜与投影轴的积聚线 ② 在H、W面上的投影均为小于实形的平面（类似形）	① H面投影为倾斜与投影轴的积聚线 ② 在V、W面上的投影均为小于实形的平面（类似形）	① W面投影为倾斜与投影轴的积聚线 ② 在H、V面上的投影均为小于实形的平面（类似形）
	小结：① 平面在所垂直的投影面上的投影为积聚线，且倾斜与投影轴 　　　　② 另外两个投影均为小于实形的平面		

（3）一般位置平面。与三个投影面都处于倾斜位置的平面形为一般位置平面。如图2.32（a）所示，三棱锥的左前侧表面△ABS与V、H、W面均倾斜，为一般位置平面。

如图2.32（b）所示，△ABS的三面投影△abs、△a'b's'、△a"b"s"均为三角形，且比实形△ABS小，为类似形。由此可知：一般位置的平面的三面投影均为平面图形，且比实际多边形小，为实际多边形的类似形。

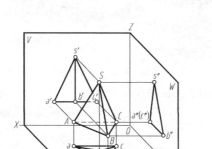

（a）三棱锥中 △ABS 的直观图

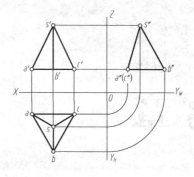

（b）△ABS 的三面投影

图 2.32　一般位置平面的三面投影

根据一般位置平面的投影特性，即可通过平面的三面投影判断平面是否为一般位置平面。如果平面的三面投影都是类似的几何图形，该平面一定是一般位置的平面。

（4）各种位置平面投影特性的综合判断和应用。通过上述分析可归纳出各种位置平面的综合判断规律为：

① 平面的三面投影中有一个投影为平面图形，另两面投影为平行于投影轴的积聚线，该平面一定为投影面平行面，平面平行于平面图形所在的投影面。

② 平面的三面投影中有一个投影为倾斜的积聚线，另两面投影为平面的类似形，则可断定该平面为投影面的垂直面，并且平面垂直于积聚线所在的投影面；一般可直接通过积聚投影直接确定，如果只有两类似形的投影，则不可断然判定其是投影面垂直面，必须求得第三投影才可确定其位置。

③ 如果平面的三面投影均为平面的类似形，则该平面一定是一般位置平面。

【例2.6】　图 2.33 所示为三棱锥斜切的三面投影图，试分析图中各表面与三投影面的位置关系。

分析：

由图 2.33（a）可知三棱锥切角有 5 个表面，两个三角形：△ABC 和 △DEF，三个四边形：ABED、BCFE、ACFD。

根据各表面的投影，判断其与三投影面的位置关系：

① △ABC：在 H 面的投影为

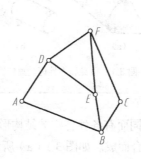

（a）斜切三棱锥中的直观图

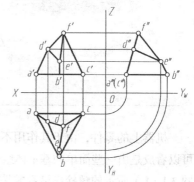

（b）斜切三棱锥的三面投影

图 2.33　根据体的三面投影判断各表面位置的图例

△abc，在 V、W 面投影分别为 a'b'c' 和 a"（c"）b"，两投影均为积聚直线，且 a'b'c' // OX、a"（c"）b" // OY_W，由此，可确定△ABC 是一水平面。

② 四边形 ACFD：在 W 面的投影 a"（c"）f"d" 是与 OZ 轴倾斜的积聚直线，而 H 面和 V 面的投影 acfd、a'c'f'd' 为两个类似形，故可确定该平面为侧垂面。

③ △DEF：在 V、H、W 面的三个投影都是类似的三角形，因此可以确认△DEF 是一个与三投影面都倾斜的一般位置平面。

④ 用同样的分析方法可判定四边形 ABED 和 BCFE 均为一般位置平面。

第 3 章

基本体的三视图

（1）从几何学的角度，说出日常生活中常见的基本几何形体都有哪些？

（2）图 3.1 所示形体为机械中简单的零件，其由哪些基本体组合而成的？

（3）如果直接学习图 3.1 所示形体的三视图，容易接受吗？

（4）先学基本形体的三视图，在其基础上再学组合形体的三视图又会怎样呢？

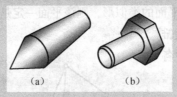

图 3.1　顶尖和螺栓坯的立体图

　　机器上的零件，由于其作用不同而有各种各样的结构形状，但不管它们的形状如何复杂，都可以看成是由一些简单的基本体组合而成。如图 3.1（a）所示，顶尖可看成是圆锥和圆台的组合；图 3.1（b）所示的螺栓坯可看成是圆台、圆柱和六棱柱的组合。本章将详细介绍基本体三视图的形成及特点，为学习组合体三视图打基础。

学习目标

- 初步掌握三视图的形成和三视图之间的关系
- 掌握基本体三视图的画法
- 掌握基本体的尺寸注法
- *熟悉基本体表面取点的投影作图方法

3.1 三视图的形成及三视图之间的关系

用正投影法绘制而成的物体的多面投影图，称为视图。应当指出，视图并不是观察者看物体所得到的视觉印象，而是把物体放在观察者和投影面之间，用正投影法将物体向投影面投射，所获得的正投影图，其投射情况，如图3.2所示。

3.1.1 三视图的形成和展开

图3.3所示的四个不同的物体，只取它们一个投影面上的投影，其视图完全相同。如果不附加其他说明，是不能确定各个物体的整体形状的。要反映物体的完整形状，必须根据物体结构的繁简，多画几个方向上的视图相互补充，才能把物体的形状表达清楚。

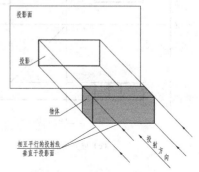

图3.2 视图的形成过程

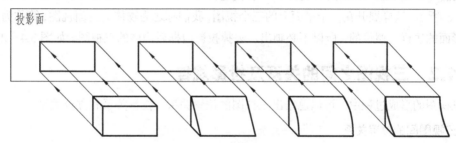

图3.3 不同形体在同一投影面上可以得到相同的投影

（1）三视图的形成。在工程上，将物体放置在三投影面体系中，如图3.4（a）所示，用正投影法分别将物体向三个投影面投射，获得物体的三面正投影图。正面投影（由物体的前方向后方投射所得到的视图）称为主视图，水平面投影（由物体的上方向下方投射所得到的视图）称为俯视图，侧平面投影（由物体的左方向右方投射所得到的视图）称为左视图。

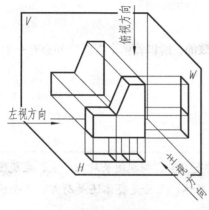

（a）三视图的形成

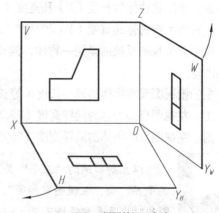

（b）三视图的展开方法

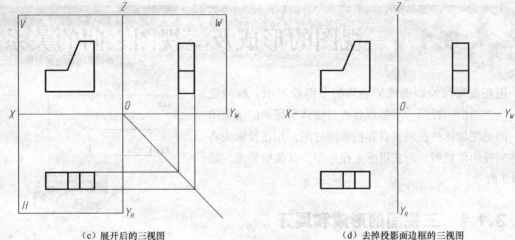

（c）展开后的三视图 （d）去掉投影面边框的三视图

图3.4 三视图的形成和展开

（2）三视图的展开。为了把空间的三个视图画在一个平面上，就必须把三个投影面展开在同一个平面上。展开的方法是：正投影面（V面）保持不动，水平面（H面）绕OX轴向下旋转90°，侧面（W面）绕OZ轴向右旋转90°，使它们和正面（V面）展成一个平面，如图3.4（b）和图3.4（c）所示。这样展开在一个平面上的三个视图，我们称之为物体的三面视图，简称为三视图。由于投影面的边框是假设的，所以不必画出。去掉投影边框后物体的三视图，如图3.4（d）所示。

3.1.2 三视图之间的关系及投影规律

从三视图的形成过程中，可以总结出三视图的位置关系、投影关系和方位关系。

1. 三视图间的位置关系

由图3.4可知，物体的三个视图按规定展开，摊平在同一平面上以后，具有明确的位置关系：主视图在上方，俯视图在主视图的正下方，左视图在主视图的正右方。

2. 三视图间的投影关系

任何一个物体都有长、宽、高三个方向的尺寸。在图3.4（d）中，我们可以看出：

主视图反映物体的长度（X）和高度（Z）；

俯视图反映物体的长度（X）和宽度（Y）；

左视图反映物体的宽度（Y）和高度（Z）。

由于三个视图反映的是同一物体，其长、宽、高是一致的，所以每两个视图之间必有一个相同的度量。即：

主、俯视图反映物体的同样长度（等长）；

主、左视图反映物体的同样高度（等高）；

俯、左视图反映物体的同样宽度（等宽）。

提示

以上所归纳的"三等"关系，简单地说就是"主、俯视图长对正，主、左视图高平齐，俯、左视图宽相等"。对于任何一个物体，无论是整体还是局部，三个视图的对应关系都保持不变，如图3.5所示。

"三等"关系反映了三个视图之间的投影规律，是看图、画图和检查图样的依据。

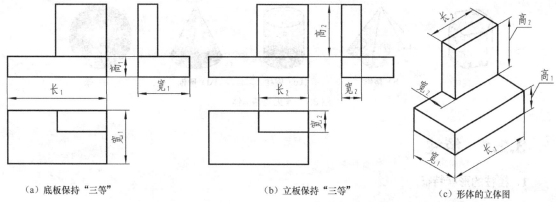

（a）底板保持"三等"　　　（b）立板保持"三等"　　　（c）形体的立体图

图 3.5　三视图的"三等"关系

3．三视图间的方位关系

三视图不仅反映了物体的长、宽、高，同时也反映了物体的上、下、左、右、前、后六个方向的位置关系。由图 3.6 可知，我们可以直接通过视图和投影轴的关系判断物体的方位：

主视图——反映了物体的上、下和左、右；

俯视图——反映了物体的左、右和前、后；

左视图——反映了物体的上、下和前、后。

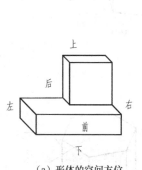
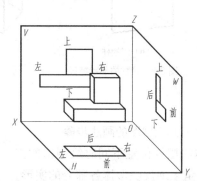
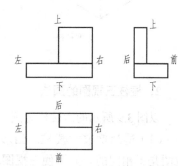

（a）形体的空间方位　　　（b）左三投影面体系中形体三视图的方位　　　（c）展开的三视图反映的方位

图 3.6　三视图反映形体六个方位的位置关系

课堂测试

（1）当图纸中的画图空间不够时，物体三视图的相对位置 ＿＿＿＿ 随意摆放。

（2）图 3.5 中所示的物体，其主视图不能反映物体 ＿＿＿＿ 方向上的形状和尺寸。

（3）在俯视图上，＿＿＿＿ 侧为物体的前方；在左视图上，＿＿＿＿ 侧为物体的后方。

3.2　基本体及其三视图

基本体可分为平面立体和曲面立体两类。表面均为平面的立体，称为平面立体；表面含有曲面的立体，称为曲面立体。常见的基本体有棱柱、棱锥、圆柱、圆锥、球等，如图 3.7 所示。

（a）棱柱　（b）棱锥　（c）圆柱　（d）圆锥　（e）球

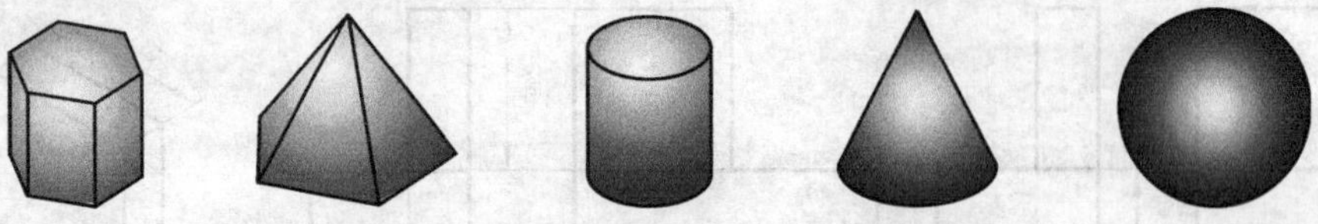

图 3.7　常见的基本体

3.2.1　棱柱

1. 棱柱的形状特征

如图 3.8 所示，棱柱由以下几个面围成。

（1）底表面。两个平行全等的多边形，n 边形即为 n 棱柱。

（2）侧棱。两底表面对应交点的连线，垂直于底表面，棱线的长即为棱柱的高。

（3）侧表面。两底表面的对应边和侧棱所围成的矩形。

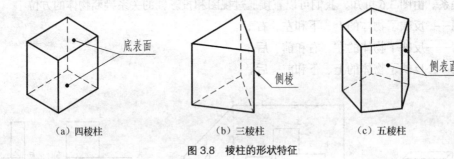

（a）四棱柱　　　　　　　　（b）三棱柱　　　　　　　　（c）五棱柱

图 3.8　棱柱的形状特征

2. 棱柱三视图的画法

以图 3.9 所示的六棱柱为例，介绍其三视图的画法步骤。

（1）适当摆放六棱柱。当形体的摆放位置不同时绘制出的三视图是不相同的。为了使三视图尽量多地反映形体各部分的实形，在绘制三视图时，形体的摆放原则是：尽量使形体各表面平行于投影面。

六棱柱的摆放应为：底平面平行于一个投影面，两个相互平行的侧表面平行于另一投影面。图 3.9 所示的六棱柱的摆放位置为：底表面平行于 H 面，两相互平行的侧表面平行于 V 面，侧棱铅垂。

图 3.9　六棱柱

（2）六棱柱各表面及棱线的视图分析。由于上下底表面为水平面，则其俯视图反映实形；其主视图为平行于 OX 轴的积聚直线；左视图为平行于 OY_W 轴的积聚直线。六棱柱的六条侧棱均为铅垂线，其主视图和左视图均平行 OZ 轴，且反映实长。

（3）已知六棱柱底平面的外接圆直径为 $\phi 50$，柱高为 40，绘制三视图。

六棱柱三视图的画法步骤如表 3.1 所示。

表 3.1	六棱柱三视图的画法步骤
作图步骤	**说　明**
（主视图与俯视图，标注"画图时不必画出"）	① 画出对称中心线的三视图作为各视图的定位基准线 ② 用六等分圆周的方法绘制俯视图的正六边形 ③ 根据长对正和六棱柱的高，绘制上下底表面的主视图
（左视图，标注"后端点""前端点""宽相等"）	① 根据主、左视图高平齐，确定上下底表面左视图的上下位置 ② 根据俯、左视图宽相等，以中心线为基准确定上下底表面的前后端点位置，完成底表面的左视图
（三视图，标注"画图时不必刻意点出"）	① 根据长对正绘制各侧棱的主视图，最前两条侧棱与最后两条侧棱重合，只画可见的前侧棱 ② 根据各侧棱相对的前后位置，绘制侧棱的左视图，只画左侧可见的三条侧棱

棱柱三视图的画法步骤可归纳为：

（1）形体有对称中心线时，可先画对称中心线的三视图，作为棱柱三视图的定位基准。

（2）画图时，先从反映底平面形状特征的视图画起；然后，按视图间投影关系完成底平面另外两面视图。

（3）最后绘制各侧棱反映实长的两面视图。

3．棱柱三视图的特性

从六棱柱和三棱柱的三视图中可以看出棱柱的投影特性为：

当棱柱的底面平行某一投影面时，则棱柱在该面上投影的外轮廓为与其底面全等的多边形，而另外两个投影则由数个相邻的矩形线框所组成。

举一反三

【活动内容】已知五棱柱的主视图，如图3.10所示，五棱柱高为10，绘制另外两视图。

【活动方法】学生练习，教师讲评。

图 3.10　五棱锥的主视图

*4. 求棱柱表面上点的投影

求立体表面上点的投影，应依据平面上取点的方法作图，但需判别点投影的可见性。若点所在表面的投影为可见，则点在该面的投影也可见，反之为不可见。不可见点的投影需加圆括号表示。

一般规定：置于三投影面体系中的空间点、线、面及实体用大写拉丁字母表示，如 A、B、$C\cdots$；H 面投影用相应的小写字母表示，如 a、b、$c\cdots$；V 面投影用相应的小写字母加一撇表示，如 a'、b'、$c'\cdots$；W 面投影用相应的小写字母加两撇表示，如 a''、b''、$c''\cdots$。

如图 3.11 所示，已知三棱柱右侧面上有一点 M 的 V 面投影 m'，求 m 和 m''。

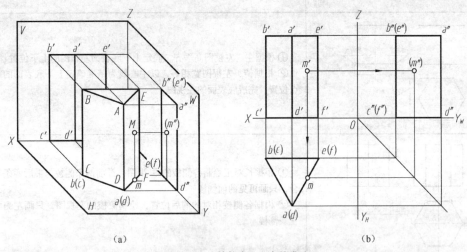

（a）　　　　　　　　　　　　　（b）

图 3.11　三棱柱表面上点的求法

从图 3.11（a）中看出点 M 位于 $AEFD$ 平面内，点 M 的 H 面投影 m 可直接求出（$AEFD$ 平面在 H 面上有积聚性，其投影为一条斜线），m' 与 m 的投影符合三面投影规律中的"主、俯视图长对正"。

W 面投影 m'' 可根据 m 和 m' 的投影直接由"主、左视图高平齐，俯、左视图宽相等"作图求出，由于点 m 位于不可见的右侧面，因此 m'' 也不可见，应加圆括号表示。

3.2.2　棱锥

1. 棱锥的形状特征

如图 3.12 所示，棱锥由以下几个面围成。

（1）底表面。一个多边形底平面，n 边形即为 n 棱锥。

（2）锥顶。位于底平面形心的垂线上，锥顶到底平面的垂直距离即为棱锥的高。

（3）侧棱。底表面各角点到锥顶的连线。

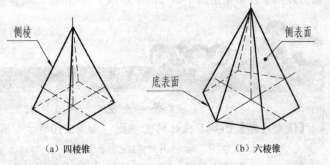

（a）四棱锥　　　　　（b）六棱锥

图 3.12　棱锥的形状特征

（4）侧表面。底表面的各边与侧棱所围成的三角形平面，各侧表面交于锥顶点。

2．棱锥三视图的画法

以图 3.13 所示的五棱锥为例，介绍其三视图的画法步骤。

（1）适当摆放五棱锥。由棱锥的形状特征可知，棱锥上最复杂的表面形状，即是底平面，所以绘制棱锥的三视图时，应将棱锥的底平面平行于投影面。

图 3.13 所示的五棱锥底平面为水平面，从稳定性方面考虑，棱锥一般都是底平面水平放置。

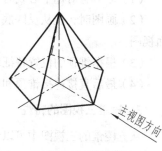

图 3.13 五棱锥

（2）五棱锥各表面及棱线的视图分析。由于底表面为水平面，则俯视图可反映底平面的实形；底平面的主视图则为平行于 OX 轴的积聚直线；左视图为平行于 OY_W 轴的积聚直线；锥顶位于棱锥的中心轴线上，到底平面的垂直距离为棱锥的高；可在主视图和左视图的中心线上直接确定，其俯视图就位于五边形的形心处；五条侧棱可直接连接锥顶点和底平面角点的同面投影获得。

（3）已知五棱锥底平面的外接圆直径为 $\phi 50$，柱高为 40，求做五棱锥的三视图。

五棱锥三视图的画法步骤见表 3.2。

表 3.2　　　　　　　　　　　　　　五棱锥三视图的画法步骤

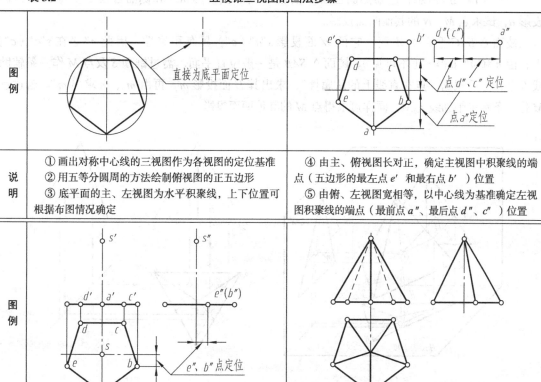

图例	①画出对称中心线的三视图作为各视图的定位基准 ②用五等分圆周的方法绘制俯视图的正五边形 ③底平面的主、左视图为水平积聚线，上下位置可根据布图情况确定	④由主、俯视图长对正，确定主视图中积聚线的端点（五边形的最左点 e' 和最右点 b'）位置 ⑤由俯、左视图宽相等，以中心线为基准确定左视图积聚线的端点（最前点 a''、最后点 d''、c''）位置

说明	⑥根据锥顶的位置特征和五棱锥的高，绘制顶点的三视图 ⑦根据主、俯视图长对正，确定底平面主视图积聚线上的点 d'、a'、c' ⑧以中心线为基准确定左视图积聚线上的点 e''、b''	⑨依次连接顶点到底表面各角点的同面投影，完成侧棱的三视图（判断不可见棱线画虚线） ⑩绘图过程中的点标注和投影线只用于辅助画图，画完后应及时擦除（熟练后不必标出）

棱锥三视图的画法步骤可归纳为以下几步。

（1）形体有对称中心线时，可先画对称中心线的三视图，作为棱锥柱三视图的定位基准。

（2）画图时，先从反映底平面实形的视图画起；然后，按视图间投影关系完成底平面另外两面视图。

（3）根据锥顶的位置特征和棱锥高度，绘制锥顶的三视图。

（4）最后直接连接锥顶和底平面各角点的同面投影，完成侧棱的三视图。

3. 棱锥三视图的特性

从五棱锥的三视图中可以看出棱锥的投影特性为：

当棱锥的底面平行某一个投影面时，则棱锥在该面上投影的外轮廓为与其底面全等的多边形。轮廓内为若干个汇交于形心的三角形；其他两面投影均为若干个相邻三角形所组成的线框。

*4. 求棱锥表面上点的投影

组成棱锥的表面有投影面的平行面和垂直面（统称为特殊位置平面），也有一般位置平面（与三个投影面既不平行也不垂直的平面）。特殊位置平面上点的投影，可利用该平面投影的积聚性直接作图。一般位置平面上点的投影，可通过在该面上添加辅助线的方法求得。

如图 3.14（b）所示，已知侧面 △SAB 上点 M 的 V 面投影 m′ 和侧面 △SAC 上点 N 的 H 面投影 n，试求点 M、N 的其他两面投影。

棱面 △SAC 垂直于 W 面，它的 W 面投影 s″a″（c″）具有积聚性，因此 n″ 必在 s″a″（c″）上，由 n 和 n″ 求得 n′（不可见）。棱面 △SAB 是一般位置平面，需过锥顶 S 及点 M 作一条辅助线 S Ⅱ，然后根据"点在直线上的从属性"，求出其 H 面投影 m，再由 m′、m 求出 m″。若过点 M 作一条水平辅助线 Ⅰ M，同样可求得点 M 的其他两面投影。

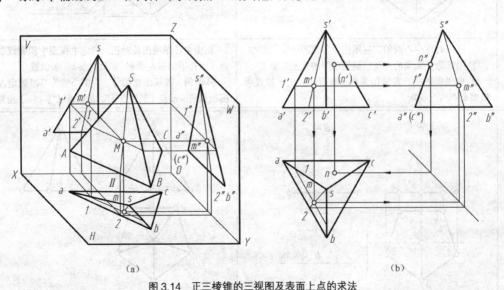

（a）　　　　　　　　　　　　　　　　（b）

图 3.14　正三棱锥的三视图及表面上点的求法

3.2.3　棱台

1. 棱台的形成

用一个平行于底平面的切平面将棱锥锥顶部分截掉，余下的形体即为棱台，如图 3.15 所示。

2．棱台的形状特征

如图 3.15 所示，棱台由以下几个面围成。

（1）两个底平面。平行相似的多边形底平面，其形心位于同一条中心轴线上，两形心间的距离即为棱台的高。

（2）侧棱为两底平面对应角点的连线。

（3）侧表面为等腰梯形。

3．棱台三视图的画法

由于棱台是由平行于底平面的切平面将棱锥锥顶部分截掉后形成的，所以可以通过先画出棱锥的三视图，然后擦去锥顶部分的三视图即可得到棱台的三视图。

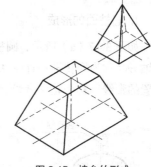

图 3.15　棱台的形成

下面举例来介绍四棱台三视图的画法步骤。

已知四棱锥底面长 60，宽 40，锥高 55，截切面距底平面 28。四棱台三视图的画法步骤如图 3.16 所示。

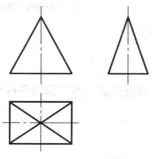

（a）根据已知尺寸，绘制棱锥的三视图

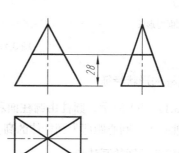

（b）按截切位置绘制截平面有积聚性的视图

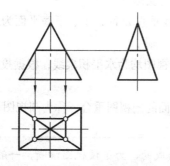

（c）根据长对正绘制截平面与侧棱的四个交点并依次相连，即为截切后新表面的视图

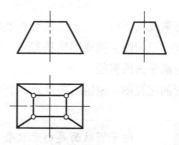

（d）擦掉被截去的棱线

图 3.16　四棱台三视图的画法

4．棱台三视图的特性

很容易从四棱台的三视图中可以看出棱台的投影特性为：

当棱台的底面平行某一个投影面时，则棱台在该投影面的视图为两同心，且平行的相似多边形（两底平面的实形），两多边形的对应角点相连，构成若干个梯形；另外两视图均为若干个相邻梯形的组合。

3.2.4 圆柱

1. 圆柱面的形成

如图 3.17（a）所示，圆柱面可看作是一条直母线 AA 绕与它平行的固定轴 OO 回转而成。固定轴 OO 称为回转轴，直线 AA 称为母线，AA 回转到任意位置时称为素线，在投影图中处于轮廓位置的素线，称为轮廓素线。

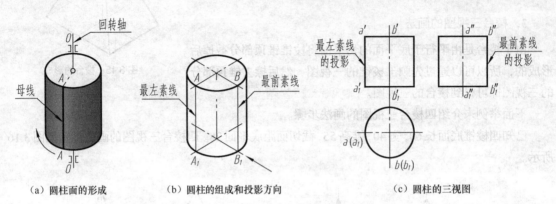

（a）圆柱面的形成　　　（b）圆柱的组成和投影方向　　　（c）圆柱的三视图

图 3.17　圆柱的形成和三视图

2. 圆柱的形状特征

如图 3.17（b）所示，圆柱由圆柱面和顶、底圆平面所围成。两平面圆平行相等，圆心位于圆柱面的轴线上，圆心距即为圆柱体的高。

3. 圆柱三视图的画法步骤

（1）适当摆放圆柱。为了在视图中反映圆柱各部分的实形，一般将圆柱的轴线放置为投影面的垂直线，这时两圆平面即为投影面的平行面，视图为实形圆。

（2）视图分析。如图 3.17（b）所示，圆柱的轴线垂直 H 面，上、下底平面为水平面；圆柱面上的所有素线均平行于轴线且立于平面圆的周线上。则：

圆平面的三视图：俯视图反映实形；主视图和左视图均为水平积聚线，根据投影关系，积聚线的长度为圆平面的直径。

圆柱面的三视图：俯视图积聚为一个圆，与圆平面的俯视图重合，称为圆视图。

> **提示**
>
> 由于圆柱面是由无数条素线集合而成的，为了使视图清晰，一般规定：回转面素线的视图只画最外轮廓素线的投影，当圆柱面铅垂时，最外轮廓素线为最前、最后、最左、最右素线。另外，当最外轮廓素线的投影与轴线或圆心线重合时，不得画出。

根据规定，圆柱面的主视图只画最左和最右素线，左视图只画最前和最后素线，所得的主视图和左视图均为矩形线框，称为圆柱面的非圆视图，如图 3.17（c）所示。

（3）圆柱三视图的画法。已知圆柱直径为 $\phi 50$，高为 46，当轴线铅垂放置时，圆柱三视图的画法步骤如下。

① 用细点画线画出圆柱中心轴线和圆平面中心线的三视图，如图 3.18（a）所示。

② 以中心线和轴线为基准，按尺寸绘制两个平行圆平面的三视图。如图 3.18（b）所示，俯视图为 $\phi 50$ 的圆；主视图和左视图分别以各自的轴线为中点，长度为 50 画水平直线，主、左视图应高平齐；同一视图中，两圆平面积聚线的距离为圆柱体的高。

③ 绘制圆柱面最外轮廓素线的主视图和左视图，如图 3.18（c）所示。

（a）画轴线和圆心线　　　　　（b）画两个圆平面的三视图　　　　　（c）画最外素线的视图

图 3.18　圆柱三视图的画法步骤

4. 圆柱三视图的特性

圆柱轴线分别垂直于 V、H、W 投影面时，三视图及其特性如表 3.3 所示。

表 3.3　　　　　　　　　　圆柱的轴线垂直不同投影面的三视图及其特性

摆放位置	直观图	三视图	投影特性
轴线⊥V面 圆平面∥V面			（1）主视图为圆 （2）俯视图和左视图为两个全等矩形(非圆视图)
轴线⊥H面 圆平面∥H面			（1）俯视图为圆 （2）主视图和左视图为两个全等矩形(非圆视图)
轴线⊥W面 圆平面∥W面			（1）左视图为圆视图 （2）主视图和俯视图为两个全等矩形(非圆视图)

（1）当圆柱的轴线垂直于某一投影面时，圆柱在该投影面上的视图为圆

（2）另外两个投影面上的视图为全等的两个矩形

绘制圆柱三视图时，应注意轴线在三视图中的方向，沿轴线方向为圆柱的高度方向，称轴向；垂直于轴线的方向为圆平面的直径方向，称径向。工程中所说的轴向尺寸即是圆柱的高度尺寸；径向尺寸即是圆柱的直径尺寸。

通过以上分析和归纳，圆柱三视图的一般画图步骤为：

（1）先画轴线和中心线。

（2）再画圆柱的圆视图。

（3）最后绘制非圆视图（矩形视图）。

*5. 圆柱表面上点的投影

圆柱表面上点的投影，可利用圆柱面投影的积聚性来求得。如图 3.19 所示，已知圆柱表面上点 M 的 V 面投影 m'，求其他两面投影。圆柱面的 H 面投影具有积聚性，所以点 M 的 H 面投影应在圆柱面的 H 面投影的圆周上，据此可先求出 m，再根据 m'、m 求出 m''。

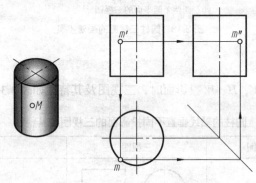

图 3.19　圆柱表面上点的投影

3.2.5　圆锥

1. 圆锥面的形成

如图 3.20（a）所示，圆锥面可看作是一条直母线 SA 绕与它相交的固定轴 OO 回转而成。固定轴 OO 称为回转轴，直线 SA 称为母线，SA 回转到任意位置时称为素线，在投影图中处于轮廓位置的素线，称为轮廓素线。

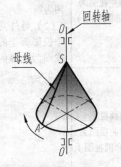
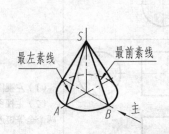
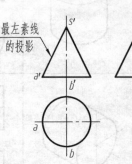

（a）圆锥面的形成　　　　　（b）圆锥的组成和投影方向　　　　　（c）圆锥的三视图

图 3.20　圆锥的形成和三视图

2．圆锥的形状特征

如图 3.20（b）所示，圆锥由圆锥面和一个圆形底平面所围成。圆形底平面与轴线垂直，圆心位于圆锥面的轴线上，圆锥的顶点位于轴线上，顶点到平面圆心的距离即为圆锥的高。

3．圆锥三视图的画法步骤

（1）适当摆放圆锥。当圆锥的摆放位置不同时，其三视图则不相同，为了在视图中反映圆柱体各部分的实形，一般将圆锥的轴线放置为投影面的垂直线，这时圆形底平面即为投影面的平行面，视图为实形。

（2）视图分析。如图 3.20（b）所示，圆锥的轴线垂直 H 面，下底平面为水平面；圆锥面上的所有素线的一个端点位于圆平面的圆周线上，另一端点汇交于顶点 S。

① 圆底面的三视图。俯视图反映实形；主视图和左视图均为水平积聚线，根据投影关系，积聚线的长度为圆的直径。

② 圆锥面的三视图。回转面素线的视图只画最外轮廓素线的投影，且当最外轮廓素线的投影与轴线或圆心线重合时，不得画出。

在俯视图中，圆锥面上的四条最外轮廓素线（最前、最后、最左、最右素线）均与圆心线重合，都不画出，但圆锥面的底边圆周线与底平面圆重合，可见圆锥面的俯视图为圆视图；主视图只画最左和最右素线，左视图只画最前和最后素线，所得的主视图和左视图均为三角形线框。称为圆锥面的非圆视图，如图 3.20（c）所示。

（3）圆锥三视图的画法。已知底面圆直径为 $\phi50$，高为 50mm，轴线铅垂放置的圆锥体，其三视图的画法步骤为：

① 用细点画线画出圆锥中心轴线和圆平面圆心线的三视图，如图 3.21（a）所示。

② 以中心线和轴线为基准，按尺寸绘制底平面的三视图，如图 3.21（b）所示，俯视图为 $\phi50$ 的圆；主视图和左视图分别以各自的轴线为中点，长度为 50 画水平直线，主、左视图应高平；在主视图和左视图的轴线上，距底面积聚线 50mm 处确定锥顶的位置。

③ 绘制圆锥面最外轮廓素线的主视图和左视图，如图 3.21（c）所示。

圆锥面最外轮廓素线是锥顶到底面圆最外端点的连线。

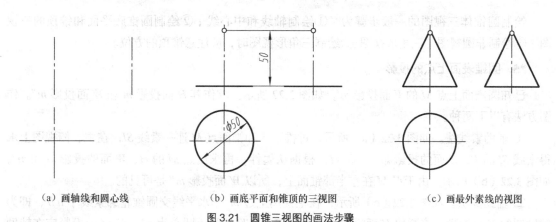

（a）画轴线和圆心线　　　　　　　（b）画底平面和锥顶的三视图　　　　　　　（c）画最外素线的视图

图 3.21　圆锥三视图的画法步骤

4．圆锥体三视图的特性

圆锥轴线分别垂直于 V、H、W 投影面时，三视图及其特性见表 3.4。

表 3.4　　　　　　　　　　圆锥的轴线垂直不同投影面的三视图及其特性

摆放位置	直观图	三视图	投影特性
轴线⊥V面 圆平面∥V面	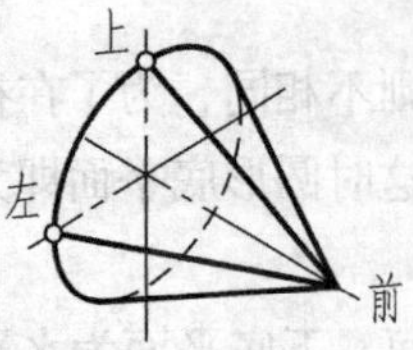 	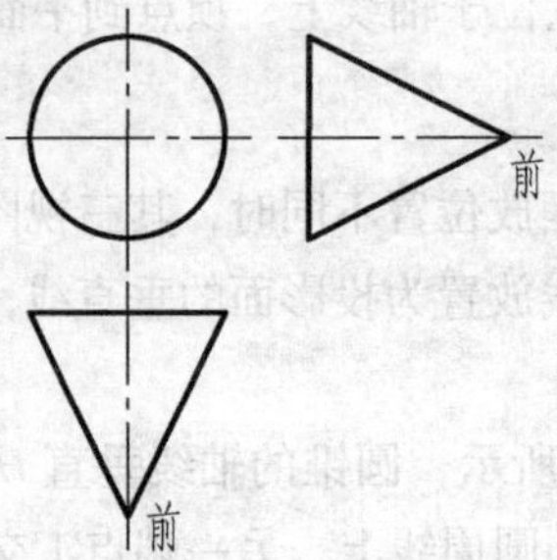	（1）主视图为圆视图 （2）俯视图和左视图为两个全等的三角形（非圆视图）
轴线⊥H面 圆平面∥H面			（1）俯视图为圆视图 （2）主视图和左视图为两个全等的三角形（非圆视图）
轴线⊥W面 圆平面∥W面			（1）左视图为圆视图 （2）主视图和俯视图为两个全等的三角形（非圆视图）

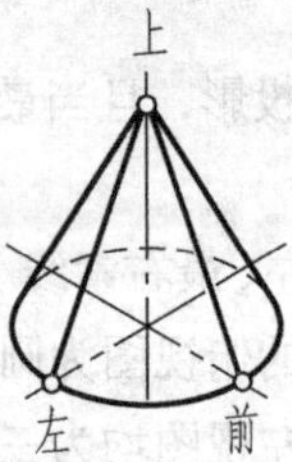

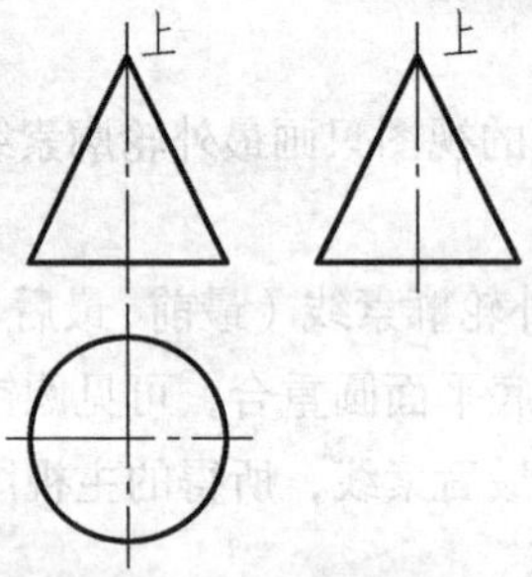

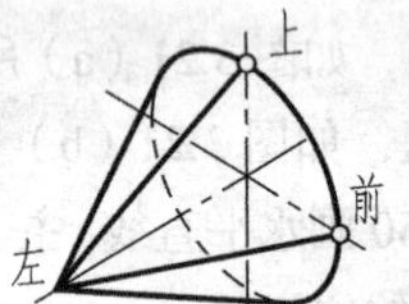

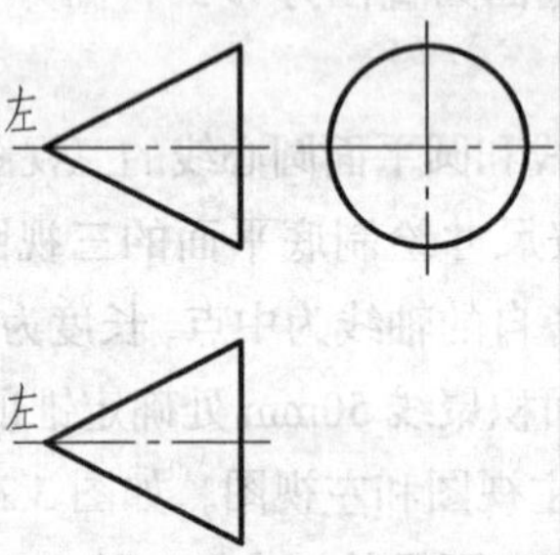

（1）当圆锥的轴线垂直于某一投影面时，圆锥在该投影面上的视图为圆

（2）另外两个投影面上的视图为全等的两个三角形

绘制圆锥体三视图的一般步骤为：①绘制轴线和中心线；②绘制圆锥底平面和锥顶的三视图；③绘制非圆视图（三角形视图）。绘制三角形视图时，应注意锥顶的方位。

*5. 圆锥表面上点的投影

已知圆锥面上点 M 的 V 面投影 m'，如图 3.22 所示。求作其 H 面投影 m 和 W 面投影 m''。作图方法有以下两种。

① 辅助素线法。如图 3.22（a）所示，过锥顶 S 和锥面点 M 连一素线 SI，在主、俯视图上求得素线 SI 的 V、H 面的投影即 $s'1'$ 和 $s1$，根据从属性，再求出点 M 的 H、W 面的投影 m 和 m''，如图 3.22（b）所示。由于点 M 在左半部锥面上，所以 W 面投影 m'' 是可见的。

② 辅助圆法。如图 3.22（c）所示，在主视图上过 m' 作水平线交圆锥轮廓素线于 $a'b'$，即为辅助圆的 V 面投影，该圆的 H 面投影为一直径等于 $a'b'$ 的圆（圆心为 s）。点 M 的投影应在辅助圆的同面投影上，即可由 m' 求得 m，再由 m' 和 m 求得 m''（可见）。

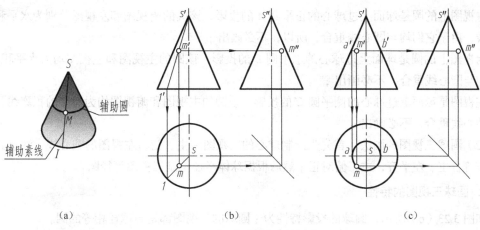

(a)	(b)	(c)

图 3.22　求圆锥表面上点的投影

 想一想　在图 3.22 所示的圆锥上，过点 M 将锥顶部分截切后得到的立体是什么形状？参照图 3.22 的尺寸，绘制其三视图。

3.2.6　圆球

1. 圆球面的形成

如图 3.23（a）所示，圆球面可看作是一条圆形母线以其直径为轴线旋转而成。

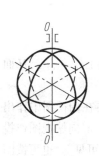

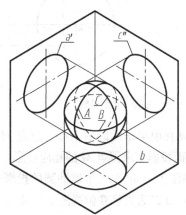

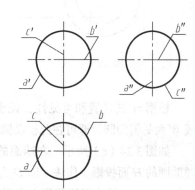

（a）圆球面的形成　　　　（b）圆球三视图的形成　　　　（c）圆球的三视图

图 3.23　圆球的形成和三视图

2. 圆球的形状特征

圆球只有一个球表面，其任何方向上的形状都是相同的。

3. 圆球三视图的画法步骤

（1）视图分析。如图 3.23（b）和图 3.23（c）所示，圆球任何方向的投影都是等径的圆，所以，圆球向三个投影面投影，形成的三视图均为等径的圆。但是，三个视图中的圆分别表示的是圆球面上三个不同方向的轮廓素线（过球心的轮廓圆）的投影。

主视图上的圆是球面上过球心的正平圆 A 的投影，该圆的俯视图和左视图分别为水平和竖直积聚线，由于它们均与圆心线重合，所以，不必画出；

俯视图上的圆是球面上过球心的水平圆 B 的投影，该圆的主视图和左视图均为水平积聚线，它们均与圆心线重合，不必画出；

左视图是球面上过球心的侧平圆 C 的投影，该圆的主视图和俯视图均为竖直的积聚线，它们均与圆心线重合，不必画出。

（2）圆球三视图的画法。首先先绘制球心的三视图：主、俯、左视图的圆心线，注意其位置关系应符合主、左平齐，主、俯对正；然后根据球体半径绘制三视图等径圆。

4．圆球三视图的特性

如图 3.23（c）所示，圆球的投影特性为：圆球的三视图都是与球径相等的圆。

*5．圆球上点的投影

已知球面上点 M 的 V 面投影 m'，如图 3.24 所示，求作其另两个投影 m 和 m''。

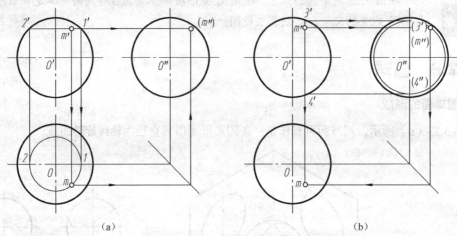

图 3.24　球面上点的投影

根据 m' 的位置和可见性，说明点 M 在前半球面的右上部。过点 M 在球面上作平行于 H 面或 W 面的辅助圆，即可在此辅助圆的各面投影上求得点 M 的相应投影。

如图 3.24（a）所示，在球面的主视图上过 m' 作水平辅助圆的投影 $1'2'$，再在俯视图中作出辅助圆的 H 面投影（作法：以 O 为圆心，$1'2'$ 为直径在俯视图上画圆），然后由 m' 向俯视图作投影线，在辅助圆的 H 面投影上求得 m（可见），最后由 m' 和 m 即可求得 m''（不可见）。也可按图 3.24（b）所示，在球面上作出平行于 W 面的辅助圆（作法：以 O'' 为圆心，$3'4'$ 为直径，在左视图上画圆），先求出 W 面投影 m''，再由 m' 和 m'' 求得 m。

3.3　基本体的尺寸标注

视图表达了物体的形状，而物体的真实大小是由图样上所注尺寸来确定的。任何物体都有长、宽、高三个方向的尺寸。在视图上标注基本体的尺寸时，应将三个方向的尺寸标注齐全。但是每个尺寸只需在某一视图上标注一次。

（1）平面立体一般应标注长、宽、高三个方向的尺寸，其中正方形的尺寸可在边长数字前加正方形符号进行标注，如□15，如图3.25所示。

（2）正棱柱和正棱锥，除标注高度尺寸外，其正多边形底表面的尺寸可用外接圆直径进行标注，如图3.26（a）和图3.26（d）所示。也可根据需要用一般形式进行标注，如图3.26（b）和图3.26（c）所示。

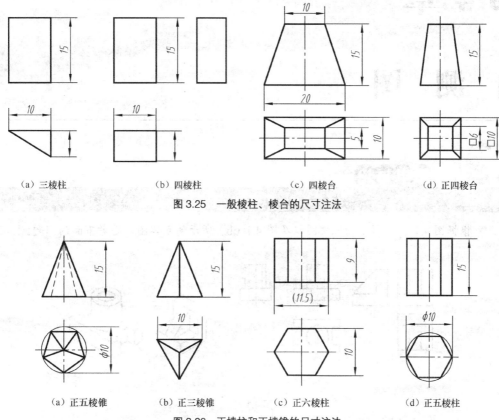

（a）三棱柱 　　　（b）四棱柱 　　　（c）四棱台 　　　（d）正四棱台

图3.25　一般棱柱、棱台的尺寸注法

（a）正五棱锥 　　　（b）正三棱锥 　　　（c）正六棱柱 　　　（d）正五棱柱

图3.26　正棱柱和正棱锥的尺寸注法

（3）圆柱和圆锥（或圆锥台）应标注底圆直径和高度尺寸，在标注直径尺寸时，尺寸数字前应加注"ϕ"，并且直径尺寸应尽量标注在非圆视图上。如图3.27（a）和图3.27（b）所示。

（4）圆球只需标注一个尺寸，即圆球直径，标注时，应在尺寸数字前加注"$S\phi$"，如图3.27（c）所示。

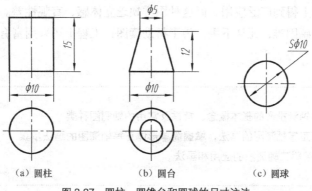

（a）圆柱 　　　　　　（b）圆台 　　　　　　（c）圆球

图3.27　圆柱、圆锥台和圆球的尺寸注法

第4章

轴 测 图

课堂讨论

根据图 4.1（a）所示的三视图以及图 4.1（b）所示的立体图，思考下面的问题。

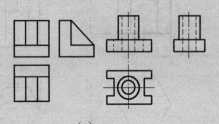

（a）

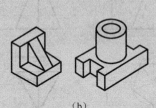

（b）

图 4.1

（1）谈谈识读两组图形的感受？

（2）机械图样用的是哪一种表达方法？

（3）如果同时给出两种表达方法，读懂三视图的难度是否会低一些？

　　应用三视图表达物体，可以将物体的各部分形状完整、准确地表达出来，而且度量性好，作图方便，因而在工程上得到广泛应用。但这种图样缺乏立体感，直观性差。初学者在想象其空间形状和位置时，会倍感困难，无从下手。为了帮助读图，工程上还采用富有立体感的轴测图作为辅助图样。

学习目标

● 了解轴测投影的基本概念、特性及常用的轴侧图种类

● 了解正等轴测图的画法，掌握简单形体正等轴测图的画法步骤

● *了解斜二轴测图的应用和画法

4.1 轴测图的画法

4.1.1 轴测图的基本知识

1. 轴测投影（轴测图）的形成及分类

将物体连同其直角坐标系，沿不平行于任一坐标平面的方向，用平行投影法将其投射在单一投影面上所得到的图形，称为轴测投影，简称为轴测图，如图 4.2 所示。

轴测投影可分为以下两类。

（1）正轴测投影。参考直角坐标系倾斜于轴测投影面，投影线与轴测投影面垂直，如图 4.2（a）所示。

（2）斜轴测投影。参考直角坐标系的 XOZ 坐标面平行于轴测投影面，投影线与轴测投影面倾斜，如图 4.2（b）所示。

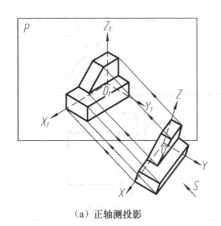
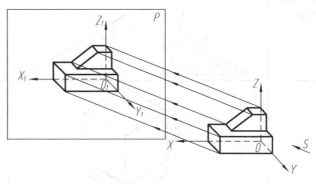

（a）正轴测投影　　　　　　　　　　　　　　　（b）斜轴测投影

图 4.2　轴测图的形成

2. 轴测投影的术语

（1）轴测投影面。形成轴测投影的单一投影面，称为轴测投影面。

（2）轴测轴。参考直角坐标系中的坐标轴在轴测投影面上的投影，称为轴测轴。

（3）轴间角。轴测投影图中，两轴测轴之间的夹角，称为轴间角。

（4）轴向伸缩系数。轴测轴上的单位长度与相应直角坐标轴上的单位长度的比值，称为轴向伸缩系数。OX、OY、OZ 轴上的伸缩系数分别用 p_1、q_1、r_1 表示，简化系数分别用 p、q、r 表示。

（5）轴向线段。轴测图中，平行于轴测轴的线段称为轴向线段。

3. 轴测轴的设置

绘制物体的轴测图时，先要确定轴测轴，然后再根据这些轴测轴作为基准来绘制轴测图。轴测图中的三个轴测轴应配置成便于作图的特殊位置。

根据国家标准规定（GB/T 14692—2008），常用的轴测轴及其轴间角和轴向伸缩系数见表 4.1。

表 4.1	常用的轴测轴及其轴间角和轴向伸缩系数	
类别	正等轴测投影（简称正等测）	斜二轴测投影（简称斜二测）
轴测轴的设置方法	三个参考直角坐标轴 OX、OY、OZ 与轴测投影面的倾角均为 $35°16'$，投影线垂直于轴测投影面，投影后形成的三个轴测轴称为正等测轴	参考直角坐标面 XOZ 与轴测投影面平行，投影线与轴测投影面的倾角为 $45°$，投影后形成的轴测轴称为斜二测轴
轴间角及轴向伸缩系数	轴向伸缩系数： $p_1 = q_1 = r_1 = 0.82$　简化系数：$p = q = r = 1$ 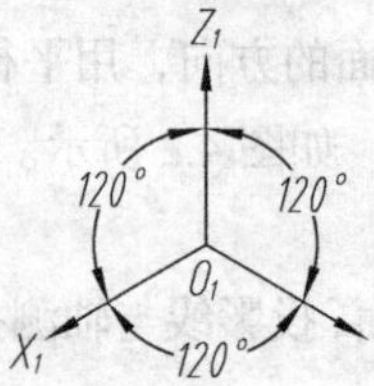	轴向伸缩系数：$p_1 = r_1 = 1$，$q_1 = 0.5$　简化系数：取原值 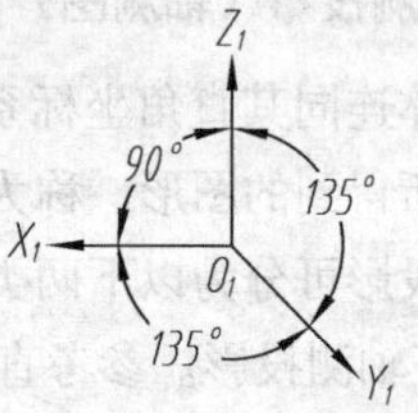
轴测轴的画法	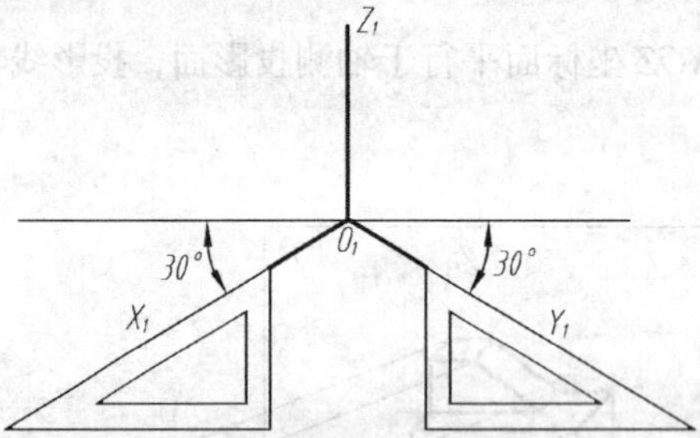	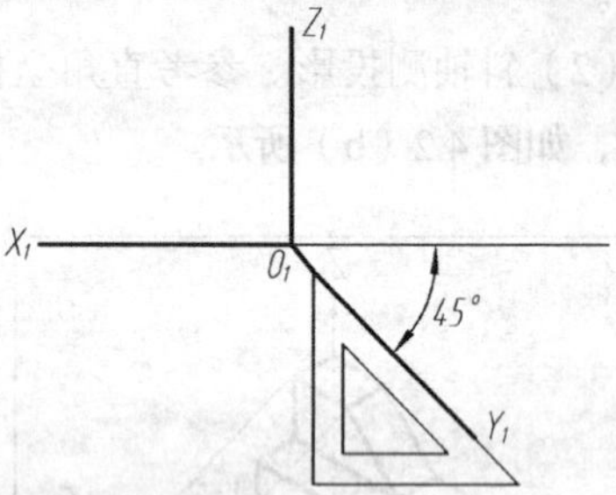
图例	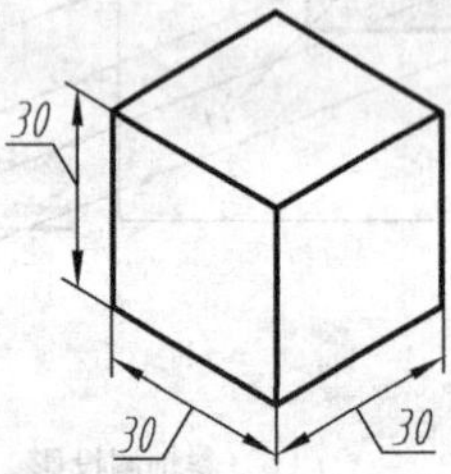	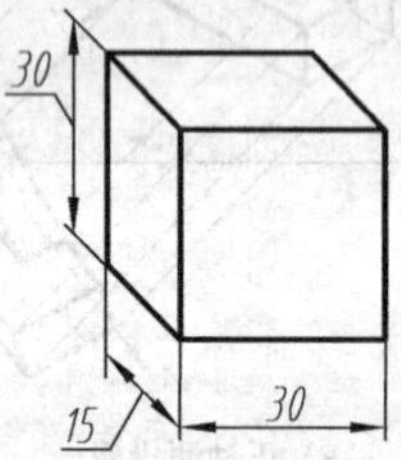
图例说明	物体相对于参考坐标系： 长度方向：OX 轴方向；宽度方向：OY 轴方向；高度方向：OZ 轴方向 当正方体的长、宽、高均为 30 时，其轴测图中的长度为：$30 \times p$；宽度为：$30 \times q$；高度为：$30 \times r$	

4. 轴测投影的基本特性

由于轴测图是根据平行投影法绘制出来的，因此它具有平行投影的基本特性。其主要投影特性概括如下。

（1）在轴测图中，物体上平行于参考直角坐标轴的线段（轴向线段），仍然平行于相应的轴测轴；物体上相互平行的线段，仍然相互平行。

（2）画轴测图时，物体上轴向线段的长度可按其实际尺寸乘以相应的轴向伸缩系数来确定。轴测图中"轴测"这个词就含有沿轴向测量的意思。

（3）物体上不平行于参考直角坐标轴的线段（非轴向线段），其轴测图中的长度和斜向不能参照轴向线段的方法来确定，需要先分析并确定其两端点的位置后，再连接两端点来完成轴测图的绘制，物体上相互平行的两条非轴向线段，其轴测图仍然平行。

4.1.2　正等轴测图的画法

根据轴测投影的基本特性可知，绘制轴测图的基本要领为：

（1）绘图前，先确定轴测轴在物体上的位置和方向。

（2）分析并确定物体上各线段的方位是否为轴向线段，如果为轴向线段，则绘制轴测图时，可先绘制轴向线段。

（3）各个轴向线段的长度为线段的实际长度乘以相应的轴向伸缩系数。

（4）非轴向线段两端点位置可根据两点的相对位置和平行线段的投影特性来确定。

1. 平面体正等轴测图的画法

平面体的形体特征为：外表面均为平面形，各表面的交线即为平面体上的棱（包括凸棱和凹棱）。

平面体上的棱线可分为轴向线段和非轴向线段，其轴测图可根据轴测图的绘图要领进行绘制。

【例 4.1】 已知长方体的三视图，如图 4.3 所示，绘制其正等轴测图。

（1）分析。如图 4.3（a）所示，长方体由 6 个矩形平面围成，各平面交线即是长方体的棱线，当轴测轴处于图示方位时，12 条棱线均为轴向线段。其中有 4 条棱线平行于 OX 轴线（长度方向线）；4 条棱线平行于 OY 轴线（宽度方向线）；4 条棱线平行于 OZ 轴线（高度方向线）。

图 4.3（b）所示为长方体的三视图，由三视图可确定长方体的长、宽、高。也即各棱线的长度。

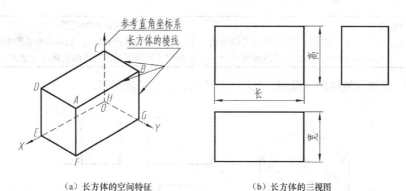

（a）长方体的空间特征　　　　　　　　　　　　　　（b）长方体的三视图

图 4.3　长方体的空间形状和三视图

（2）画轴测图。长方体轴测图的作图步骤如表 4.2 所示。

表 4.2　　　　　　　　　　　　　　　　长方体轴测图的作图步骤

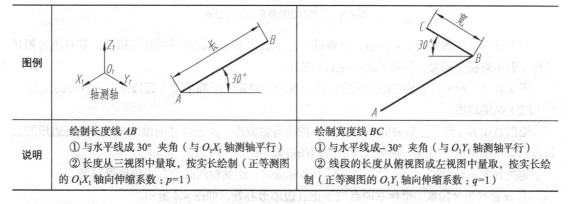

图例		
说明	绘制长度线 *AB* ① 与水平线成 30° 夹角（与 O_1X_1 轴测轴平行） ② 长度从三视图中量取，按实长绘制（正等测图的 O_1X_1 轴向伸缩系数：$p=1$）	绘制宽度线 *BC* ① 与水平线成 –30° 夹角（与 O_1Y_1 轴测轴平行） ② 线段的长度从俯视图或左视图中量取，按实长绘制（正等测图的 O_1Y_1 轴向伸缩系数：$q=1$）

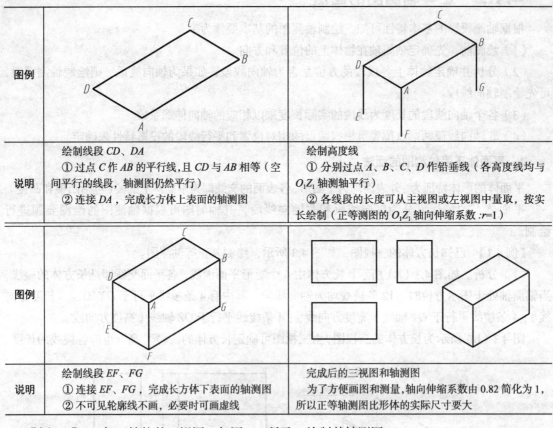

图例	
说明	绘制线段 CD、DA ① 过点 C 作 AB 的平行线，且 CD 与 AB 相等（空间平行的线段，轴测图仍然平行） ② 连接 DA，完成长方体上表面的轴测图	绘制高度线 ① 分别过点 A、B、C、D 作铅垂线（各高度线均与 O_1Z_1 轴测轴平行） ② 各线段的长度可从主视图或左视图中量取，按实长绘制（正等测图的 O_1Z_1 轴向伸缩系数：$r=1$）
图例	
说明	绘制线段 EF、FG ① 连接 EF、FG，完成长方体下表面的轴测图 ② 不可见轮廓线不画，必要时可画虚线	完成后的三视图和轴测图 为了方便画图和测量，轴向伸缩系数由 0.82 简化为 1，所以正等轴测图比形体的实际尺寸要大

【例 4.2】 已知五棱柱的三视图，如图 4.4 所示，绘制其轴测图。

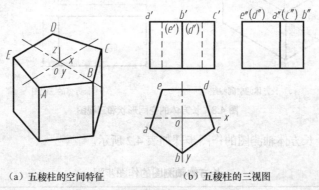

（a）五棱柱的空间特征　　　　　（b）五棱柱的三视图

图 4.4　五棱柱的空间形状和三视图

（1）分析。如图 4.4（a）所示，五棱柱的上下底平面为平行相等的正五边形，其对应边相互平行；五条侧棱分别为上下底平面对应点的连线。

图 4.4（b）所示为五棱柱的三视图，由三视图可确定上下底平面（五边形）上各点的位置。

（2）画轴测图。

绘图难点为：绘制上底表面（ABCDE）的正等轴测图。正五棱柱的绘图难点为正五边形的五条边只有一条（ED）为 OX 轴向线段，另四条边都不是轴向线段。

解决方案：平面图形的轮廓线不平行于坐标轴时，绘制轴测图的方法和步骤如下。

① 设置参照坐标系，坐标系原点位于正五边形形心处，如图 4.4 所示。

② 绘制坐标轴的正等轴测图——轴测轴，轴测轴原点位于正五边形的形心处，如图 4.5 所示。

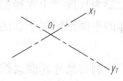

图 4.5 轴测轴

③ 确定 A、B、C、D、E 各点的轴测图，作图步骤如表 4.3 所示。

表 4.3　五棱柱上底表面轴测图的作图步骤

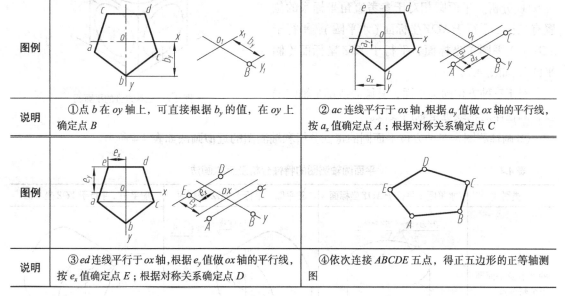

图例	① 点 b 在 oy 轴上，可直接根据 b_y 的值，在 oy 上确定点 B	② ac 连线平行于 ox 轴，根据 a_y 值做 ox 轴的平行线，按 a_x 值确定点 A；根据对称关系确定点 C
说明	③ ed 连线平行于 ox 轴，根据 e_y 值做 ox 轴的平行线，按 e_x 值确定点 E；根据对称关系确定点 D	④ 依次连接 $ABCDE$ 五点，得正五边形的正等轴测图

完成上底平面的正等轴测图后，可直接绘制五棱柱的侧棱，连接下底平面的可见轮廓线，如图 4.6 所示。

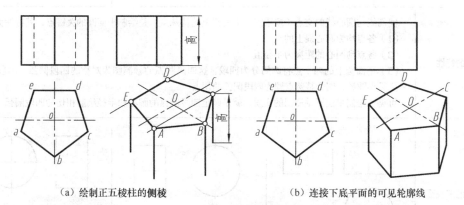

（a）绘制正五棱柱的侧棱　　　　　　　　（b）连接下底平面的可见轮廓线

图 4.6　完成正五棱柱的轴测图

2. 回转体正等轴测图的画法

回转体的形体特征为：构成回转体的表面为垂直于轴线的平面圆（两个或一个）和一个回转面。

绘制回转体的投影图时，平面圆的轮廓线为一圆周线，当圆平面平行于投影面时，其投影为实形圆；圆平面垂直于投影面时，其投影为长度等于直径的积聚线；圆平面倾斜于投影面时，其投影为椭圆。在正等轴测图中，圆柱体的平面圆倾斜于轴测投影面，可知，回转体的平面圆在正等轴测图中为椭圆。

第三章已讲到，回转面的投影只需绘制其最外轮廓素线即可。轴测图中，回转面的轴测图也只需绘制最外轮廓素线。

通过分析可知，回转体轴测图的画图关键点是圆平面的轴测图。

（1）平面圆轴测图的画法。

① 分析。平面圆相对于参考直角坐标系的位置有三种：平行于 XOY 坐标面（水平圆）、平行于 XOZ（正平圆）坐标面、平行于 YOZ 坐标面（侧平圆），如图 4.7 所示。

对于三种方位的圆平面，其圆心线都是轴向线段，圆柱体的轴线也是轴向线段。

② 画轴测图。三种方位平面圆的特征分析和轴测图的近似画法如表 4.4 所示。

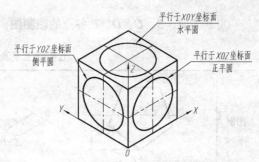

图 4.7　三种方位的平面圆

表 4.4　　　　　　　　　　　平面圆轴测图的特性分析及近似画法

类别	水平圆：平行于 XOY 坐标面	正平圆：平行于 XOZ 坐标面	侧平圆：平行于 YOZ 坐标面
轴测图中平面圆的特点及平面圆上的特殊点			
特殊点的特性	圆周线与圆心线的交点（象限点：平面圆上的特殊点）是绘制平面圆的关键点，其特性为： （1）各点均为圆心线上的点 （2）各点到圆心的距离为半径值 （3）平面圆上的四个点将圆周分为四段，这四段圆弧的轴测图为对称的四段圆弧：两段大圆弧和两段小圆弧，四个特殊点即为四段圆弧的切点 可见，绘制平面圆轴测图的实质，就是确定四段圆弧的圆心和半径绘制相切的四段圆弧		
圆柱体的三视图			
说明	水平圆俯视图为实形	正平圆主视图为实形	侧平圆左视图为实形

类别	水平圆：平行于 XOY 坐标面	正平圆：平行于 XOZ 坐标面	侧平圆：平行于 YOZ 坐标面
① 绘制平面圆的圆心线和轴线的轴测图	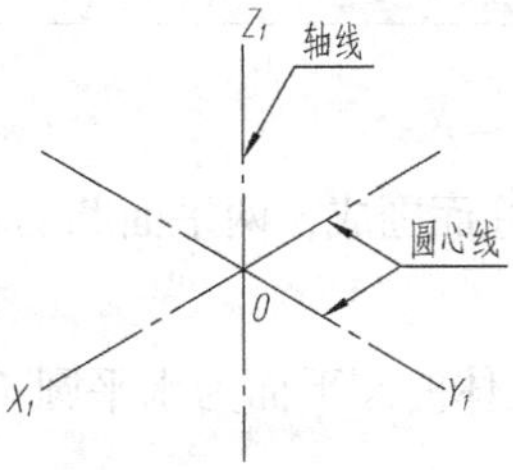	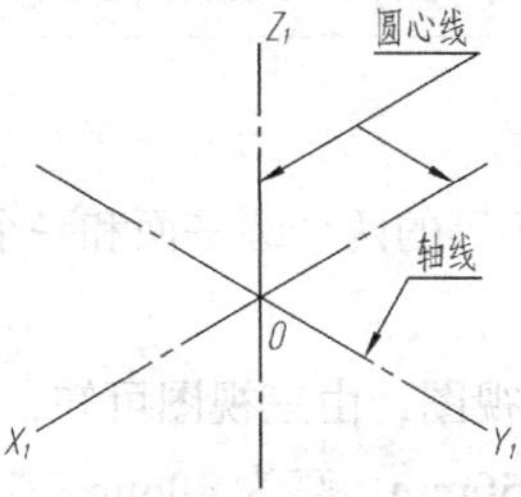	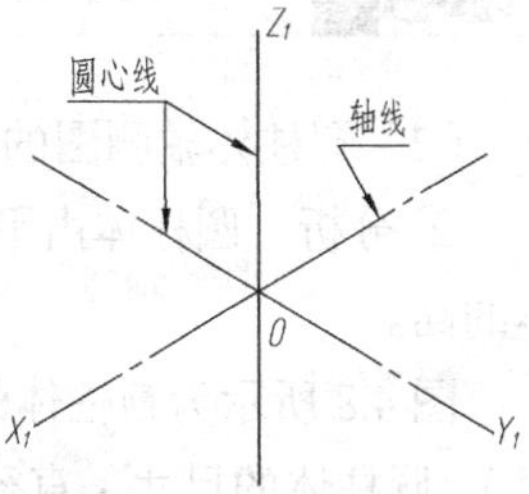
说明	圆心线：两条相交的 OX 向和 OY 向线段； 轴线：过圆心的 OZ 向线段	圆心线：两条相交的 OX 向和 OZ 向线段； 轴线：过圆心的 OY 向线段	圆心线：两条相交的 OY 向和 OZ 向线段； 轴线：过圆心的 OX 向线段
② 确定椭圆上的四个切点和两段大圆弧的圆心	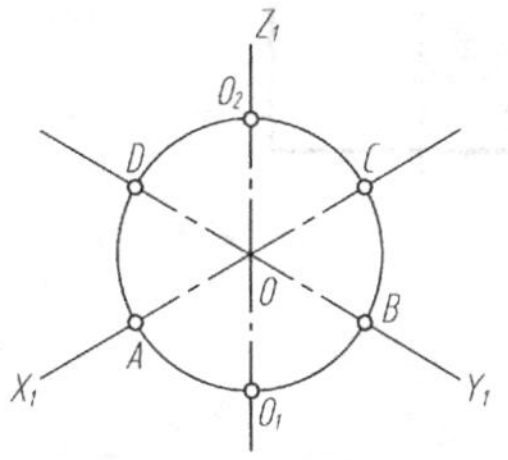	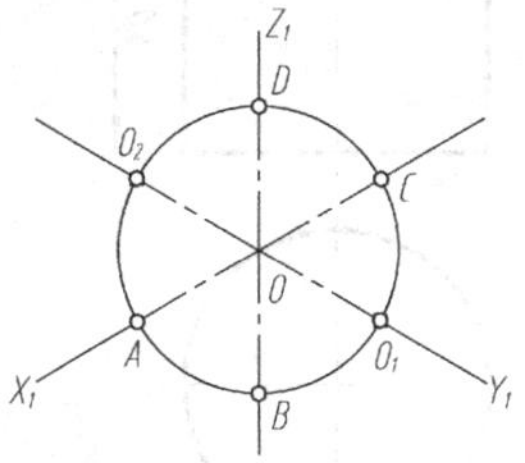	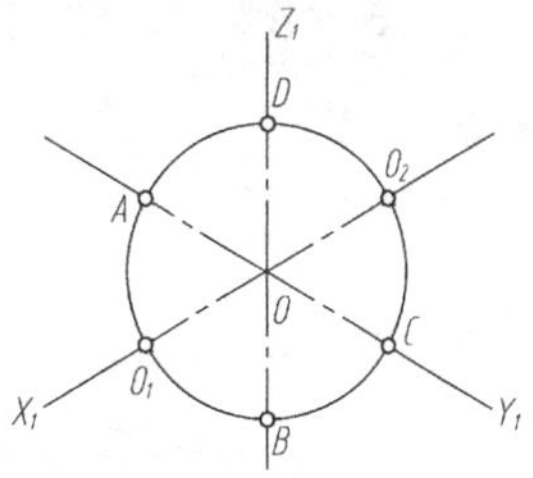
说明	以 O 为圆心，以平面圆半径的实长为半径画圆（辅助圆）： 圆周线与圆心线的交点即为椭圆上的四个切点 A、B、C、D 圆周线与轴线的交点为两段大圆弧的圆心 O_1、O_2		
③ 确定椭圆上两段小圆弧的圆心	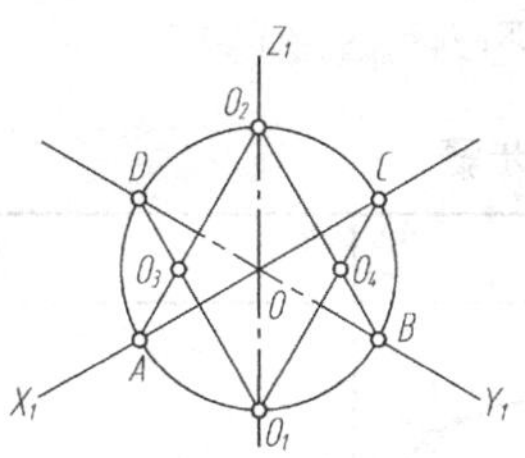	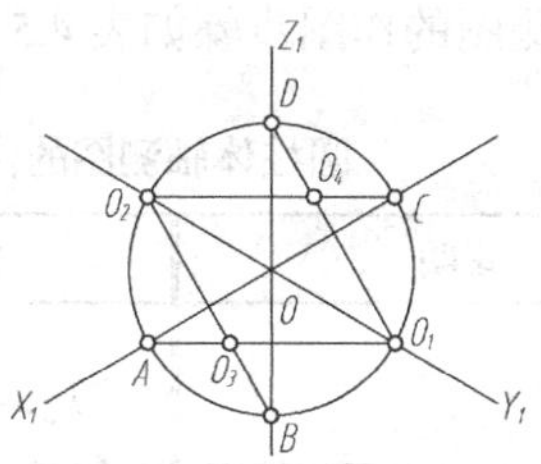	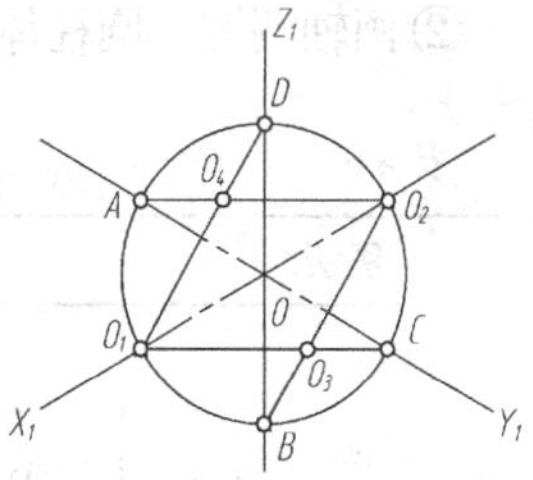
说明	分别过 O_1、O_2 到相对的切点（不相邻的切点）作连线（辅助线），交于 O_3、O_4，即为两段小圆弧的圆心		
④ 绘制四段圆弧，完成平面圆轴测图的绘制	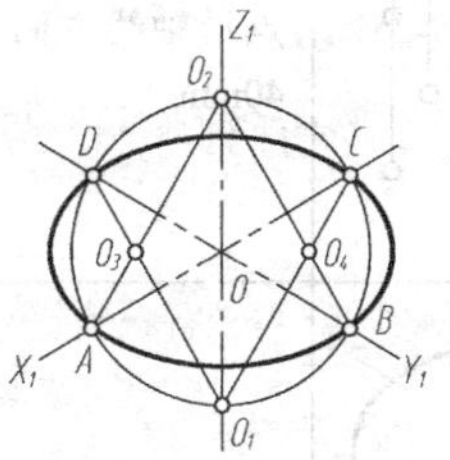	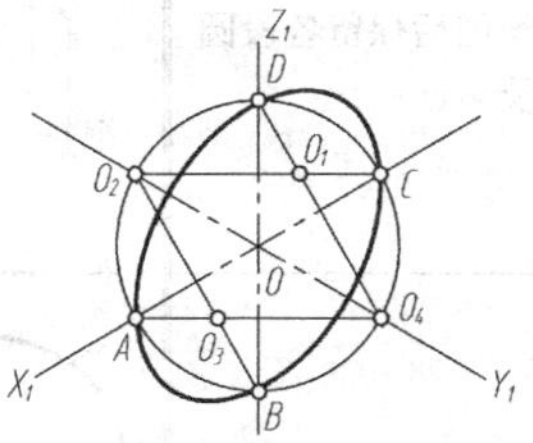	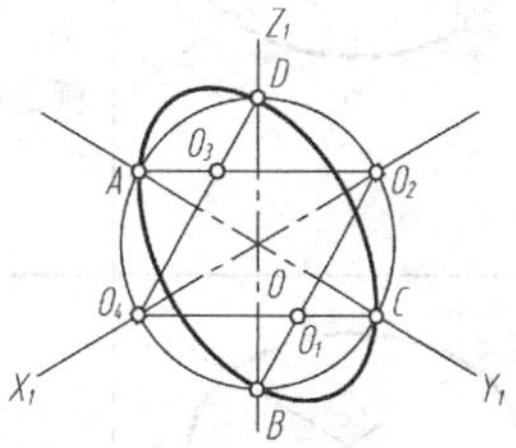
说明	分别以 O_1、O_2 为圆心，以 O_1 到点 D 的长为半径绘制两段大圆弧 分别以 O_3、O_4 为圆心，O_3 到点 A 的长为半径绘制两段小圆弧		
⑤ 清理图线保留椭圆轮廓和圆心线	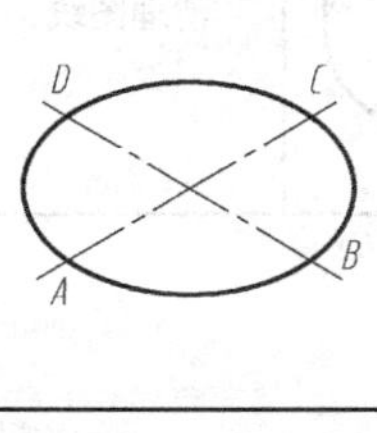	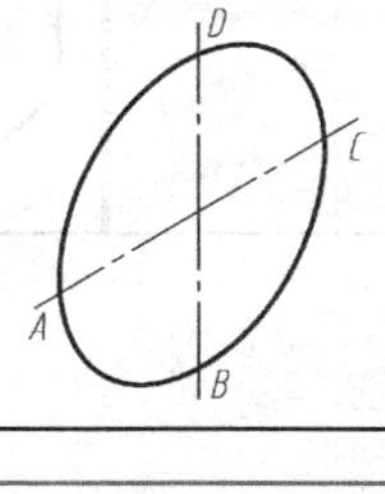	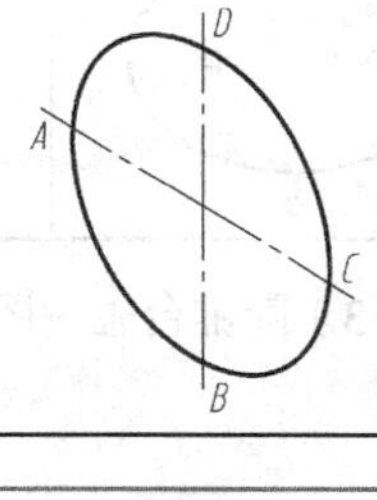

（1）画图过程中，辅助圆和辅助线用细实线绘制，图线尽可能地浅。

（2）图中的字母标注和点标记不必标出，以便于清理图线。

（2）圆柱体轴测图的画法。

① 分析。圆柱体由平行相等的两个圆平面和一个圆柱面围成，两平面圆的轴向距离即是圆柱体的高。

图4.8所示为圆柱体的三视图，由三视图可知，圆柱体的圆平面为水平圆（平行于 XOY 坐标面），圆柱体的尺寸：直径为50mm，高为40mm。

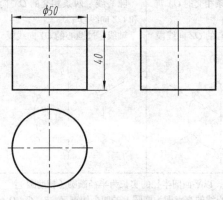

图4.8　圆柱体的三视图

② 画轴测图。圆柱体轴测图的作图步骤如表4.5所示。

表4.5　　　　　　　　　　　　　　　圆柱体轴测图的作图步骤

图例	说明	图例	说明
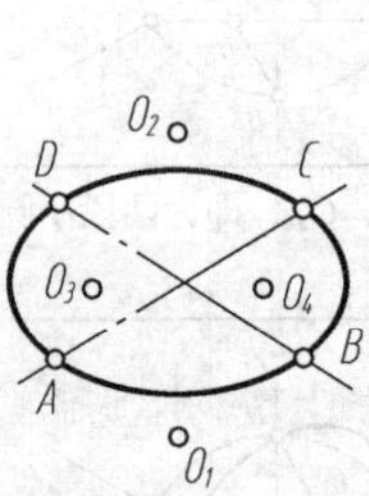	① 绘制上表面圆的轴测图 按 $\phi 50$ 的尺寸，绘制椭圆。完成绘图后保留各段圆弧的圆心及切点	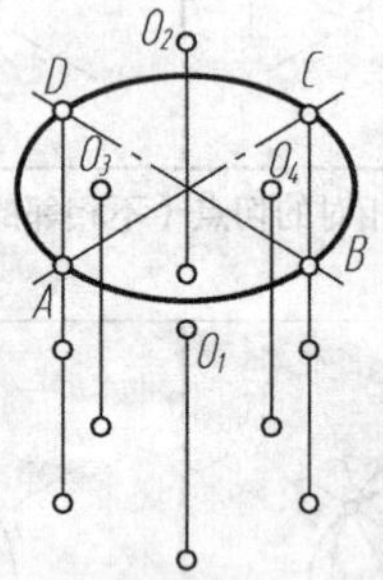	② 绘制下表面圆各段圆弧的切点和圆心 将上表面圆各段圆弧的圆心和切点沿轴线方向（OZ轴向）向下移动40mm
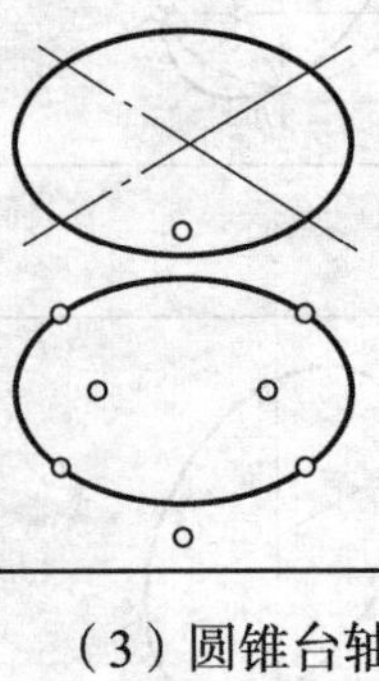	③ 绘制下表面圆的轴测图	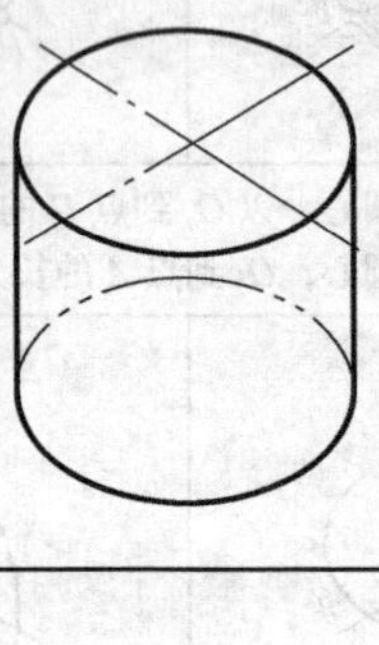	④ 绘制圆柱面的轴测图 圆柱面的轴测图只需绘制其最外轮廓素线：两圆的公切线 清理图线，并擦掉被遮挡的图线

（3）圆锥台轴测图的画法。

①分析。圆锥台由平行不等的两个平面圆和一个圆锥面围成，两平面圆的轴向距离即是圆锥台的高。

图 4.9 所示为圆锥台的视图，由视图可知，圆锥台的平面圆为正平圆（平行于 XOZ 坐标面），圆锥台的尺寸：后表面圆直径为 50mm，前表面圆直径为 30mm，高为 40mm。

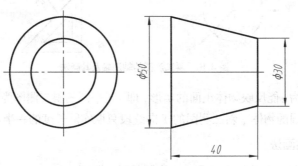

图 4.9　圆锥台的视图

②画轴测图。圆锥台轴测图的作图步骤如表 4.6 所示。

表 4.6　　　　　　　　　　　圆锥台轴测图的作图步骤

图例	说明	图例	说明
	①绘制后表面圆的轴测图 按 φ50 的尺寸，绘制正平的椭圆		③绘制前表面圆轮廓 按 φ30 的尺寸，绘制前表面圆的轴测图
	②绘制前表面圆的圆心线将后表面圆的圆心沿轴线向前移动 40mm，确定前表面圆的圆心位置，过圆心绘制圆心线		④绘制圆锥面的轴测图 回转面的轴测图只需绘制其最外轮廓素线：前后两表面圆的公切线 清理图线，并擦掉被遮挡的图线

*4.1.3　斜二轴测图的画法

1. 斜二轴测图的轴测轴、轴向伸缩系数和图形特征

由表 4.1 可知，斜二轴测图的 XOZ 坐标面平行于轴测投影面，Y 向轴测轴为 45° 斜线，而轴向伸缩系数为：$p=r=1$，$q=0.5$，如图 4.10 所示。

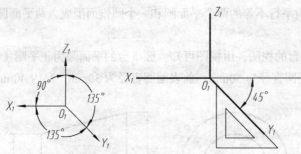

图 4.10　斜二测图的轴测轴及其画法

斜二测图的特点为：能反映物体正面的实形，即：正平圆的斜二测图为实形圆（不必画椭圆），适合绘制正面有较多圆的物体；斜二测图的 Y 向线段只取实际长度的一半。

2. 斜二轴测图的画法

图 4.11 所示为半圆锥台的视图及尺寸，绘制其斜二测图。

① 分析。半圆锥台由两个大小不等的平行半圆平面和半圆锥面围成。绘制斜二轴测图时，为了避免绘制椭圆，可将形体的圆平面摆放成正平面，如图 4.11 所示。

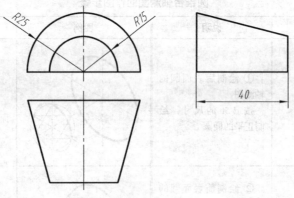

图 4.11　半圆锥台的视图

② 画斜二测图。半圆锥台斜二测图的作图步骤如表 4.7 所示。

表 4.7　　　　　　　　　　　　　　半圆柱台斜二测图的作图步骤

图例	说明	图例	说明
	①绘制前表面 绘制圆心线的轴测图 以 15 为半径绘制上半圆		③绘制后表面半圆 以 25 为半径绘制后表面半圆
	②确定后表面半圆的圆心 过圆心绘制 45°轴线（Y 方向线）距前表面圆心 20mm（40/2）处确定后表面圆心的位置，绘制圆心线	公切线 端点连线	④绘制圆锥面轮廓线 当前后两半圆端点可见时，直接连接；不可见时，绘制两半圆的公切线，即为圆锥面的轮廓素线

4.2 简单形体的正等轴测图

简单形体是指基本体被简单截切和简单叠加后所得到的形体。掌握简单形体的轴测图的画法，可为绘制组合体轴测图及识读组合体视图打下良好基础。

4.2.1 平面立体的简单截切

1. 棱柱的简单截切

【例4.3】 图4.12所示为三棱柱用一个斜面截切后的三视图。根据三视图绘制正等轴测图。

① 视图分析。由三视图分析可知，形体为正三棱柱，截切平面为侧　垂面，截切后的三棱柱上底表面不再与下底表面平行，形体中两底表面轮廓中均有一条边与坐标轴 OX 平行，三条侧棱与 OZ 轴平行，其余棱线不与任何坐标轴平行。

② 绘图步骤如表4.8所示。

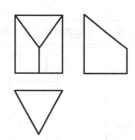

图4.12 三棱柱斜切的三视图

表4.8　　　　　　　　　　截切三棱柱正等侧图的作图步骤

图例	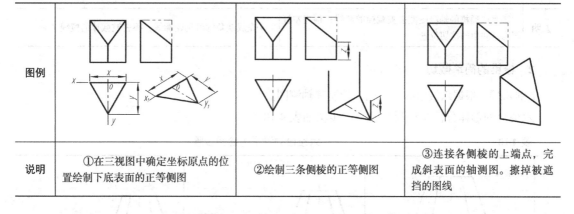	
说明	①在三视图中确定坐标原点的位置绘制下底表面的正等侧图	②绘制三条侧棱的正等侧图	③连接各侧棱的上端点，完成斜表面的轴测图。擦掉被遮挡的图线

 提示 　　绘制轴测图时，将坐标原点置于下底表面后侧边的中点处，可令其最前点位于 OY 轴上，便于绘图。

【例4.4】 根据图4.13所示的三视图，绘制挖切四棱柱的轴测图。

① 视图分析：根据三视图可以看出，主视图正中开槽（用三个平面挖切而成），结合俯视图可知挖切部分为前后通槽；由左视图可知，长方体前、后下方缺角（各用两个平面挖切而成），结合主视图可知此角贯穿左右。形体上所有的棱线均为轴向线段，轴测图的方位和大小可直接确定，需要注意的是挖切部分的定位方法。

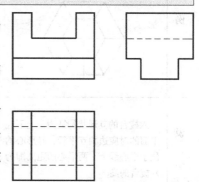

图4.13 挖切四棱柱三视图

② 绘制轴测图的步骤如表4.9所示。

表4.9 挖切四棱柱轴测图的绘图步骤

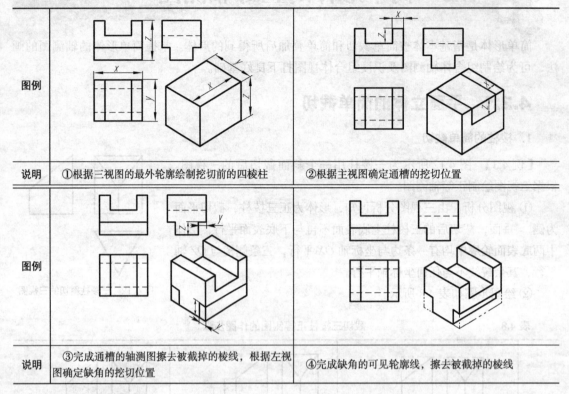

图例	
说明	①根据三视图的最外轮廓绘制挖切前的四棱柱
说明	②根据主视图确定通槽的挖切位置
图例	
说明	③完成通槽的轴测图擦去被截掉的棱线，根据左视图确定缺角的挖切位置
说明	④完成缺角的可见轮廓线，擦去被截掉的棱线

2. 棱锥的简单截切

【例4.5】 根据六棱台的三视图，绘制其轴测图。

六棱台的形体分析及轴测图的画法步骤如表4.10所示。

表4.10 六棱台轴测图的绘图步骤

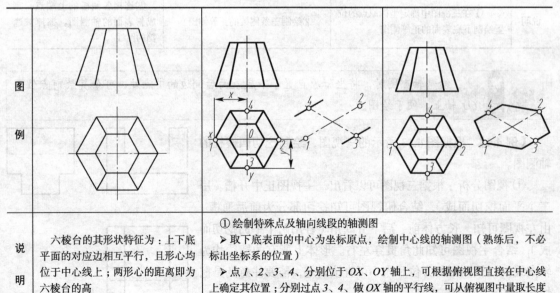

图例	
说明	六棱台的其形状特征为：上下底平面的对应边相互平行，且形心均位于中心线上；两形心的距离即为六棱台的高

①绘制特殊点及轴向线段的轴测图

➢ 取下底表面的中心为坐标原点，绘制中心线的轴测图（熟练后，不必标出坐标系的位置）

➢ 点1、2、3、4、分别位于OX、OY轴上，可根据俯视图直接在中心线上确定其位置；分别过点3、4、做OX轴的平行线，可从俯视图中量取长度

②连接六边形的四条非轴向线段廓边

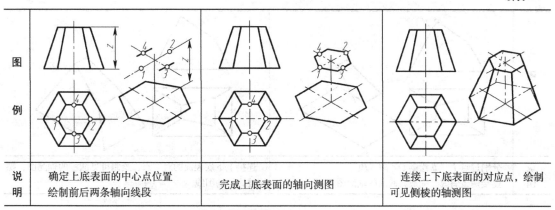

图例			
说明	确定上底表面的中心点位置 绘制前后两条轴向线段	完成上底表面的轴向测图	连接上下底表面的对应点，绘制 可见侧棱的轴测图

【例 4.6】 图 4.14 所示为斜切四棱锥的两视图，绘制其轴测图。

① 视图分析。形体为四棱锥被一个正垂的斜面截切，截切面上四条轮廓边中，有两条平行于 OY 坐标轴，另两条及四条侧棱均为斜线。绘图的关键是确定截切面上四个角点的位置。

② 绘制轴测图的步骤如表 4.11 所示。

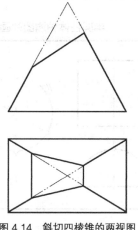

图 4.14 斜切四棱锥的两视图

表 4.11 斜切四棱锥轴测图的绘图步骤

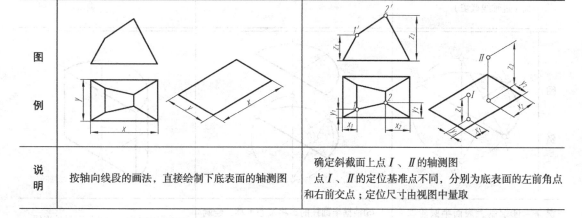

图例		
说明	按轴向线段的画法，直接绘制下底表面的轴测图	确定斜截面上点 I、II 的轴测图 点 I、II 的定位基准点不同，分别为底表面的左前角点 和右前交点；定位尺寸由视图中量取

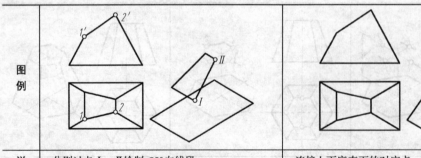

图例		
说明	分别过点 I、II 绘制 OY 向线段 连接两条斜线，完成斜截面的轴测图	连接上下底表面的对应点，绘制可见侧棱的轴测图，擦掉被遮挡的图线

4.2.2　圆柱体的简单截切

1. 半圆柱的轴测图

【例 4.7】　根据半圆柱的视图，绘制其轴测。

其视图分析及轴测图的绘图步骤如表 4.12 所示。

表 4.12　　　　　　　　　　　　半圆柱体轴测图的画法步骤

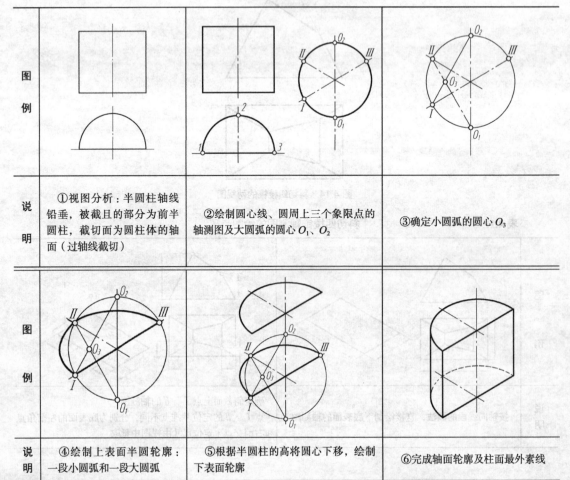

图例		
说明	①视图分析：半圆柱轴线铅垂，被截且的部分为前半圆柱，截切面为圆柱体的轴面（过轴线截切）	②绘制圆心线、圆周上三个象限点的轴测图及大圆弧的圆心 O_1、O_2	③确定小圆弧的圆心 O_3
图例		
说明	④绘制上表面半圆轮廓：一段小圆弧和一段大圆弧	⑤根据半圆柱的高将圆心下移，绘制下表面轮廓	⑥完成轴面轮廓及柱面最外素线

2. 圆柱体切槽

【例 4.8】 根据圆柱切槽的三视图，绘制其轴测图。

其视图分析及轴测图的绘图步骤如表 4.13 所示。

表 4.13　　　　　　　　　　　圆柱体切槽的图形分析及轴测图的画法步骤

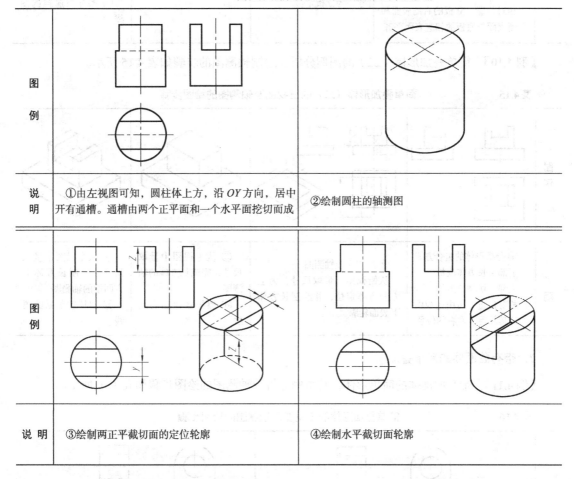

图例	①由左视图可知，圆柱体上方，沿 *OY* 方向，居中开有通槽。通槽由两个正平面和一个水平面挖切而成	②绘制圆柱的轴测图
说明	③绘制两正平截切面的定位轮廓	④绘制水平截切面轮廓

4.2.3　基本体的简单叠加

1. 平面体的简单叠加

【例 4.9】 简单叠加形体（一）的图例分析及绘制轴测图的步骤如表 4.14 所示。

表 4.14　　　　　　简单叠加形体（一）的三视图及轴测图的绘图步骤

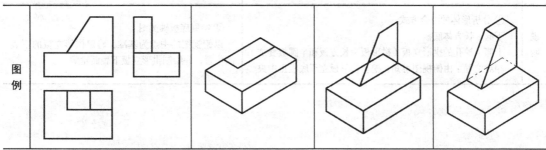

续表

说明	①形体的组合方式 下部：长方体底板 上部：前后表面为梯形的四棱柱立板 相对位置：立板的右侧表面和后侧表面与底板的相应表面平齐	②绘制底板轴测图 从俯视图上量取尺寸，为立板定位	③从主视图中量取尺寸，绘制立板的前侧表面	④绘制立板的上表面和左侧斜面，完成立板的可见轮廓 ⑤擦掉被遮挡的图线

【例4.10】 简单叠加形体（二）的图例分析及绘制轴测图的步骤如表4.15所示。

表4.15　　　　　　　　　　简单叠加形体（二）的三视图及轴测图的绘图步骤

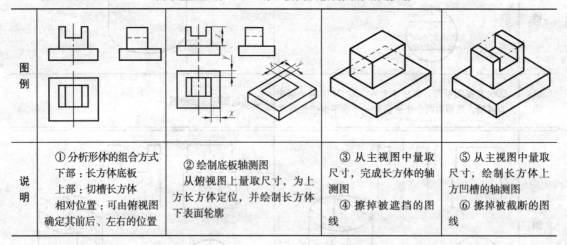

图例			
说明	①分析形体的组合方式 下部：长方体底板 上部：切槽长方体 相对位置：可由俯视图确定其前后、左右的位置	②绘制底板轴测图 从俯视图上量取尺寸，为上方长方体定位，并绘制长方体下表面轮廓	③从主视图中量取尺寸，完成长方体的轴测图 ④擦掉被遮挡的图线	⑤从主视图中量取尺寸，绘制长方体上方凹槽的轴测图 ⑥擦掉被截断的图线

2. 带有曲面体的简单叠加

【例4.11】 带有曲面体的简单形体，其图例分析及轴测图的绘图步骤如表4.16所示。

表4.16　　　　　　　　　　简单叠加形体的三视图及轴测图的绘图步骤

图例	
说明	①分析形体的组合方式 下部：长方体底板 上部：挖孔的拱形立板（拱形板：长方板和半圆板叠加） 相对位置：由俯视图可知，挖孔拱形板立于底板正中央 |②绘制底板轴测图 以俯视图的中点为基准，确定拱形立板的下表面位置，并绘制拱形立板下表面轮廓

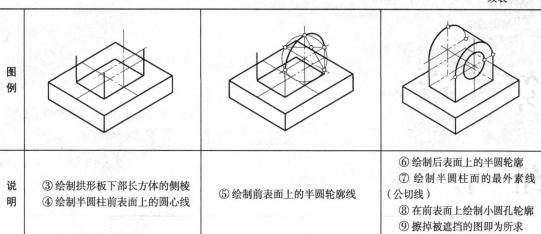

图例			
说明	③绘制拱形板下部长方体的侧棱 ④绘制半圆柱前表面上的圆心线	⑤绘制前表面上的半圆轮廓线	⑥绘制后表面上的半圆轮廓 ⑦绘制半圆柱面的最外素线（公切线） ⑧在前表面上绘制小圆孔轮廓 ⑨擦掉被遮挡的图即为所求

第 5 章

组 合 体

图 5.1 所示为不同用途的一组机件，仔细阅读这些机件，讨论下面几个问题。

（a）螺钉毛坯　　　　　（b）支座　　　　　（c）轴承座

图 5.1　组合体的组合形式

（1）这组机件分别都由哪些基本体组合而成？

（2）这组机件分别都通过什么方式组合而成？

工程中的机件为满足加工、装配和工作的要求，其形状是多种多样的，但无论机件的形状如何复杂，都可看作是由一些基本体按一定方式组合而成的。由两个或两个以上基本体组合而成的形体称为组合体。

组合体是典型化与抽象化了的零件，学习组合体三视图的绘制和识读是绘制零件图的基础。本章也是本课程的教学重点和难点。

学习目标

● 理解组合体的组合形式，熟悉形体分析法

● 掌握截切体、相贯体以及各种类型组合体的形体分析法和三视图的画法

● 能识读和标注简单组合体的尺寸

● 掌握读组合体视图的方法与步骤

5.1 组合体的组合形式和形体分析

5.1.1 组合体的组合形式

组合体的形状有简有繁，但其组合方式可归纳为：叠加型，如图 5.1（a）所示；截切型（包括挖孔），如图 5.1（b）所示；但一般多以综合形式出现，如图 5.1（c）所示。

5.1.2 组合体的形体分析

为了正确迅速地绘制和看懂组合体的视图，通常在绘图、标注尺寸和读图的过程中，假想把组合体分解成若干个基本体，分析各基本体的形状、组合形式及相对位置。这种把复杂形体分成若干基本体的分析方法，称为形体分析法。

形体分析对绘图和读图的顺序及步骤具有指导作用，同时根据形体分析进行绘图和读图不易出现多线和漏线。下面举例介绍各类组合体形体分析的方法和步骤。

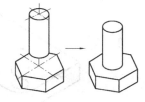

图 5.2 螺钉毛坯的形体分析

（1）图 5.1（a）所示的螺钉毛坯为典型的叠加型组合体，其组合方式为：由六棱柱和圆柱体两部分叠加而成；圆柱体相对于六棱柱的位置为：圆柱体与六棱柱同轴且位于其上方。组合方式如图 5.2 所示。

（2）图 5.1（b）所示的支座是典型的截切型组合体。其挖切方式为：在长方体的基础上，在其前、后各切去一个三角块；在其左上方切去一梯形块；在长方体的右上方正中挖一梯形通槽（切去一梯形块）；最后切去左侧一长方体。截切步骤如图 5.3 所示。

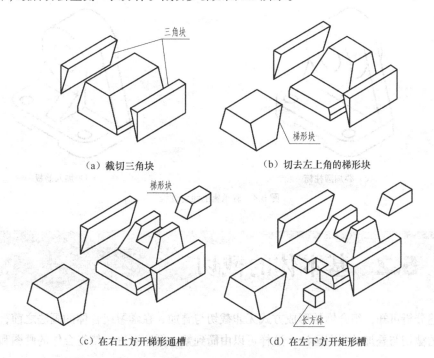

（a）截切三角块　　　　　　　　　（b）切去左上角的梯形块

（c）在右上方开梯形通槽　　　　　（d）在左下方开矩形槽

图 5.3 支座的截切步骤

课堂活动

支座的截切

【活动内容】观察支座的截切步骤。

【活动方法】利用"机械制图"多媒体课件，演示支座的截切步骤。

（3）图 5.1（c）所示的轴承座属于综合型的组合体。轴承座组成部分有：倒圆角、切底槽并挖了小孔的底板；其后上方立一支承板（支承板的后表面与底板后表面平齐）；支承板上方支撑着圆柱筒；为提高圆柱筒的支承刚度，在圆柱筒的前下方加一筋板（梯形块和长方体的组合）。形体分析及组合过程如图 5.4 所示。

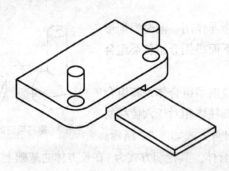
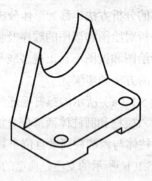

（a）底板的形成　　　　　　　　　　　　　　　　（b）叠加支承板

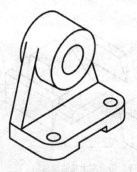

（c）叠加圆柱筒　　　　　　　　　　　　　　　　（d）加入筋板

图 5.4　轴承座的组合过程

5.2　基本体的截切

由上述分析可知，组合体的形成方式无非截切与叠加，在学习组合体的画法之前，首先要掌握基本体的截切与叠加的视图画法，这样可以由简到繁，循序渐进，使组合体的画图和识读更加轻松易懂。

由平面截切基本体而产生的表面交线，称为截交线。截交线围成的平面称为截平面，如图5.5所示。

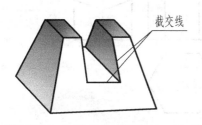

（a）切平面与平面的截交线为直线

（b）切平面倾斜于圆柱轴线

（c）切平面平行和垂直于圆柱轴线

图5.5　截交线的形成

可见，截交线（截平面）的形状取决于被截切的基本体的形状以及切平面的方位，而截交线（截平面）三视图的画法可根据切平面的方位和投影关系按步骤画图。

5.2.1　平面体截切的截交线和立体三视图的画法

1. 六棱柱的截切

图5.6所示为斜切的六棱柱，分析并绘制其截交线和立体的三视图。

（1）分析。切平面垂直于正投影面，与水平投影面的倾角为30°，截平面为六边形，截平面的各交点均为棱线上的点。

（2）画三视图。斜切六棱柱的三视图画法见表5.1。

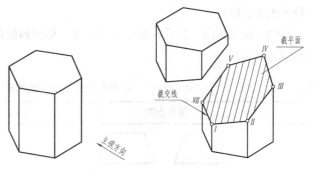

图5.6　六棱柱截切

表5.1　　　　　　　　　　斜切六棱柱三视图的画法步骤及其提示

图示步骤	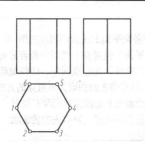	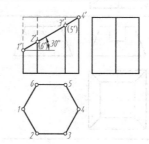
画图提示	①绘制六棱柱的三视图 ➤ 俯视图反映六棱柱的形状特征，可先画俯视图，再画另两视图 ➤ 注意左视图与俯视图宽相等	②画截交线的主视图和俯视图 ➤ 截交线围成的截平面在主视图上的方位特征最明显，且积聚为一条30°斜线，所以，应先绘制截交线的主视图；截交线的俯视图与棱柱各侧表面的积聚线重合，不必绘制 ➤ 完成后，及时擦去主视图上被截去的轮廓线

续表

图示步骤	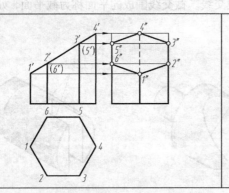	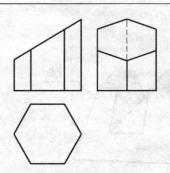
画图提示	③ 画截交线的左视图 ➤ 根据各侧棱在左视图上的位置，将各棱线上的点向左视图对应的棱线上投影，依次相连即得截交线的左视图 ④ 完成后，擦去被截去的轮廓线，并将被遮挡的棱线改为虚线，清理并加深图线	

2. 四棱台切槽

（1）分析。图5.7所示为切槽四棱台。该槽由两侧平面和一个水平面切割四棱台而成，两侧切平面平行于侧立投影面，水平切平面平行于水平投影面。

（2）画三视图。假设各部分尺寸已知，切槽四棱台三视图的画法步骤见表5.2。

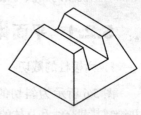

图 5.7 切槽四棱台

表 5.2 　　　　　　　　　切槽四棱台三视图的画法步骤及其提示

图示步骤	画图提示
	① 绘制四棱台的三视图 由于图形对称，可先绘制对称中线进行定位，然后，以中心线为基准绘制四棱台的三视图
	② 绘制各截平面的主视图和左视图 三个截平面的位置在主视图中最容易确定，且在主视图中均为积聚线；在左视图中，两侧面截交线与棱台轮廓线重合，只有槽底面积聚为不可见的直线（虚线绘制），所以，先绘制截平面的主视图和左视图 完成后擦去主视图上被截去的轮廓线
	③ 绘制截平面的俯视图 截交线的俯视图也为积聚直线，前后两条截交线是槽底面与前后斜表面的交线，其位置由左视图间接确定，并且必须以中线为基准，根据左、俯视图宽相等的原理进行绘制 完成后，擦去被截去的轮廓线

续表

图示步骤	画图提示
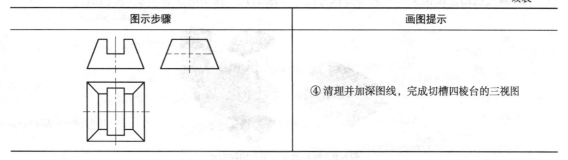	④ 清理并加深图线，完成切槽四棱台的三视图

5.2.2 回转体截切的截交线和立体三视图的画法

1. 圆柱体的截切

（1）单一切平面截切圆柱体。用一个切平面切割圆柱体后产生的截交线，因截平面与圆柱轴线的相对位置不同而不同，三种位置的截切形式、截交线形状及其三视图如表 5.3 所示。

表 5.3   切平面截切圆柱的截交线

截平面的位置	立体图及截交线的形状	三视图	截交线的特征
平行于轴线	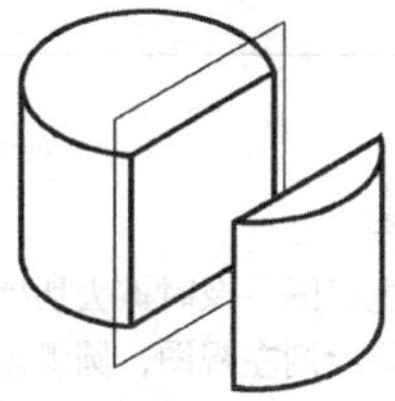	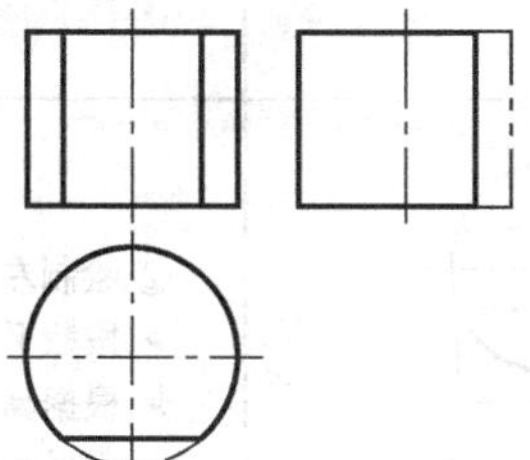	切平面与上下平面圆的截交线为直线，与柱面的截交线也为直线。截平面为一矩形
垂直于轴线	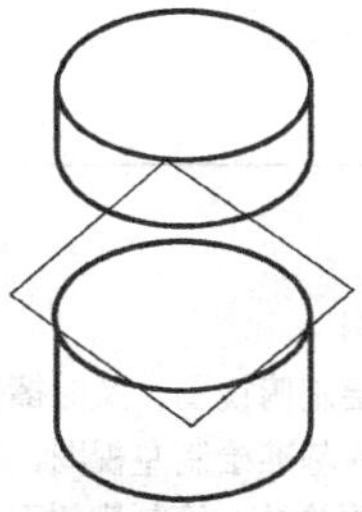	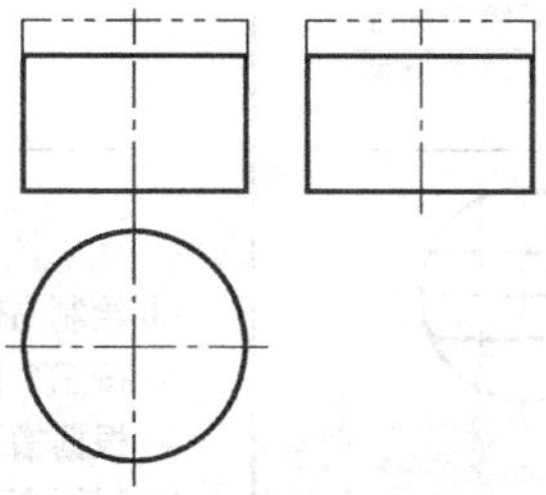	切平面与圆柱面的截交线为平面圆周线
倾斜于轴线	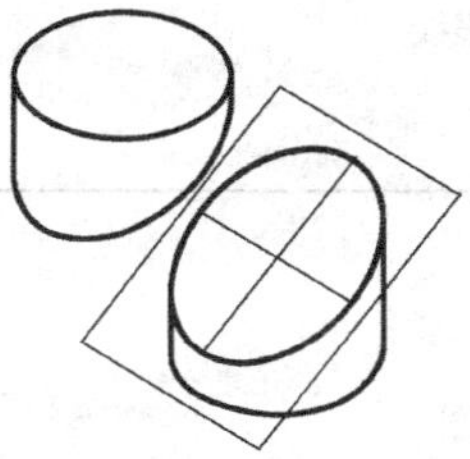	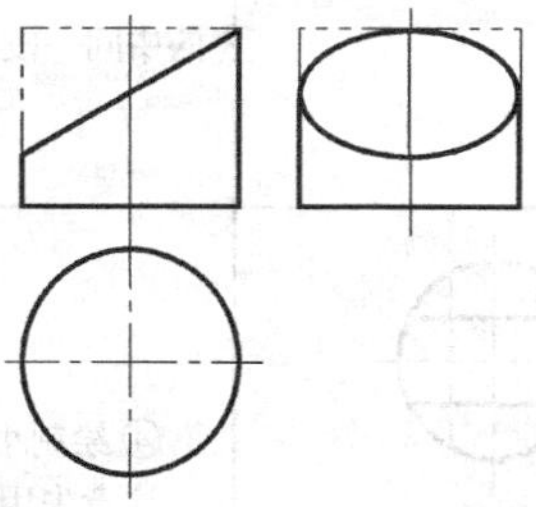	切平面与圆柱面的截交线为一个平面椭圆

（2）用多个切平面截切圆柱体。

【例 5.1】 画图 5.8 所示接头的三视图。

① 分析。图 5.8 所示为接头的立体图及其切挖方式。该接头左侧为上下切块并在截切后的凸块上挖孔；右侧正中由上到下开一竖槽。

② 画三视图。设接头各截切部分尺寸已知，绘制其三视图的步骤如表5.4所示。

图 5.8　接头的立体图和切挖方式

表 5.4　　　　　　　　　　　**接头三视图的画法步骤及提示**

图示步骤	画图提示
	① 绘制未截切之前圆柱体的三视图 注意先画中心线和轴线进行定位，按图5.8所示的摆放位置确定主视图
间接得出的尺寸 以中心线为基准 与左视图宽相等	② 绘制左侧切块的三视图 ➤ 按截平面的位置绘制主视图，及时擦去切掉的轮廓 ➤ 根据高平齐的投影关系绘制左视图，圆弧段与圆柱面轮廓重合 ➤ 截平面的俯视图应以中心线为基准，前后端点的位置可按宽相等的原理，由左视图中量取
	③ 绘制右侧切槽的三视图 ➤ 按三个截平面的位置绘制俯视图，及时擦去切掉的轮廓 ➤ 根据槽宽，以中心线为基准绘制左视图，不可见画虚线 ➤ 根据高平齐和长对正的关系，绘制槽侧面的主视图，槽底面主视图的中间一段不可见，画虚线
	④ 绘制小圆孔的三视图 注意先用中心线定位，再画反映形状特征的俯视图，最后用虚线绘制主、左视图中的不可见轮廓

【例 5.2】 画图 5.9 所示镗刀杆的三视图。

① 分析。图 5.9 所示为镗刀杆的立体图及其切割方式。在圆柱体的中间，从前到后挖一长方孔。

② 画三视图。设镗刀杆各部分的尺寸已知，绘制其三视图的步骤见表 5.5。

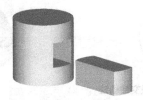

图 5.9　镗刀杆立体图

表 5.5　　　　　　　　　　　　　　　镗刀杆视图的画法步骤及提示

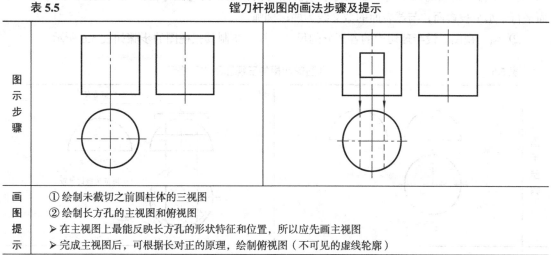

图示步骤	
画图提示	①绘制未截切之前圆柱体的三视图 ②绘制长方孔的主视图和俯视图 ➤ 在主视图上最能反映长方孔的形状特征和位置，所以应先画主视图 ➤ 完成主视图后，可根据长对正的原理，绘制俯视图（不可见的虚线轮廓）

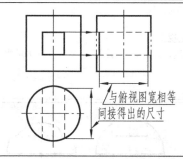 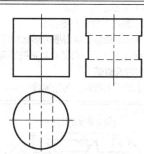

与俯视图宽相等
间接得出的尺寸

图示步骤	
画图提示	③绘制左视图 ➤ 长方孔的上下位置与主视图高平齐 ➤ 长方孔前后端点在左视图上的位置，应以中心线为基准，按宽相等的原理，由俯视图中量取 ➤ 注意及时擦去左视图上被截去的轮廓线 ④检查并清理图线后，按国标规定加深图线

2．球体的截切

（1）单一平面的截切。用一截平面截切球体，所形成的截交线都是圆。当截平面与某一投影面平行时，截交线在该投影面上的投影反映实形圆，在其他两投影面上的投影都积聚为直线，且圆的直径等于积聚线的长度。另外，圆的大小与被切平面至球心的距离 B 有关，B 越大，圆的直径越小；反之越大。图 5.10 所示为球体用水平截切面截切的立体图和三视图。

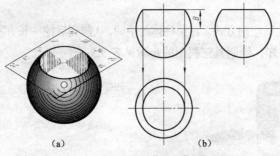

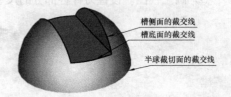

槽侧面的截交线
槽底面的截交线
半球截切面的截交线

（a） （b）

图 5.10　球体水平面截切的截交线画法　　　　　图 5.11　半球切槽

（2）球体切槽。图 5.11 所示为半球用三个切平面截切后的形体。

① 分析。切槽的两个侧平面平行于左视图的投影面，其与圆球面的截交线为圆弧；槽底平面平行于水平投影面，与球表面的截交线为两段圆弧。

② 画三视图。设半球切槽的各部分的尺寸已知，绘制其三视图的步骤如表 5.6 所示。

表 5.6　　　　　　　　　　　　　　　　半圆球切槽的三视图画法及提示

图示步骤	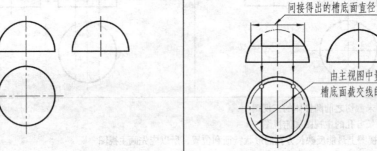 间接得出的槽底面直径　由主视图中量取　槽底面截交线的直径
画图提示	① 绘制上半圆球的三视图 ② 绘制切槽的主视图和俯视图 ➤ 在主视图上最能反映切槽的形状特征和位置，所以应先画主视图 ➤ 绘制俯视图时，可根据长对正的原理，绘制槽侧面的积聚线，并以球心为圆心，从主视图中量取半径绘制槽底面上的两段圆弧 ➤ 擦去主视图上被截去的轮廓线
图示步骤	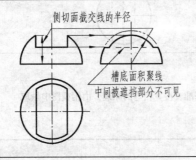 侧切面截交线的半径　槽底面积聚线　中间被遮挡部分不可见　　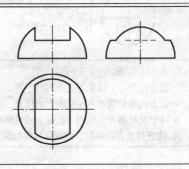
画图提示	③ 绘制左视图 ➤ 根据高平齐的原理，绘制槽底面的积聚线 ➤ 以球心为圆心，从主视图中量取半径绘制槽侧面的圆弧截交线 ➤ 将槽底面被遮挡部分的图线改画为虚线，再擦去左视图上被截去的轮廓线 ④ 检查并清理图线后，按国标规定加深图线

*5.3 基本体相贯

两个基本体相交，在其表面上产生的交线，称为相贯线。

两基本体相交包括两平面体相交、平面体与回转体相交和两回转体相交（包括内孔表面）。图 5.12 所示为常见相贯线的情况。

可见，相贯线的形状取决于两相交表面的形状及其相对位置，而相贯线三视图的画法可根据其形状及其位置，按投影关系画图。本节将通过图例介绍常见的带有回转面的相贯线三视图的画法，两平面体相贯的相贯线图形简单，将在组合体表面连接关系一节中介绍。

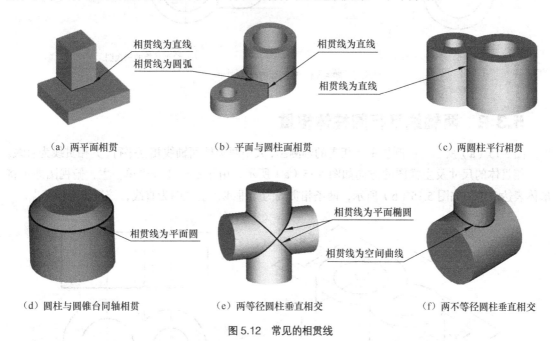

图 5.12 常见的相贯线

5.3.1 平面与圆柱表面相交

图 5.13 所示形体中，左侧耳板的上表面与圆柱面轴线垂直，其交线为一段圆弧；耳板的前、后表面与圆柱轴线平行，其交线为直线。

相贯体的尺寸及主视方向如图 5.13 所示，三视图绘图步骤如下。

（1）绘制圆柱筒的三视图，如图 5.14（a）所示。

（2）绘制左侧耳板的三视图如图 5.14（b）所示。

① 在俯视图上最能反映耳板的形状特征

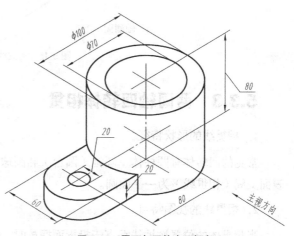

图 5.13 平面与圆柱表面相交

第 5 章 组合体

和位置，所以应先画俯视图。

②在主视图上，可根据长对正的原理，确定耳板前表面与外圆柱表面交线的位置。

③用高平齐和宽相等的投影原理绘制耳板的左视图。

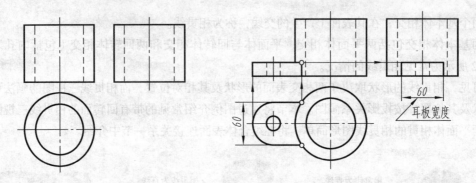

（a）绘制圆柱筒的三视图 　　　　　　　　（b）绘制耳板的三视图

图5.14　平面与圆柱面相贯

5.3.2　两轴线平行圆柱体相贯

图5.15（a）所示为两圆柱平行相贯的轴测图，大小两圆柱面轴线相互平行，其相贯线为直线。

相贯体的尺寸及主视图的方向如图5.15（a）所示，由于形体比较简单，主、俯视图即可将形体表达清楚，如图5.15（b）所示，两条相贯线为铅垂线，主视图为直线，俯视图为积聚点。

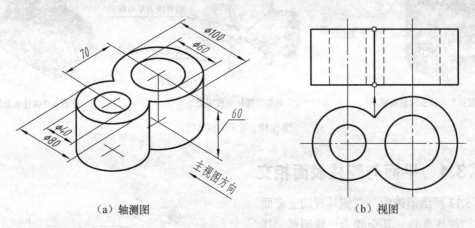

（a）轴测图　　　　　　　　　　　　　　　（b）视图

图5.15　两圆柱平行相贯

5.3.3　两同轴回转体相贯

1. 相贯线的形状特征

常见的回转体有圆柱体、圆锥（圆台）和圆球，当两个回转体轴线重合，而表面相交时，其表面交线（相贯线）为一平面圆。

2. 相贯线的视图特点

当相贯体的位置按轴线垂直于投影面摆放时，相贯线在垂直于轴线的视图上为圆形视图，另外两个视图为积聚直线。

常见的两回转体同轴相贯的图例及其视图见表 5.7。

表 5.7　　　　　　　　　　　　　两回转体同轴相贯的图例及其视图

类型及说明	直观图上的空间交线	视图中的交线
圆柱面与球面同轴相贯（包括内孔圆柱面）	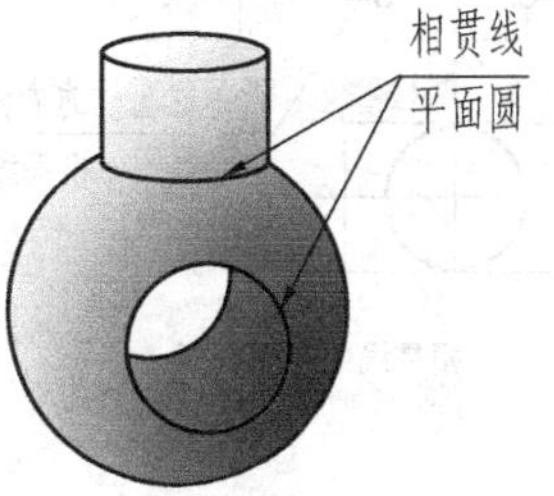 相贯线　平面圆	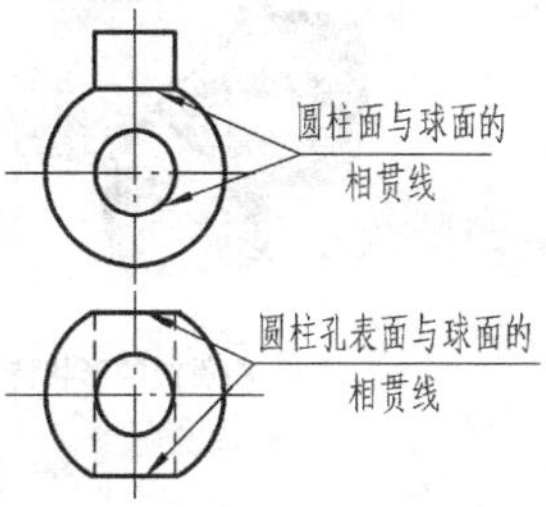 圆柱面与球面的相贯线　圆柱孔表面与球面的相贯线
圆柱面与圆锥台同轴相贯	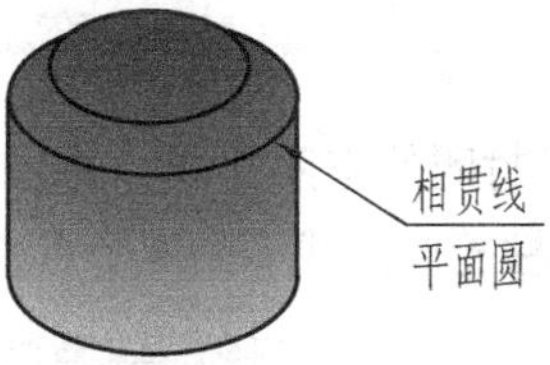 相贯线　平面圆	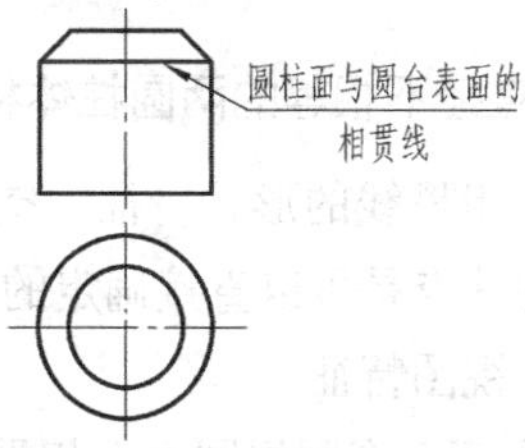 圆柱面与圆台表面的相贯线
圆锥面与球面相交（同轴相贯）	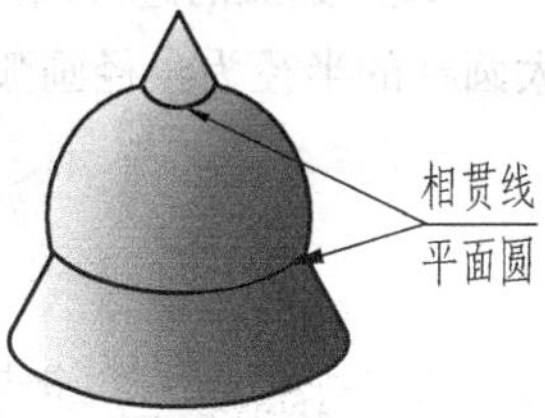 相贯线　平面圆	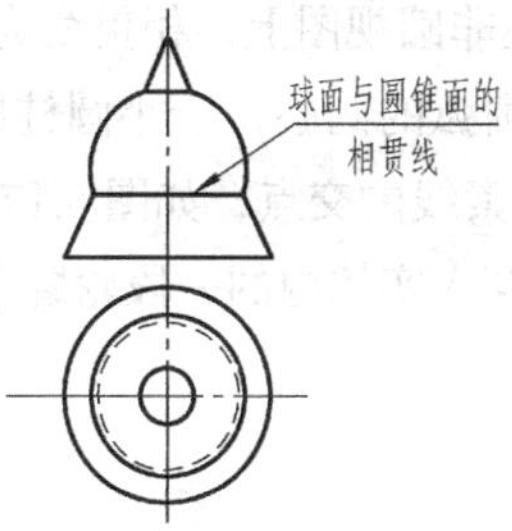 球面与圆锥面的相贯线
圆锥面与圆柱面的内孔表面相贯	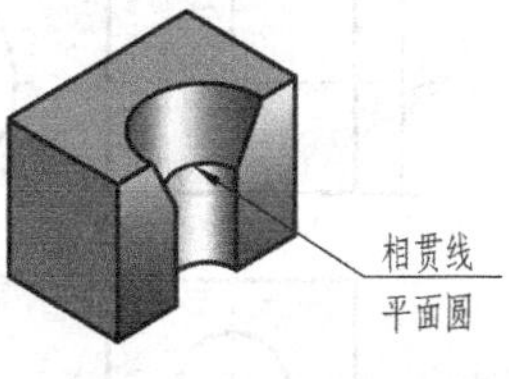 相贯线　平面圆	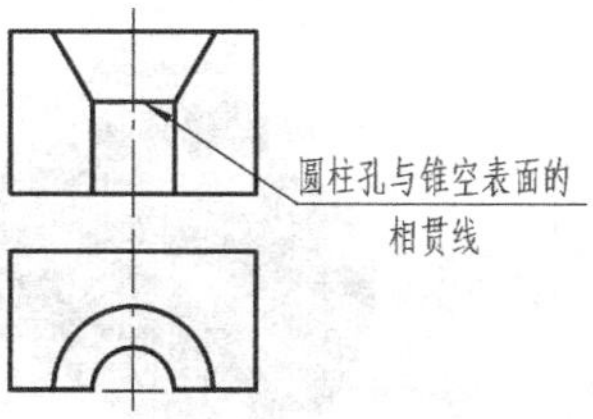 圆柱孔与锥空表面的相贯线

5.3.4　轴线垂直相交的两圆柱体相贯

两圆柱体轴线垂直相交时，表面相贯线有两种情况：一种是两圆柱体直径相等；另一种为两圆柱体直径不等。不同类型的相贯，其相贯线的空间特征和三视图画法是不相同的。

1. 直径相等的两圆柱体相贯

（1）相贯线的形状特征。空间形状为平面椭圆，该平面椭圆的位置为：垂直于一个投影面（主视图投影面），倾斜于另外两个投影面，如图 5.16（a）所示。

（2）视图特征。

① 在两个有圆视图上，相贯线积聚在圆视图的圆周线上（与圆视图重合），不必重画。

② 在非圆视图上,相贯线为两条倾斜的积聚直线,并相交于两轴线的交点处,如图 5.16(b)所示。

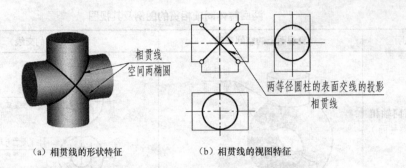

(a)相贯线的形状特征   (b)相贯线的视图特征

图 5.16 轴线垂直相交的两等径圆柱相贯

2. 直径不相等的两圆柱体相贯

(1)相贯线的形状特征。空间形状为一条封闭的空间曲线,曲线上各点不在同一个平面上。有 4 个特殊点是可以直接确定的,即位于两圆柱轮廓素线上的 4 个点,如图 5.17(a)所示。

(2)视图特征。

① 在两个有圆视图上,相贯线积聚在圆视图的圆周线上(与圆视图重合),不必单独画出。

② 在非圆视图上,相贯线为一段近似的圆弧曲线。圆弧的近似画法如下。

● 圆弧的圆心位于小圆柱的轴线上,以大圆柱的半径为半径画弧,圆弧的两个端点即是两圆柱轮廓素线的交点,如图 5.17(b)所示。

● 穿入实体内的一段轮廓素线应擦去。

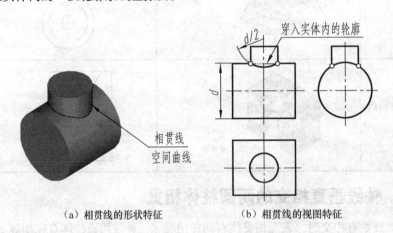

(a)相贯线的形状特征   (b)相贯线的视图特征

图 5.17 轴线垂直相交的不等径圆柱相贯

3. 综合相贯

【例 5.3】 如图 5.18(a)所示,竖向圆柱孔与外圆柱面相贯(不等径),同时还与横向内孔相贯(等径)。画出相贯线的三视图。

① 相贯线的形状分析。竖孔与外圆柱面的相贯线为空间曲线;与横向内孔的相贯线为平面椭圆。

② 相贯线的视图特征。在主视图（非圆视图）上外圆柱相贯线为圆弧，用近似画法；内孔相贯线为积聚直线，虚线绘制。被挖断的轮廓素线应擦去，如图5.18（b）所示。

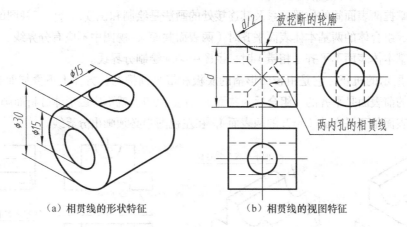

（a）相贯线的形状特征　　　　　（b）相贯线的视图特征

图5.18　轴线垂直相交的圆柱综合相贯

练一练

【活动内容】根据图5.19所示两圆柱筒垂直相贯的轴测图，绘制三视图。

【活动方法】将学生分成5～6个人一组，分析两圆柱筒的各部分尺寸，确定其内、外相贯线的性质以及三视图的画图顺序。每组选出一个画图快速的同学作为执笔人按图中给定的径向尺寸，自行给定轴向尺寸，绘制三视图。

【活动讨论】教师根据各个小组提供的答案，一一点评并给出正确的结果。

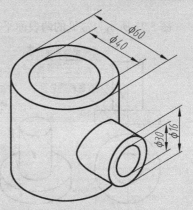

图5.19　两圆柱筒垂直相贯的轴测图

5.4　组合体三视图的画法

将上述两节综合分析可知，基本体的截切与相贯即是组合体的形成方式，绘制截交线和相贯线的三视图也就是绘制组合体三视图的基础。

本节将对前两节的内容进行综合应用，结合形体分析，运用截交线和相贯线视图的画法以及组合体表面连接处的画法，通过绘图实例介绍组合体三视图的画法步骤。

5.4.1　组合体表面连接处的画法

当基本形体按一定形式组合成组合体时，两表面之间的位置关系有平齐、不平齐、相切和相交等。了解和掌握两表面间的位置关系及其连接处的画法是绘制和识读组合体三视图的基础。

（1）当构成组合体的两基本体表面平齐时（两表面共面），视图中不应有分界线。

（2）当两基本体表面不平齐（相错）时，视图中必须绘制分界线。

如图 5.20 所示的机座，它是由带凹形槽的底板和带半圆槽的长方体上下叠加而成的。由图可知：两部分的前表面是平齐的（组合后为共面），在主视图上就不应因形体分析而画出分界线；两部分的左侧表面是不平齐的（错开的两表面），在左视图中必须画出分界线。

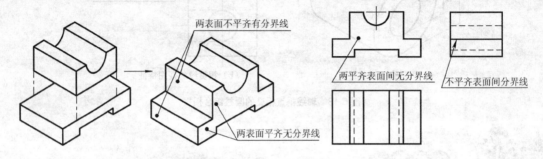

（a）机座的形体分析和轴测图　　　　　　　　　　　　　（b）机座的三视图

图 5.20　两表面平齐和不平齐时分界线的分析和画法

图 5.21 所示为常见的两表面平齐和不平齐的情况。

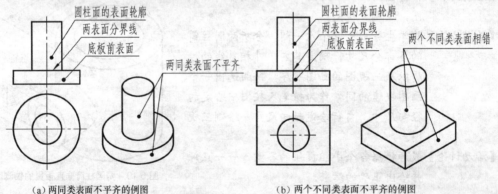

（a）两同类表面不平齐的例图　　　　　　　　（b）两个不同类表面不平齐的例图

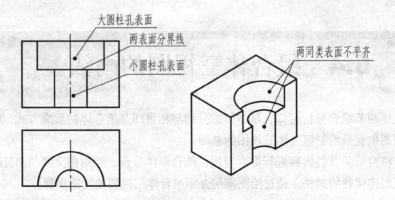

（c）两内孔表面不平齐的例图

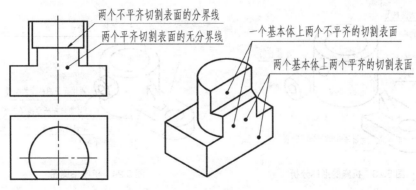

两个不平齐切割表面的分界线

两个平齐切割表面的无分界线

一个基本体上两个不平齐的切割表面

两个基本体上两个平齐的切割表面

（d）同体不同切割面和不同体而同一切割面的例图

图 5.21　两表面平齐和不平齐的图例

（3）当两基本体表面相切时（平面与回转面相切），在相切处不应画出切线。如图 5.22 所示的摇臂，它是由带孔的耳板和开有拱形槽和圆孔的圆柱组合而成的。耳板的前后侧平面与圆柱面相切，在相切处形成了光滑的过渡，因此在主、左视图中不应因形体分析而画出切线。

（4）当两基本体的表面相交时，在相交处应画出交线。上一节中所讲的截断体和相贯体中的截交线和相贯线均属于两基本体的表面交线。如图 5.23 所示的机座，它是由带孔的耳板、筋板、小圆柱筒和大圆柱筒组合而成的。其交线分析如图 5.24 所示。

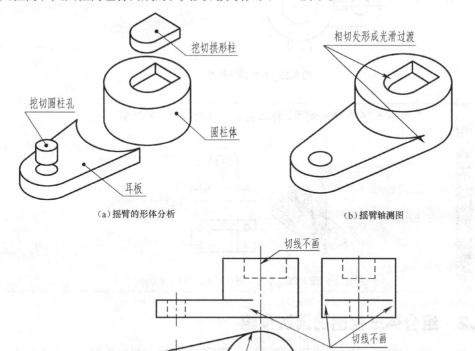

挖切拱形柱

挖切圆柱孔

圆柱体

耳板

（a）摇臂的形体分析

相切处形成光滑过渡

（b）摇臂轴测图

切线不画

切线不画

切线位置

切线位置

（c）摇臂三视图

图 5.22　两表面相切时的形体分析和切线的画法

图 5.23　机座的形体分析

平面与圆柱面的交线（平面倾斜于轴线）

两平面交线

圆柱面与圆柱面的交线（相贯线）

平面与圆柱面的交线（平面平行于轴线）

平面与圆柱面的交线（平面垂直于轴线）

相切（切线不画）

图 5.24　机座轴测图

机座的三视图如图 5.25 所示。

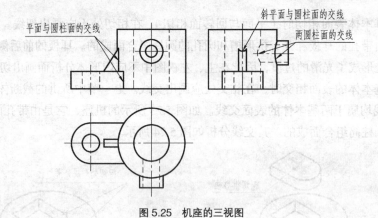

平面与圆柱面的交线

斜平面与圆柱面的交线

两圆柱面的交线

图 5.25　机座的三视图

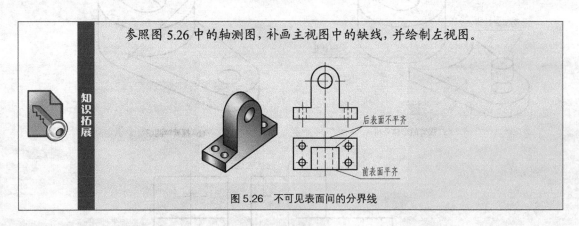

参照图 5.26 中的轴测图，补画主视图中的缺线，并绘制左视图。

知识拓展

后表面不平齐

前表面平齐

图 5.26　不可见表面间的分界线

5.4.2　组合体三视图的画法步骤

组合体的三视图，应按一定的方法和步骤进行，下面以轴承座和机座为例，说明组合体三视图的画法步骤 。

1. 轴承座的三视图画法

（1）形体分析。画三视图之前，应对组合体进行形体分析，了解该组合体的组合形式、结构特点、各组成部分间的相对位置及表面间的连接关系，为画三视图做好准备。

图 5.27 所示为轴承座的轴测图和形体分析。

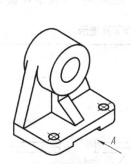

图 5.27　轴承座的组成及各组成部分的相对位置

（2）选择主视图的方向。主视图是三视图中的主要视图，选择主视图方向时应满足以下基本要求。

① 应能反映出组合体的主要形状特征，尽可能多地表达各组成部分的形状和相对位置。

② 尽量使形体上主要表面平行于投影面，以便使其在视图中反映出实形。

③ 考虑组合体的平稳安放位置，同时兼顾另外两个视图的清晰性。

选择图 5.27 中所示的 A 方向作为轴承座的主视图方向可满足以上基本要求。

（3）确定比例、选定图幅。视图确定后，可根据实物大小，按标准规定选择比例和图幅。选择原则：尽可能地选用 1:1 的比例；图幅应考虑留足标注和标题栏的位置，不可使图形及其标注画到图框外。

按尺寸绘制图 5.28 所示的轴承座视图时，若选 1:1 的比例绘制三视图，就需要选择 A4 图纸（210 × 297）。绘图区间为图框内除去标题栏的区域。

（4）布置视图位置。布图时，应根据各视图中每个方向的最大尺寸和视图间距及注全尺寸所需的间距来确定每个视图的位置，使各视图均匀地布置在绘图区域内。

如图 5.29 所示，通过计算，用细实线和细点画线绘制视图的最外轮廓和中心线，完成布图。注意预留足够的距离标注尺寸。

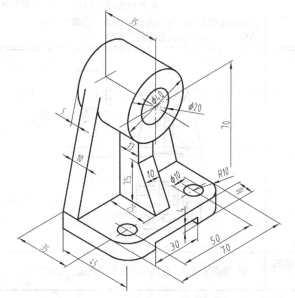

图 5.28　有尺寸要求的轴承座

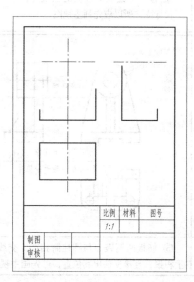

图 5.29　选择比例确定图幅（A4）

（5）绘图步骤。完成布图后，即可按尺寸绘制三视图。绘图步骤及提示如表 5.8 所示。

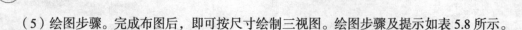

表 5.8 　　　　　　　　　　　　　绘制轴承座三视图的步骤及提示

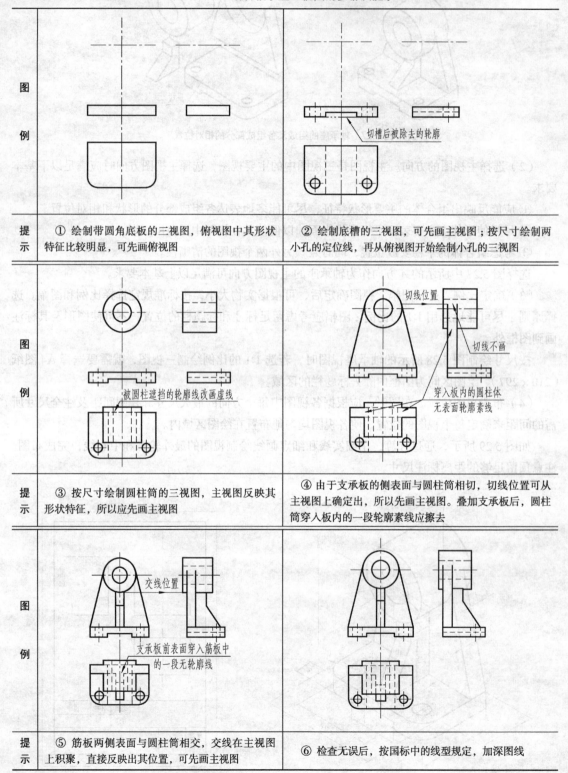

图例	（图例）	（图例）
提示	① 绘制带圆角底板的三视图，俯视图中其形状特征比较明显，可先画俯视图	② 绘制底槽的三视图，可先画主视图；按尺寸绘制两小孔的定位线，再从俯视图开始绘制小孔的三视图
图例	（图例）	（图例）
提示	③ 按尺寸绘制圆柱筒的三视图，主视图反映其形状特征，所以应先画主视图	④ 由于支承板的侧表面与圆柱筒相切，切线位置可从主视图上确定出，所以先画主视图。叠加支承板后，圆柱筒穿入板内的一段轮廓素线应擦去
图例	（图例）	（图例）
提示	⑤ 筋板两侧表面与圆柱筒相交，交线在主视图上积聚，直接反映出其位置，可先画主视图	⑥ 检查无误后，按国标中的线型规定，加深图线

图例中标注：切槽后被除去的轮廓
被圆柱遮挡的轮廓线改画虚线
切线位置　切线不画
穿入板内的圆柱体无表面轮廓素线
交线位置
支承板前表面穿入筋板中的一段无轮廓线

通过以上的绘图过程可知，在绘制三视图的底稿时，应注意以下几点。

① 绘图时，不应画完一个视图后，再画另一个视图，而应采用形体分析法，依次绘制各个组成部分的三视图。

② 在画各组成部分的三视图时，首先注意准确定位，在绘图时，应先画形体的特征视图（例如：回转体就先画圆视图；平面与回转面相切或相交时，就先在圆视图上绘制切线或交线），后画一般视图，三个视图配合着进行，这样不但可以提高作图速度，还可减少差错。

③ 绘制某个组成部分的三视图时，要同时考虑对前部分视图轮廓的影响，及时将遮挡的图线，改画成虚线，擦去挖切部分或穿入体内部分的轮廓线。

④ 画图过程中，要从整体出发，处理好各表面间的连接关系，正确绘制表面间的分界线。

⑤ 用普通绘图工具绘图时，必须先用细实线画底稿，再按国标中的线型规定，加深图线。

2. 截切型组合体三视图的画图示例

绘制图 5.30 所示机座的三视图。

（1）形体分析，确定比例及图幅，布图。如图 5.30 所示，机座为典型的截切型组合体；主视图方向如图 5.30 中所示；根据图中所标注的尺寸，若要求用 A4 图幅绘制三视图，通过计算，比例可取 1:2；用三视图之间相邻的最外轮廓进行布图，如图 5.31 所示。

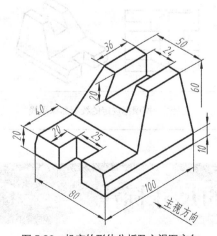

图 5.30　机座的形体分析及主视图方向

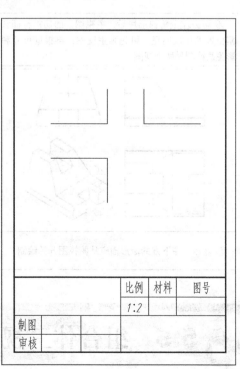

图 5.31　按尺寸和图幅的要求确定比例并布图

（2）按尺寸绘制三视图的方法和步骤如表 5.9 所示。

表 5.9   机座三视图的画法步骤及提示

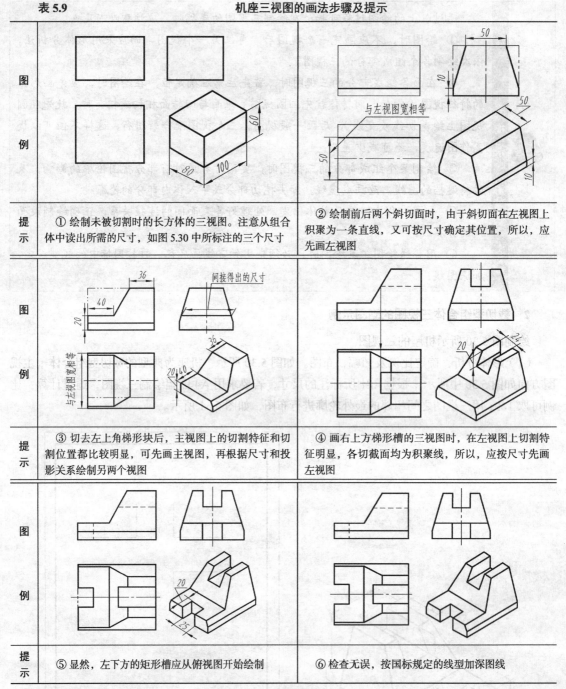

图例	① 绘制未被切割时的长方体的三视图。注意从组合体中读出所需的尺寸，如图 5.30 中所标注的三个尺寸	② 绘制前后两个斜切面时，由于斜切面在左视图上积聚为一条直线，又可按尺寸确定其位置，所以，应先画左视图
提示	③ 切去左上角梯形块后，主视图上的切割特征和切割位置都比较明显，可先画主视图，再根据尺寸和投影关系绘制另两个视图	④ 画右上方梯形槽的三视图时，在左视图上切割特征明显，各切截面均为积聚线，所以，应按尺寸先画左视图
提示	⑤ 显然，左下方的矩形槽应从俯视图开始绘制	⑥ 检查无误，按国标规定的线型加深图线

 5.5   **组合体三视图的尺寸标注**

    组合体的三视图可以清晰地表达出形体各个部分的结构形状，但其各部分的实际大小和确切的相对位置还需要由视图上的尺寸来确定。

5.5.1 尺寸的种类

组合体是由若干基本体，按一定的位置和方式组合而成的，在视图上除了要确定各个基本体的大小外，还要解决它们之间的相对位置以及组合后组合体本身的总体大小。所以，组合体的尺寸包括以下三种。

（1）定形尺寸。用于表示各基本体大小的尺寸（长、宽、高）。如图 5.32 所示，图中的 80、62、12、$R10$、$\phi10$ 均为带圆角长方板及其小孔的定形尺寸。

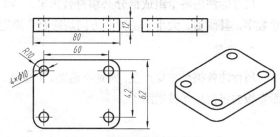

（2）定位尺。用于确定各基本体之间相对位置的尺寸（上下、左右、前后）。

图 5.32　带圆角挖孔长方板的尺寸

为了确定各部分形体之间的位置，应注出其长（左右）、宽（前后）、高（上下）三个方向的位置尺寸，有时由于在组合体视图中已能直接确定其某个方向上的相对位置，也可省略该方向上的定位尺寸。如图 5.32 中所示的 4 个小孔的定位尺寸：60（左右方向的定位尺寸）；42（前后方向的定位尺寸）；由于小孔为通孔，上下方向不需要定位，也就不必标注。

定位尺寸的三种标注情况如表 5.10 所示。

表 5.10　　　　　　　　　　　　　　　　　定位尺寸的注法

图例	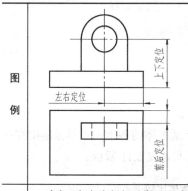	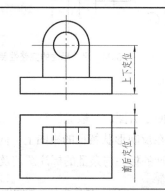	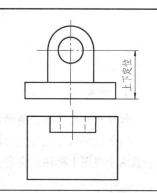
说明	确定立板与底板相对位置，需要标注长（左右）、宽（前后）、高（上下）三个方向的定位尺寸	立板相对于底板左右对称，可省略左右方向的定位尺寸，仅需标注前后和上下方向的定位尺寸	立板相对于底板左右对称，后表面靠齐，左右和前后不需要定位，只需标注上下的定位尺寸

（3）总体尺寸。用于表示组合体总长、总宽、总高的尺寸。标注总体尺寸时应注意下面两点。

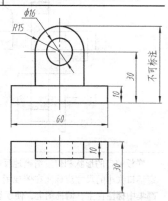

① 当标注完定形、定位尺寸后，有些总体尺寸会与定形尺寸重合，是不应再重复标注的，如图 5.33 中所示底板的长度（60）和宽度（30）尺寸也是组合体的总长和总宽。

② 最外轮廓为回转面的结构，为了明确回转面中心轴线的确切位置，通常只注中心轴线的定位尺寸，而不注最外轮廓尺寸。如图 5.33 主视图中所注的尺寸 30，即是半圆柱的定位尺寸，又是组合体的总高尺寸，不可标注最外轮廓尺寸。

图 5.33　总体尺寸的标注要求

5.5.2 标注尺寸的基本要求

在组合体的视图上标注尺寸，应做到正确、完整、清晰。

1. 正确

尺寸标注的各个组成部分必须符合国家标准的有关规定，即：尺寸线、尺寸界线、箭头和尺寸数字，其线型、大小、位置及方向均应符合规定。

2. 完整

所标注各类尺寸要齐全，做到不遗漏，不重复，如图 5.34 所示，主视图中（35）为多标的尺寸，而立板的定位尺寸被遗漏了。

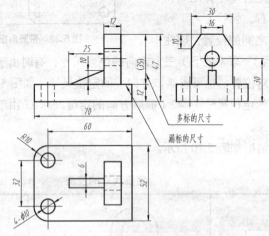

图 5.34　尺寸标注的完整性要求

3. 清晰

尺寸布置要合理、清晰，便于看图。一般应注意以下几个方面。

（1）定形尺寸应尽量标注在反映形状特征的视图上，同一个基本体的各个尺寸尽量集中在一个或两个视图上标注。合理清晰的标注与杂乱的标注图例及其说明如表 5.11 所示。

表 5.11　　　　定形尺寸集中标注的图例及其优劣比较

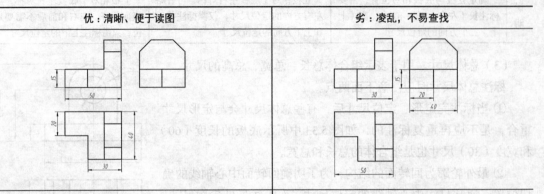

优：清晰、便于读图	劣：凌乱，不易查找
底板缺口的形状和位置清晰地反映在俯视图上，所以，确定切口大小的尺寸应标注在俯视图上；而且底板的所有尺寸都集中标注在主、俯视图上，便于识读	确定缺口的大小时，要从其形状特征不明显的主、左视图中查找尺寸；底板高度在主视图中比较清晰；5 个尺寸分散在 3 个视图上，比较凌乱

110

优：清晰、便于读图	劣：凌乱，不易查找
切角立板的尺寸 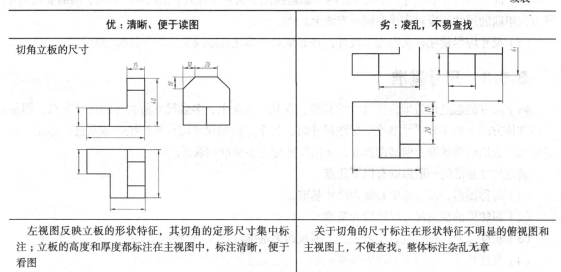	
左视图反映立板的形状特征，其切角的定形尺寸集中标注；立板的高度和厚度都标注在主视图中，标注清晰，便于看图	关于切角的尺寸标注在形状特征不明显的俯视图和主视图上，不便于查找。整体标注杂乱无章

（2）定位尺寸应尽量标注在反映基本体之间位置明显的视图上，并且要尽量与定形尺寸集中在一起，图例及其优缺点说明如表 5.12 所示。

表 5.12　　　　　　　　　　定位尺寸集中标注的图例及其优劣比较

优：清晰，便于读图	说　明	劣：凌乱，不易查找	说　明
	切口的定位尺寸（23）与其定形尺寸集中标注在主视图上 立板后表面的定位尺寸（5），标注在位置特征明显的左视图上		确定切口的高度时，需要通过主视图，按投影关系到左视图中查找 立板后表面的位置在俯视图中不够明显

（3）圆柱、圆锥的直径尺寸，一般标注在非圆视图上，不完整的圆弧，其直径（大于半圆标直径）、半径（小于或等于半圆标半径）应注在圆视图上，如图 5.35 所示。

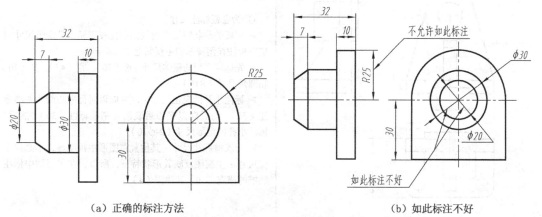

（a）正确的标注方法　　　　　　　　　　　（b）如此标注不好

图 5.35　圆柱、圆锥、圆弧尺寸的注法

（4）同方向的并联尺寸，小尺寸在内（靠近视图）大尺寸在外，依次向外分布，间隔要均匀；同方向串联的尺寸，应对齐排在同一直线上。

（5）尺寸应尽量注在视图轮廓线外，并尽量避免标注在虚线上。

5.5.3　尺寸基准

每个尺寸的起点位置即为该尺寸的基准，在某个方向上，多数尺寸所共有的尺寸起点，即是形体在该方向上的主要尺寸基准。标注尺寸时，各个方向的尺寸应尽量按统一基准进行标注，必要时也可选用辅助基准，但辅助基准必须用尺寸与主要基准相联系。

确定尺寸基准的一般原则有以下几点。

（1）对称图形，以对称中心线为尺寸基准。

（2）回转面的径向尺寸以轴线为基准。

（3）长度尺寸一般以最右（或最左）侧端面为基准。

（4）高度尺寸一般以下底面为基准。

（5）宽度尺寸一般以后端面为基准。

5.5.4　组合体尺寸标注的基本方法和步骤

标注组合体尺寸的基本方法是形体分析法，标注的步骤基本与画图的步骤一致。

绘制组合体的三视图时，不是画完一个视图后，再画另一个视图，而是采用形体分析法，依次绘制各个组成部分的三视图；而在画各组成部分的三视图时，首先要为其定位，再画形体的特征视图（例如，回转体就先画圆视图；平面与回转面相切或相交时，就先在圆视图上绘制切线或交线），最后画其他视图。

为保证尺寸标注的完整，最适宜的方法也是形体分析法，即分别为各个组成部分标注定位尺寸，再标注其定形尺寸，最后标注组合体的总体尺寸。

【例 5.4】为图 5.28 所示的轴承座三视图标注尺寸，其标注的步骤如表 5.13 所示。

表 5.13　　　　　　　　　　　　　　轴承座尺寸标注的步骤及其说明

图　例	说　明
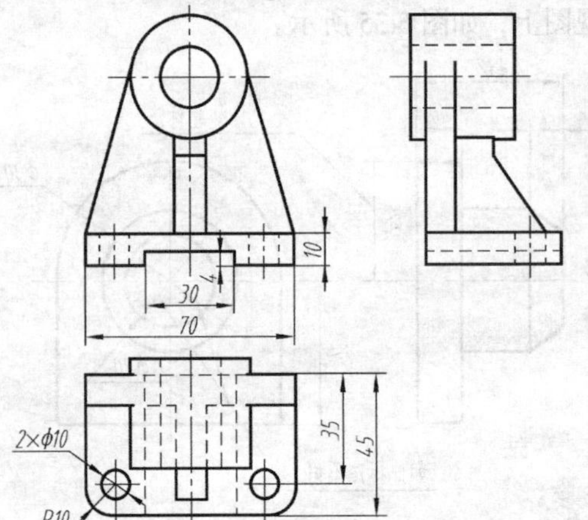	① 为底板标注尺寸 ➤ 底板的形状特征在俯视图中比较明显，其定形尺寸应集中标注在俯视图和主视图上 ➤ 先标注底板的整体尺寸：长（70）、宽（45）、高（10）和圆角尺寸（R10） ➤ 标注小孔的定位尺寸：左右向以对称中心线为基准标注（50）；前后向以底板后表面为基准标注（35）；然后，标注小孔的定形尺寸（2-φ10） ➤ 为底槽标注尺寸：其位置在图形中很明显，不必标定位尺寸；主视图反映其形状特征，所以，在主视图中标注底槽的槽宽（30）和槽深（4）

图　例	说　明
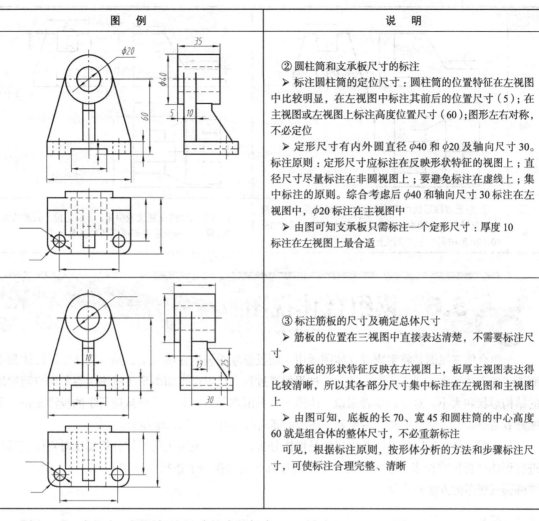	② 圆柱筒和支承板尺寸的标注 ➤ 标注圆柱筒的定位尺寸：圆柱筒的位置特征在左视图中比较明显，在左视图中标注其前后的位置尺寸（5）；在主视图或左视图上标注高度位置尺寸（60）；图形左右对称，不必定位 ➤ 定形尺寸有内外圆直径 $\phi40$ 和 $\phi20$ 及轴向尺寸 30。标注原则：定形尺寸应标注在反映形状特征的视图上；直径尺寸尽量标注在非圆视图上；要避免标注在虚线上；集中标注的原则。综合考虑后 $\phi40$ 和轴向尺寸 30 标注在左视图中，$\phi20$ 标注在主视图中 ➤ 由图可知支承板只需标注一个定形尺寸：厚度 10 标注在左视图上最合适
	③ 标注筋板的尺寸及确定总体尺寸 ➤ 筋板的位置在三视图中直接表达清楚，不需要标注尺寸 ➤ 筋板的形状特征反映在左视图上，板厚主视图表达得比较清晰，所以其各部分尺寸集中标注在左视图和主视图上 ➤ 由图可知，底板的长 70、宽 45 和圆柱筒的中心高度 60 就是组合体的整体尺寸，不必重新标注 可见，根据标注原则，按形体分析的方法和步骤标注尺寸，可使标注合理完整、清晰

【例 5.5】 为机座三视图标注尺寸的步骤如表 5.14 所示。

表 5.14　　　　　　　　　　标注机座尺寸的步骤及其说明

图 例	100 / 60 / 80	50 / 10
说 明	① 先标注形体未截切时的尺寸，即原长方体的长 100、宽 80、高 60。集中标注在主、俯视图上	② 截切前、后两三角块，只需两个尺寸：斜切面的起点定位尺寸 50，终点位置尺寸 10，斜切面的位置特征反映在左视图上，尺寸标注在左视图上

续表

图例	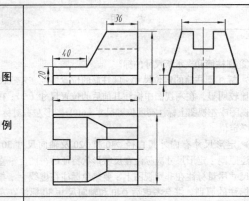	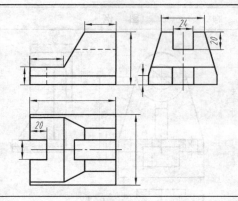
说明	③ 左上方梯形块由两个切截面切割而成,其切割位置反映在主视图中,切截面的起止点位置尺寸36、40、20集中标注在主视图上	④ 两个通槽的位置比较明显,不需定位。其槽的宽度和深度,分别标注在俯视图和左视图上

5.6 读组合体视图

画组合体三视图是将实物或立体图运用三面投影原理表达在图纸上,是一种从空间形体到平面图形的表达过程。读三视图,是这一过程的逆过程,是根据平面图形(视图)想象出空间物体的结构形状和大小。对于初学者来说,读图比画图困难得多,必须综合运用所学的投影知识,掌握好看图要领,多读、多画、多想象,逐步提高由图到物的形象思维能力。

与画图一样,读图的思维基础仍然是形体分析,但对三视图进行形体分析要比对立体直观图进行形体分析困难得多。本节先对三视图的形体分析法作一个概括的论述,再通过大量的图例,讲解读三视图的方法和步骤。

课堂活动

读组合体视图

【活动内容】观察读组合体视图的技巧。

【活动方法】利用"机械制图"多媒体课件,演示组合体视图的读图技巧。

5.6.1 组合体视图的形体分析法

形体分析法是根据视图的特点,基本几何体的形体特征,把物体分解成若干个简单的基本形体,分析出组合形式后,再将它们组合起来,构成一个完整的组合体。

1. 认识视图,寻找特征

概略地读三视图:看视图的数量(两视图还是三视图),大概确定形体的复杂程度;弄清各个视图有无对称性,对形体进行简化。

寻找特征：分析各个视图的形状，先找出最能代表物体结构特征的视图（有圆、凸台、凹槽、切块等形状特征的视图），通过与其他视图的配合，对物体的空间结构有一个大概的判断，判断其是以叠加为主还是以截切为主的组合体。

2. 分析视图，联想形体

参照物体的特征视图，从图上对物体进行形体分析，按照每一个封闭线框代表一个形体轮廓的投影原理，把图形分解成几个部分。再根据三视图长对正、高平齐、宽相等的投影规律，划分出每一块的三个投影，分别想出它们的形状。

读组合体视图的一般顺序是：先看主要部分，后看次要部分；先看容易确定的部分，后看难于确定的部分；先看整体形状，后看细部结构。

5.6.2 读组合体视图的注意事项

（1）从反映组合体形状特征的主视图入手，几个视图结合起来看。一个组合体通常需要几个视图才能表达清楚，读图时应从主视图着手，应用三等（长对正、高平齐、宽相等）和方位关系（上下、左右、前后），准确识别各形体的形状和相互位置关系，切忌看一个视图就下结论。如图5.36所示，如果只看主、俯视图，至少能有多种答案，只有配合左视图才能分析出唯一正确的形体。

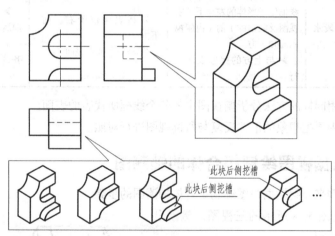

图5.36 各视图相结合进行读图

（2）仔细分析视图中每一个封闭线框，区分各表面之间的相互位置关系。视图中任何一个封闭线框，表示一个表面，视图上出现几个相邻线框或线框中含有线框时，应对照投影关系区别它们代表的表面之间的上下、左右、前后位置关系，帮助想象立体形状。

对于切割型组合体，体表面间相对位置的分析比较重要。如图5.37所示，在主、俯两视图中，形体左上角的切割和右前角的挖切比较明显，容易通过形体分析读出。如果有左视图，前上方的切块也会比较清晰，只需用形体分析即可想象出形体的空间形状。

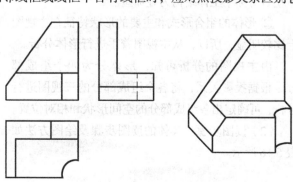

图5.37 判断表面间的位置关系

但是，如果没有左视图，要通过主、俯视图读出形体，就要通过分析表面间的位置关系来判断出立体的形状。分析方法和步骤见表 5.15。

表 5.15   视图中线框的分析方法

读梯形线框 判断其前后位置	读缺角矩形线框 判断其前后位置	读矩形线框 确定其前后位置	想象出主视图中三个线框 的相对位置
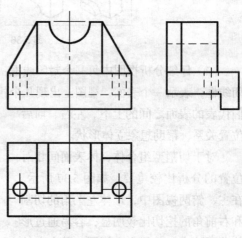			
➤ 主视图中的梯形线框在形体的上方 ➤ 其俯视图对应一段水平积聚直线，是平行于正平面的表面 ➤ 前后位置居中	➤ 主视图中的缺角矩形线框位于形体的左、下（主视图反映出的）前（由俯视图而知）方 ➤ 与上方的梯形表面平行	➤ 该表面位于右、前、下方 ➤ 是一个圆弧表面	➤ 梯形表面与另两表面前后相错，一上两下 ➤ 下边两个表面上下平齐，为平面与圆弧面相交

有必要时，可用同样的方法分析俯视图中的各个线框所代表的表面。

（3）读图过程中要把想象的形体反复与所读视图进行对照。

5.6.3 根据视图绘制组合体的轴测图

下面以两个实例来介绍根据视图绘制组合体轴测图的步骤。

【例 5.6】 读懂图 5.38 所示的三视图，想象出空间形状并绘制轴测图。

（1）形体分析。

① 通过对三视图概略的认识，可初步确定：形体左右对称；主体结构为叠加型。

② 形体的组合形式和主要的形状特征在主视图上比较明显，所以，从主视图着手进行形体分析。

由主视图的分析可知，形体分为四个组成部分；根据投影关系，将各个组成部分的三视图进行分析，可确定出各组成部分的空间形状和相对位置。

（2）读图步骤。具体的读图步骤及绘图方法如表 5.16 所示。

图 5.38 例 5.6 的三视图

表 5.16　　　　　　　　　　**图 5.38 的读图方法及画轴测图的步骤**

图　例	读图过程及绘制轴测图的步骤
	① 从主视图着手，读下方的矩形线框（底板）并绘制轴测图 ➤ 先读实线线框，根据三等关系，从俯视图可确定底板为长方板；从其对应的左视图可看出底板后下侧切去一长方块 ➤ 矩形线框内的虚线，结合另两视图可读出其形状（两个小圆孔）和位置（可从俯视图中确定其左右和前后的位置） ➤ 轴测图的画图步骤：先画长方板的轴测图；从左视图量得尺寸切块；根据俯视图中的尺寸定位并画小孔（椭圆）
	② 仍然从主视图开始，读第二部分（带圆弧槽的长方块） ➤ 根据投影关系，结合其对应的三视图可以读出：带圆弧槽的长方块在底板的正上方，左右对称，其后表面于底板后表面对齐；圆弧槽位于长方板的正上方，为前后通槽 ➤ 绘制轴测图：从底板上表面后侧棱线处为长方块定位，绘制长方块的轴测图；在长方块上表面前棱线的中点处绘制圆弧槽的圆心线；绘制圆弧槽前后半椭圆轮廓，再绘制圆弧槽与上表面的交线
	③ 读长方块两侧的三角块（筋板） ➤ 由主视图得知其形状和左右位置和最上棱线的位置；从俯视图和左视图中可读出其厚度 ➤ 绘制三角块的轴测图：从长方块左、后、上点到底板的左、后、上点画连线（斜面的后侧棱线），为三角块定位；根据其厚度画斜面的前侧棱线；绘制三角块与相邻表面的交线 ➤ 右侧三角块被遮挡，不可见

注：各绘图步骤中，不可见的轮廓不必画出。

【例 5.7】　读懂图 5.39 所示的三视图，想象出空间形状并绘制轴测图。

（1）形体分析。

① 通过对三视图概略的认识，可初步确定：形体前后对称；主体结构为切割型组合体。

② 形体的组合形式和切割特征分别在主、俯、左三个视图中表达出来，所以，读图时一定要结合三视图进行分析。

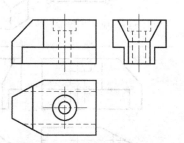

图 5.39　例 5.7 的三视图

三视图的外轮廓全是缺角或缺块的矩形，可知切割前的形体为长方体；由主视图可断定长方体的左上角被斜切；由俯视图可知长方体的左侧前、后角对称斜切；左视图反映长方体下方前后各被切割去一块；形体从上到下开一阶梯孔；各部分的切割位置可从相应的视图中获取。

（2）读图步骤。具体的读图步骤及绘图方法如表5.17所示。

表5.17　　　　　　　　　　图5.39的读图方法及画轴测图的步骤

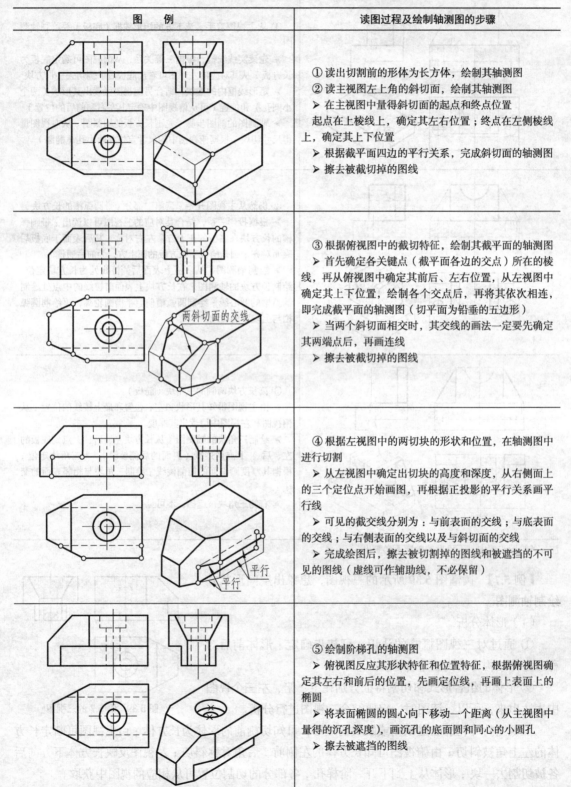

图　例	读图过程及绘制轴测图的步骤
	① 读出切割前的形体为长方体，绘制其轴测图 ② 读主视图左上角的斜切面，绘制其轴测图 ➤ 在主视图中量得斜切面的起点和终点位置 起点在上棱线上，确定其左右位置；终点在左侧棱线上，确定其上下位置 ➤ 根据截平面四边的平行关系，完成斜切面的轴测图 ➤ 擦去被截切掉的图线
两斜切面的交线	③ 根据俯视图中的截切特征，绘制其截平面的轴测图 ➤ 首先确定各关键点（截平面各边的交点）所在的棱线，再从俯视图中确定其前后、左右位置，从左视图中确定其上下位置，绘制各个交点后，再将其依次相连，即完成截平面的轴测图（切平面为铅垂的五边形） ➤ 当两个斜切面相交时，其交线的画法一定要先确定其两端点后，再画连线 ➤ 擦去被截切掉的图线
平行　平行	④ 根据左视图中的两切块的形状和位置，在轴测图中进行切割 ➤ 从左视图中确定出切块的高度和深度，从右侧面上的三个定位点开始画图，再根据正投影的平行关系画平行线 ➤ 可见的截交线分别为：与前表面的交线；与底表面的交线；与右侧表面的交线以及与斜切面的交线 ➤ 完成绘制后，擦去被切割掉的图线和被遮挡的不可见的图线（虚线可作辅助线，不必保留）
	⑤ 绘制阶梯孔的轴测图 ➤ 俯视图反应其形状特征和位置特征，根据俯视图确定其左右和前后的位置，先画定位线，再画上表面上的椭圆 ➤ 将表面椭圆的圆心向下移动一个距离（从主视图中量得的沉孔深度），画沉孔的底面圆和同心的小圆孔 ➤ 擦去被遮挡的图线

5.6.4 读懂两视图，补画第三视图

补视图是培养看图、画图能力的一种有效手段，读两视图时，可徒手勾画轴测图（不严格要求尺寸准确），再根据投影关系（三等关系）绘制所缺视图。读图的基本方法仍然是形体分析法，必要时可辅以相邻表面位置关系（平齐、不平齐、相交、相切）的分析。

【例5.8】 读懂图5.40所示的两视图，想象出空间形状（徒手勾画轴测图帮助想象）并补画第三视图。

（1）形体分析。

① 通过对视图概略的认识，可初步确定：形体左右对称；主体结构为叠加型。

② 从主视图着手进行形体分析。为便于对主体结构（外轮廓结构）进行形体分析，可用辅助线将外形轮廓进行分割，如图5.41所示。

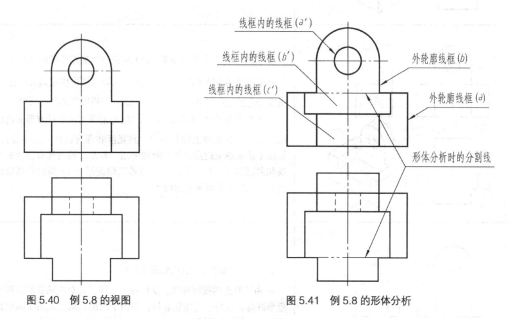

图 5.40 例 5.8 的视图　　　　　图 5.41 例 5.8 的形体分析

对主视图中的各个线框进行分析：

两个外轮廓线框分别为组合体的两个主要组成部分（底座）和（拱形立板），上下叠加，左右对称，其形状特征在主视图中比较明显。

线框内的线框所反映的基本形体相对于主体结构有两种情况：一是凸出的结构（凸台），二是凹进的结构（切槽或挖孔）。具体结构可通过另一视图进行判断。根据长对正的原理，结合俯视图可确定出：拱形板上的内线框（a'）为小圆孔，其具体位置可从主视图中确定；底座轮廓内的内线框（b'）对应的俯视图也在底座轮廓内，断定其为底座上的切槽；底座轮廓内的内线框（c'）对应的俯视图在底座轮廓外，前后各有一个，则内线框（c'）对应的是前后两个凸块。各部分的定位，可由两视图确定。

通过形体分析，可以初步想象出形体的空间形状，为了使整个思路更加直观连续，可以一边分析，一边勾画轴测图，同时也可以补画左视图。

（2）读图步骤。具体的读图步骤及绘图方法如表5.18所示。

表 5.18　　　　　　　　　　　　　**图 5.40 的读图方法及补画左视图的步骤**

图　例	读图过程及绘制左视图的步骤
为便于分析而画的辅助线	① 读最外轮廓，想象其主体结构的形状和位置 ➤ 将最外轮廓分割成两部分，读出其形状和相对位置，并勾画轴测图：长方体底座和拱形立板；左右对称；上下叠加；后表面平齐。注意拱形立板相对底座的定位点 ➤ 补画主体结构的左视图，各部分尺寸可根据高平齐和宽相等来确定
	② 读拱形轮廓中的内线框（a'）和长方体底座中的内线框（b'） ➤ 拱形轮廓内的线框（a'）为圆，从俯视图可确定其为圆孔。由圆心定位绘制轴测图中的圆孔轮廓和左视图中的圆孔视图 ➤ 底座轮廓内的内线框（b'）对应的俯视图也是长方形的内线框，可知其为底座上的长方槽，其宽度和深度由两视图中读得。从图中所示的定位点开始勾画轴测图，并及时擦去被截切掉的图线和共面线（立板前表面与长方槽后侧面平齐）；最后补画长方槽的左视图（不可见的虚线）
	③ 读长方体底座中的内线框（c'） ➤ 由长对正的投影规律，从俯视图中读得其对应的是前后两个矩形线框，且位于底座轮廓外，是两个凸块。从主视图中确定其定位点，勾画轴测图 ➤ 补画左视图 ➤ 完成绘制后，擦去轴测图中被遮挡的图线和共面线（前侧凸块的上表面与长方槽的底面平齐）
	④ 完成补图后，对照轴测图进行检查，并清理多余图线（包括形体分析时的辅助线），最后加深左视图轮廓线，完成补图

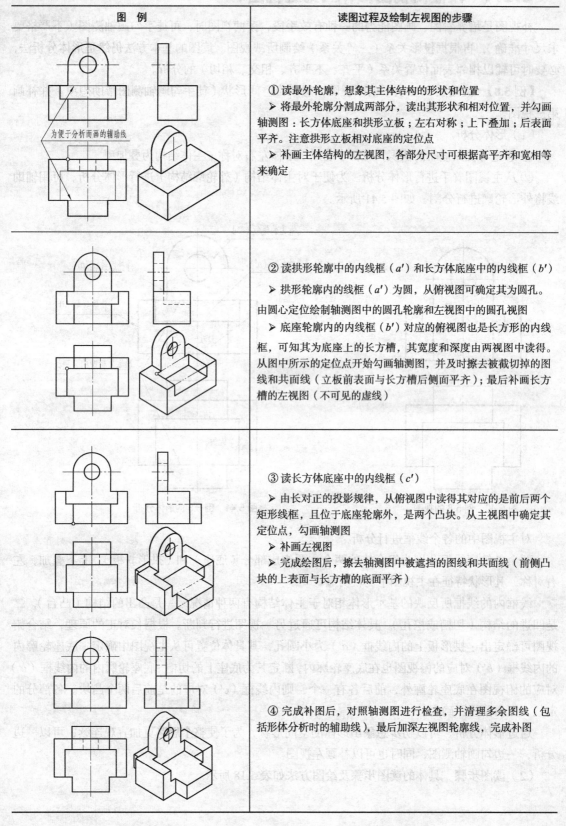

【例 5.9】 读懂图 5.42 所示的两视图，想象出空间形状（徒手勾画轴测图帮助想象）并补画第三视图。

（1）形体分析。

①通过对视图概略的认识，可初步确定：形体左右、前后均对称；主体结构为切割型组合体。

②左视图中的切割特征比较明显，所以从左视图着手进行形体分析。

为便于进行形体分析，可假想地在左视图上用辅助线将形体被切割前的主体轮廓补齐；用另一条辅助线将切挖部分隔为两部分，如图 5.43 所示。

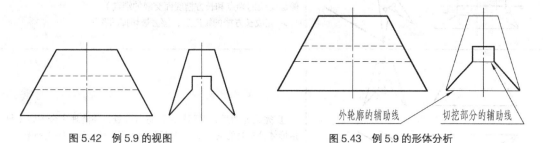

图 5.42　例 5.9 的视图　　　　　　　　图 5.43　例 5.9 的形体分析

从左视图着手，结合主视图，对组合体的形状特征进行分析。

从两视图的最外轮廓分析可知，形体未切割时，是一个四棱台；从下向上切去一个梯形槽（左右贯通）；在梯形槽的上方，再向上挖去一个长方形通槽。

（2）读两视图，补画俯视图的步骤如表 5.19 所示。

表 5.19　　　　　　　　　　图 5.42 的读图方法及补画俯视图的步骤

图　例	读图过程及绘制轴测图的步骤
	①读最外轮廓，想象其未切割时的基本形体 ➤假想将左视图中被切割掉的下表面轮廓线补画上以后，便可以读出，未切割前的基本形体为四棱柱，必要时勾画出其轴测图 ➤绘制四棱台的俯视图，各部分尺寸可根据长对正和宽相等的投影原理通过主视图和左视图来确定
	②读左视图中最下方的梯形通槽 ➤假想将切挖部分用一辅助线分为两部分，从而简化了切挖部分的结构：梯形通槽和长方形通槽 ➤由梯形通槽的两视图可知，梯形槽的上底面交于棱台左右斜侧面，交线的左右位置由主视图确定（长对正），前后位置可从左视图中量取（宽相等），梯形槽两侧表面与棱台左右斜侧面的交线，可直接确定出端点相连即得 ➤擦去挖切掉的轮廓线

续表

图　例	读图过程及绘制轴测图的步骤
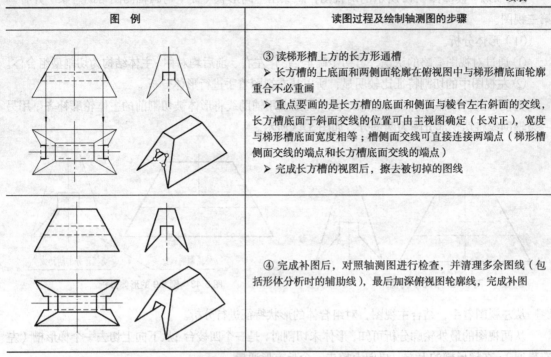	③ 读梯形槽上方的长方形通槽 ➢ 长方槽的上底面和两侧面轮廓在俯视图中与梯形槽底面轮廓重合不必重画 ➢ 重点要画的是长方槽的底面和侧面与棱台左右斜面的交线，长方槽底面于斜面交线的位置可由主视图确定（长对正），宽度与梯形槽底面宽度相等；槽侧面交线可直接连接两端点（梯形槽侧面交线的端点和长方槽底面交线的端点） ➢ 完成长方槽的视图后，擦去被切掉的图线
	④ 完成补图后，对照轴测图进行检查，并清理多余图线（包括形体分析时的辅助线），最后加深俯视图轮廓线，完成补图

5.6.5　补图线

补图线也是培养看图和画图能力的一种有效手段，读视图时，可对已知视图进行形体分析，勾画轴测图（不严格要求尺寸准确）帮助想象，再根据组合体表间的位置关系（平齐、不平齐、相交、相切）补画出视图中所缺的图线。

在三视图中需要补画的图线一般都是表面间的分界线（两不平齐表面）、表面间的交线和相贯线、切割体的截交线，特别是切块和挖槽后，在不反映形状特征的视图上容易漏线。

【例 5.10】 读懂图 5.44 所示的视图，想象出空间形状（徒手勾画轴测图帮助想象），补齐图中所缺图线。

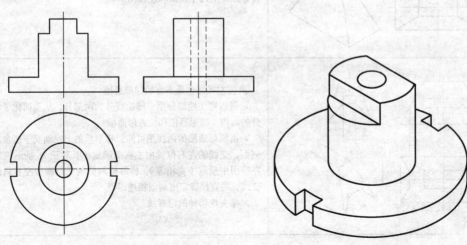

图 5.44　例 5.10 的不完整视图　　　　图 5.45　例 5.10 的轴测图

（1）形体分析。

① 通过对视图概略的认识，可初步确定：形体两圆柱体叠加而成，两圆柱体上各有挖槽（圆盘底板）和切块（圆立柱），中心挖一通孔，如图 5.45 所示。

根据分析可知：该形体为综合型组合体。

② 主视图中圆立柱上切块的位置特征和形状特征（尺寸）都比较明显；而在俯视图中圆盘底板上的两个切槽位置和尺寸都比较清楚，小孔的形状和位置反映在俯视图上。

读图时，重点检查这些切块、挖孔和挖槽，看其在不反映切挖特征的视图上是否漏画；另外还要看不平齐表面间的分界线是否齐全。

（2）补图线。补图线的方法仍然是形体分析法，针对组合体的各组成部分，逐个读图并为其补图线。补图的方法和步骤见表 5.20。

表 5.20　　　　　　　　　　　　　图 5.44 的读图方法及补画缺线的步骤

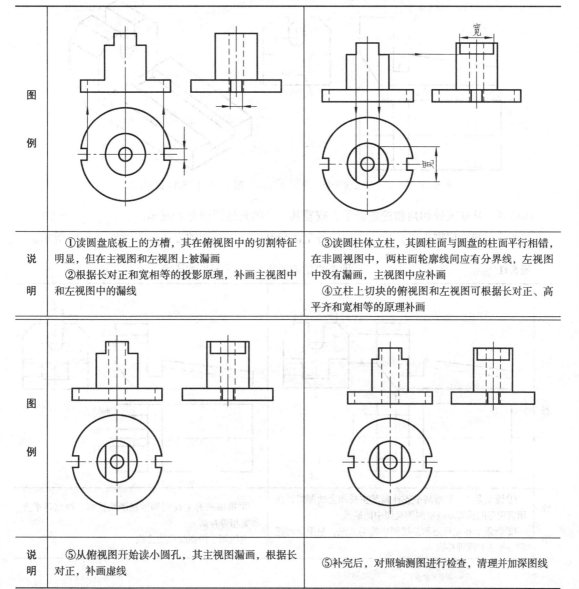

图例	说明
	①读圆盘底板上的方槽，其在俯视图中的切割特征明显，但在主视图和左视图上被漏画 ②根据长对正和宽相等的投影原理，补画主视图中和左视图中的漏线	③读圆柱体立柱，其圆柱面与圆盘的柱面平行相错，在非圆视图中，两柱面轮廓线间应有分界线，左视图中没有漏画，主视图中应补画 ④立柱上切块的俯视图和左视图可根据长对正、高平齐和宽相等的原理补画
	⑤从俯视图开始读小圆孔，其主视图漏画，根据长对正，补画虚线	⑤补完后，对照轴测图进行检查，清理并加深图线

【例5.11】 读懂图5.46所示的视图，想象出空间形状（徒手勾画轴测图帮助想象），补齐图中所缺图线。

（1）形体分析。

① 通过对视图概略的认识，可初步确定：形体为切割型组合体，其上有三处切角、一个拱形槽、一个直槽和一个斜槽，如图5.47所示（必要时可勾画轴测图帮助想象，如图5.48所示）。

② 切角2、切角3和直槽在主视图中的位置特征和形状特征（尺寸）都比较明显；而在左视图中反映了拱形槽和切角1的位置及形状特征，也反映出了斜槽的宽度。

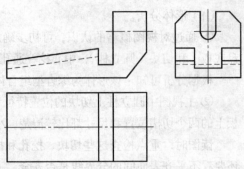

图5.46 例5.11的三视图

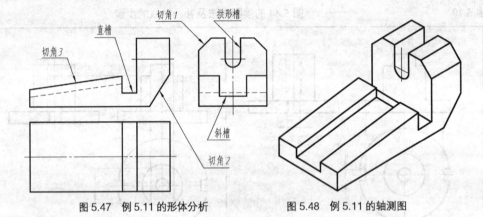

图5.47 例5.11的形体分析　　图5.48 例5.11的轴测图

读图时，从这五处切角和挖槽着手，查看其对应的其他视图是否漏画。

（2）补图线。根据以上分析逐个地为各个部分补图线。补图的方法和步骤如表5.21所示。

表5.21　　　　　　　　　　　图5.47的读图方法及补画缺线的步骤

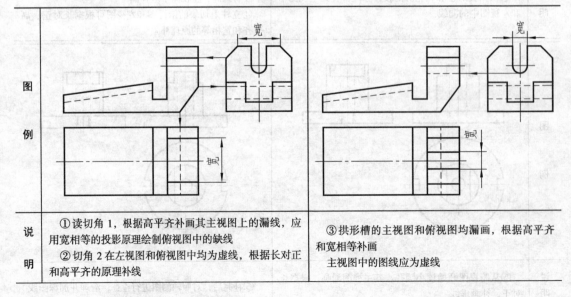

图例		
说明	①读切角1，根据高平齐补画其主视图上的漏线，应用宽相等的投影原理绘制俯视图中的缺线 ②切角2在左视图和俯视图中均为虚线，根据长对正和高平齐的原理补线	③拱形槽的主视图和俯视图均漏画，根据高平齐和宽相等补画 主视图中的图线应为虚线

124

图例	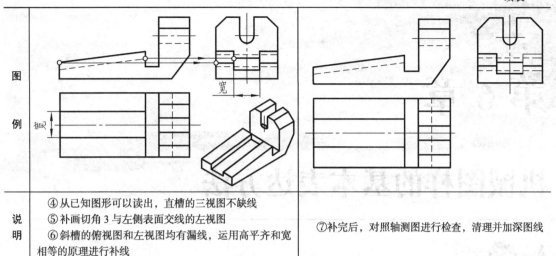
说明	④从已知图形可以读出，直槽的三视图不缺线 ⑤补画切角 3 与左侧表面交线的左视图 ⑥斜槽的俯视图和左视图均有漏线，运用高平齐和宽相等的原理进行补线	⑦补完后，对照轴测图进行检查，清理并加深图线

第6章

机械图样的基本表达方法

根据图 6.1 所示的三视图中，思考下面的问题。

（1）机件的底部凹槽、右侧凸台均为什么形状？表达得清晰吗？为什么？

（2）机件的外形结构有没有重复表达？

（3）内部孔的表达清晰吗？

（4）如果要为机件标注完整的尺寸和技术要求，能满足清晰、合理的要求吗？

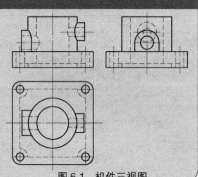

图 6.1　机件三视图

　　一般形体可用两视图或三视图表达其形状，可见部分画粗实线，不可见部分画细虚线。对于工程部件，如机械零件，由于制造、装配和工作的要求不同，其形状的复杂程度有很大的区别，有些简单的机件只用一个或两个视图并注以尺寸，就可以表达清楚了。而有些复杂的机件，就是用三个视图也难以将其内外部结构形状清楚地表达出来。另外，在绘图时除了对机件的内外部结构要进行详尽的表达外，同时还要使图样更加简洁、清晰、便于绘制和识读。因此，在用图样表达机械零件时，除了应用三视图的投影理论外，还必须增加表示方法，扩充表达手段。国家标准《技术制图》和《机械制图》中的相应规定满足了这一需求。这些专门用于机械制图的表达方法和简化画法不仅可以确切地表达各种机件，并为制图、看图方便提供了依据，而且由于其表示法与国际上一致，也为扩大国际技术交流和贸易创造了条件。

学习目标

- ● 熟悉基本视图的形成、名称及配置关系
- ● 熟悉向视图、局部视图和斜视图的画法与标注
- ● 理解剖视的概念，掌握剖视图的画法与标注
- ● 掌握用各种剖切面作剖视图的画法与标注
- ● 掌握全剖视图、半剖视图、局部剖视图的画法与标注
- ● 掌握断面图的画法与标注；熟悉局部放大图和常用简化画法
- ● 掌握各种表达方法的综合应用

6.1　视图（GB/T 4458.1—2002）

根据有关标准和规定，用正投影法绘制出物体的图形称为视图。

视图用于表达机件的外部结构和形状，一般只画出机件的可见部分，必要时才用细虚线表达其不可见部分。

视图分为基本视图、向视图、局部视图和斜视图。

6.1.1　基本视图

1．基本视图的概念

物体向基本投影面投射所得的视图，称为基本视图。

2．基本投影面

采用正六面体的六个面作为基本投影面。

3．基本视图的形成、展开和配置

（1）基本视图的形成。将物体放在正六面中，由前、后、左、右、上、下六个方向，分别向六个基本投影面上投射得到六个视图，如图 6.2 所示。

（2）基本视图的展开。展开的方法如图 6.3 所示。

（3）展开后六个基本视图便位于同一个平面内，其配置关系如图 6.4 所示。

 当六个基本视图在同一张图纸上，按图 6.4 所示的投射关系配置时，一律不标注视图的名称。可根据其位置确定其名称。

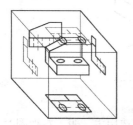

图 6.2　六个基本视图的形成

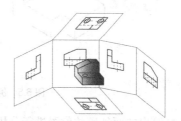

图 6.3　基本视图的展开方法

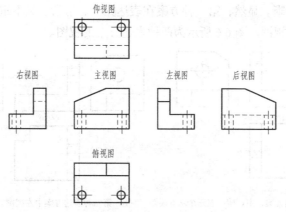

图 6.4　六个基本视图的配置关系及其名称

4．六个基本视图的名称及其对应的投射方向

主视图：由前向后投射所得的视图；俯视图：由上向下投射所得的视图；

左视图：由左向右投射所得的视图；右视图：由右向左投射所得的视图；

仰视图：由下向上投射所得的视图；后视图：由后向前投射所得的视图。

5．六个基本视图之间的投影规律

六个基本视图之间，仍符合"长对正"、"宽相等"、"高平齐"的投影关系：

主、俯、仰视图：长对正；

主、左、右、后视图：高平齐；

俯、左、仰、右视图：宽相等。

 提示 六个基本视图主要用于表达机件上、下、左、右、前、后六个基本方位上的外部形状。在绘制机件的图样时，应根据机件的结构特点，按实际需要选用视图。一般在确定了主视图后，应优先考虑俯、左视图，然后再考虑其他的基本视图。总的选用原则是表达完整、清晰、不重复，且便于绘制和识读。

【例6.1】 如图6.5所示的机件，选择适当的视图表达其结构形状。

① 分析机件的结构组成，并确定其摆放位置。将最能表达形体结构特征的一面位于前侧（使主视图表达的内容尽可能地多），主视图中未能表达清楚的一面位于左侧或上方，用俯视图和左视图继续表达（符合优先选用主、俯、左三视图表达的原则）。

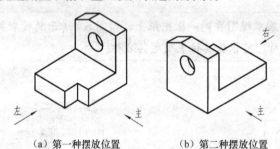

（a）第一种摆放位置　　　（b）第二种摆放位置

图6.5　例6.1的图例

② 将图6.5中给出的两种摆放位置进行分析比较。第一种方案选用主、俯、左视图时，表达更清晰；而第二种方案选用主、俯、左视图表达时，左视图中的虚线太多不够清晰。只有选用主、俯、右视图表达较为清晰。显然，第一种方案在表达完整、清晰、又不重复的前提下，优先考虑了主、俯、左三个基本视图。图6.6所示为两种表达方案的视图。

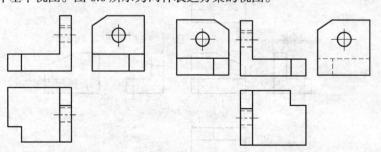

（a）第一种表达方案：主、俯、左三个基本视图　　　（b）第二种表达方案中左视图与右视图的比较

图6.6　例6.1中形体的两种表达方案

③选用其他基本视图。三视图不能够清晰并完整地表达出来的结构，根据需要选用适当的视图继续表达。以上三视图已将该机件各部分的结构形状表达清楚，再选用其他视图继续表达，就会出现重复。所以没有必要选用其他视图。

【例6.2】 如图6.7所示的机件，确定其表达方案，并进行分析比较。

表达时应注意视图要表达完整、清晰（图线间避免相互交织，尽量不用虚线）、简便（便于绘制和识读，视图数量尽可能地少）。

①分析机件的结构组成，确定其摆放位置，并选择主视图的方位。机件的主体结构为四个基本形体叠加而成：正方形底板、圆柱筒、拱形凸台、圆柱凸台。各部分形体上还开有孔槽。根据机件的组合情况，摆放位置和主视图方位选择图6.8所示的方位，即可完整地表达构件上各个组成部分的相对位置。

（a）构件的上部结构形状

（b）构件的底部结构形状

图6.7　例6.2的图形

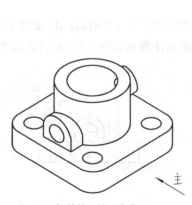
图6.8　机件的主视图方位

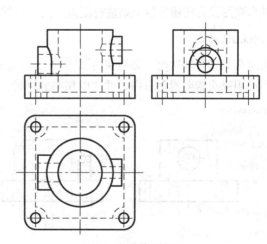
图6.9　机件的三视图

②选用其他基本视图。

（a）俯视图和左视图。选用俯视图重点表达底板的形状和其上四个小孔的排布情况以及圆柱筒的形状和位置；选用左视图表达左侧拱形凸台的位置和形状，如图6.9所示。

（b）其他基本视图的分析和选用，如图6.9所示，底板上的凹槽在俯视图上要用虚线，并且与轮廓线接近，使得表达不够清晰也不利于标注。为了表达清晰，不必在俯视图上用虚线表示其形状和位置，可另加一个仰视图重点表达底部凹槽，而形体上部轮廓已在俯视图上表达清楚，这

里不必再用虚线表达，即用两个基本视图分别表达机件上、下方的结构。右侧圆柱凸台的轮廓在左视图上与左侧凸台轮廓重合并交织，增加一右视图即可清晰地表达凸台结构形状，而在左、右视图中另一侧的虚线轮廓都不必画出，使视图清晰完整便于识读，即用两个基本视图分别表达机件左、右侧的结构。表达方案如图 6.10 所示。

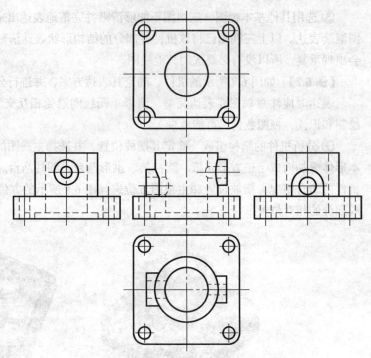

图 6.10　用多个基本视图表达机件

6.1.2　向视图

如图 6.9 所示，应用基本视图表达机件时，各个基本视图按投射关系进行配置，会显得布图不够均衡整齐，不利于充分利用图纸空间，有时还会影响标注。为了能够合理地布置图面，国家标准《机械制图》规定，基本视图可以自由配置。

1. 向视图的概念

当基本视图没有按照投射关系进行配置，而是根据需要自由配置时，称为向视图。

2. 向视图的标注

应用向视图进行表达时，必须在向视图的上方标注大写拉丁字母（例如，A、B 等），在相应视图的附近用箭头指明投射方向，并注以相同的字母。图 6.11 所示为例 6.2 中机件的仰视图用向视图表示的图例 。

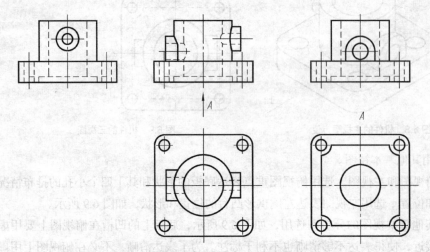

图 6.11　例题 6.2 中机件应用向视图的表达

（1）向视图是移位配置的基本视图，只能平移，不可旋转。

（2）表示投射方向的箭头尽可能配置在主视图上，以使所获视图与基本视图相一致，表示后视图的投射方向的箭头，应配置在左视图或右视图上。

6.1.3　局部视图

在图 6.10 所示的表达方案中，机件的主体结构在主视图中已经表达清楚，在左视图和右视图中均有重复。左视图主要用以表达左侧拱形凸台的轮廓形状；右视图表达的重点是右侧圆柱筒凸块的轮廓形状。在表达完整的前提下，为使绘图更加简便，国家标准《机械制图》规定了局部视图的表达方法。

1．局部视图的概念

将机件上某一部分向基本投影面投射所得的视图，称为局部视图。

2．局部视图的配置和标注

（1）局部视图可按基本视图的配置形式配置（按投射关系配置），这时，如果局部视图与相邻的视图之间又没有被其他图形隔开，可不必标注，如图 6.12（a）所示。

（2）局部视图也可按向视图的配置形式配置，这时，必须标注。标注方法与向视图的标注方法相同，如图 6.12（b）所示。

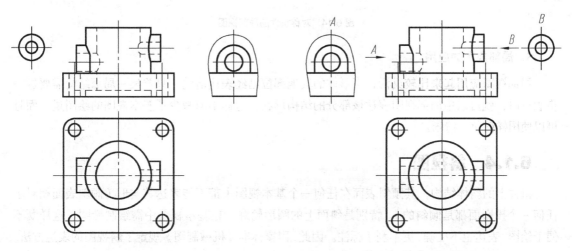

（a）将左、右视图用局部视图表达　　　　　　　　（b）局部视图不按投射关系配置时，
　　　按投射关系配置，不必标注　　　　　　　　　　　标注方法与向视图的标注方法相同

图 6.12　局部视图的配置和标注

3．局部视图与主体结构的断裂边界

局部视图与主体结构的断裂分界线用波浪线或双折线表示，如图 6.12 中左侧拱形凸台的局部视图。当局部视图的外部轮廓是一个独立、完整的封闭结构时，不必绘制断裂边界线，如图 6.12 中圆柱凸块的局部视图。

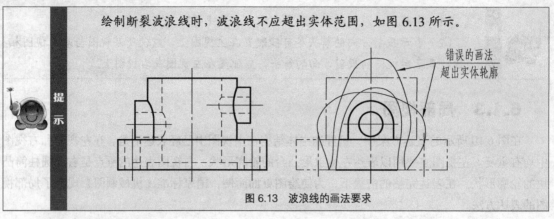

绘制断裂波浪线时，波浪线不应超出实体范围，如图6.13所示。

错误的画法
超出实体轮廓

图 6.13　波浪线的画法要求

4. 对称机件的局部视图

为了节省绘图时间和图幅，对称机件的视图可只画一半或四分之一，并在对称中心线的两端画出对称符号（两条与对称中心线垂直的平行细实线），如图6.14所示。

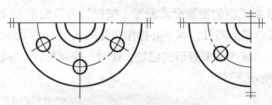

图 6.14　对称机件的局部视图

5. 局部视图的应用

局部视图应用起来比较灵活，当形体的其他部位已经表达清楚，只差某一局部结构需要进一步表达时，就可以用局部视图表达该部分的结构形状，这样不但减少了基本视图的绘图量，而且可以使图样简单、清晰。

6.1.4　斜视图

机件上的斜体结构，其倾斜表面在任何一个基本视图中都不能表达其实形（倾斜表面相对于任何一个投影面都是倾斜的），特别是斜面上的圆形轮廓，在基本视图中需绘制椭圆。这样既不便于绘图，表达也不准确，更不利于标注。因此，国家标准《机械制图》规定了斜视图的表达方法。

1. 斜视图的概念

机件向不平行于基本投影面的平面投射所得的视图称为斜视图。

2. 斜视图的形成和展开

设置一个与倾斜表面平行的新投影面（该投影面不与任何一个基本投影面平行），将倾斜部分向该投影面上投射，所得的视图可以反映该部分的实形。然后将其展开与基本视图位于同一平面上，如图6.15所示。

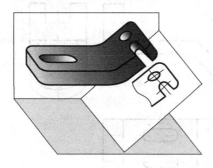

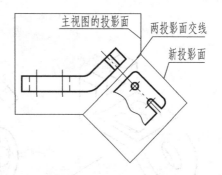

（a）斜体结构向新投影面上投射　　　　（b）新投影面绕两投影面交线旋转展平

图 6.15　斜视图的形成和展开

斜视图只需表达倾斜表面的局部实形，与主体部分断开的断裂边界用波浪线或双折线表示。

3. 斜视图的配置和标注

斜视图可以按投射关系配置（见图 6.16）；也可配置在适当的位置处，必要时允许将斜视图进行旋转后正向配置（见图 6.17）。

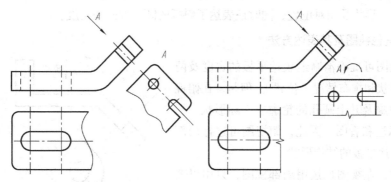

图 6.16　按投射关系配置的斜视图及其标注　　　图 6.17　旋转后正向配置的斜视图及其标注

斜视图无论如何配置，都必须进行标注，标注方法与向视图和局部视图相同。旋转后正向配置的视图，标注时在表示该视图名称的大写拉丁字母旁标注带箭头的旋转符号。

提示

（1）旋转符号是一个半圆，其半径等于字体的高度 (h)。

（2）旋转后正向配置的视图标注中：

① 旋转符号的箭头指向应与实际旋转方向一致。

② 表示视图名称的字母要靠近旋转符号的箭头端，如图 6.17 所示。

③ 也允许将旋转角度标注在字母之后。

（3）表示视图名称的大写拉丁字母，无论是标注在箭头旁还是标注在视图上方，均应水平方向注写，以便识别。

6.1.5　视图的综合应用

重新选用适当的视图表达图 6.18 所示的机件，并使图样完整、清晰、便于绘制和识读。

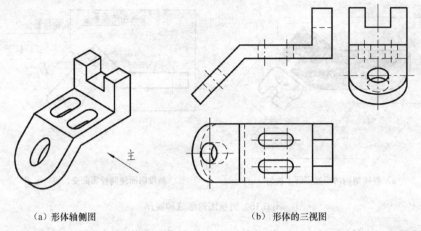

（a）形体轴侧图   （b）形体的三视图

图 6.18　视图综合应用的图例及其三视图

1．形体分析并确定主视图方向

机件有三个组成部分：带有两个腰形孔的平板、切槽立板和带小圆孔的斜板。

选择图 6.18（a）中箭头所指的方向作为主视图方向，可准确地表达三个组成部分上下和左右方向的大小、形状及相对位置，同时还表达了斜板的倾斜方向和角度。

2．确定其他视图及其表达方法

（1）俯视图可准确清晰地表达平板的宽度及两个腰形孔的形状和排布情况（位置）。但是，在俯视图上，斜板轮廓及其上圆孔的轮廓非实际形状，不利于绘图、标注和看图。因此，俯视图可选择局部视图，重点表达平板的结构形状。

（2）同样，左视图也选用局部视图，只用以表达带方槽立板的结构和位置。

（3）斜板的结构和形状选用斜视图进行表达。

完成后的一组图形如图 6.19 所示。

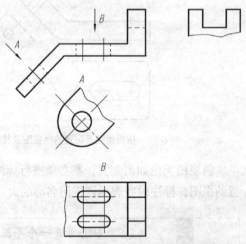

图 6.19　选用适当的视图绘制机件的图样

提示

由于俯视图与主视图之间有 *A* 向斜视图隔开，所以，俯视图必须进行标注。

6.2　剖视图（GB/T 4458.6—2002）

用视图表达零件形状时，机件上的内部轮廓（如孔、槽等）仍需要用虚线表示。如果机件的内、外部形状都比较复杂，视图中就会出现虚、实线交叉重叠，使表达不够清晰，不便于看图，更不利于标注。为了能够清楚地表达出机件的内部结构，国家标准《机械制图》规定，可采用剖视图来表达机件内部的结构和形状。

6.2.1 剖视图的形成和画法

1．剖视图的形成

用假想的剖切面，穿过内孔的中心线将机件剖开，将处于观察着和剖切面之间的部分移去，而将其余部分向投影面投射所得的投影图称为剖视图，如图 6.20 所示。

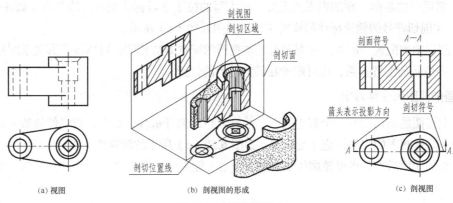

(a) 视图　　　　　　(b) 剖视图的形成　　　　　　(c) 剖视图

图 6.20　剖视图的形成

由图 6.20（a）和图 6.20（c）比较可以看出，图 6.20（c）中的主视图采用了剖视图，原来不可见的孔成为可见，用粗实线绘制，剖面区域中绘制了规定的剖面符号，使图形层次分明，更加清晰。

2．剖视图的剖面区域及其表示法

（1）剖切面。用于剖切机件的假想平面，其位置用剖切线表示。

（2）剖面区域。剖切面与物体的接触部分。

（3）剖面符号。为了增强剖视图的表达效果，通常要在剖面区域中画出剖面符号。

不同的材料，剖面符号的图案不同。表 6.1 所示为国家标准标规定的常用材料的剖面符号。机械零件常用的材料多为金属。

 提示　　金属材料的剖面符号是一组间隔相等、斜向相同、倾斜角度为 45° 的细实线。并且同一张图纸上，同一机件剖面符号的斜向和间隔必须一致。

当图形中的主要轮廓线与水平成 45° 时，其剖面线应画成与水平呈 30° 或 60° 的平行线，其倾斜方向仍与其他图形的剖面线一致。

表 6.1　　　　　　　常用材料的剖面符号（GB/T 4457.5—84）

材料名称	剖面符号	材料名称	剖面符号
金属材料 （已有规定剖面符号者除外）		混泥土	
非金属材料 （已有规定剖面符号者除外）		液体	
型沙、填沙、粉末冶金、 砂轮、陶瓷刀片等			

3. 剖视图的标注与配置

为了便于看图，在剖视图中，应标注剖切位置、剖切后的投射方向、剖视图的名称。

（1）剖切符号。表示剖切面的起止和转折位置（粗短画线，线宽为 $(1 \sim 1.5)d$，线长 $5 \sim 8\text{mm}$），不得与图形的轮廓线相交或重合。

（2）投射方向。在剖切符号的两端外侧，用箭头（垂直于粗短画线）剖切后的投射方向。

（3）剖视图的名称。在剖视图的上方，用大写的拉丁字母标注剖视图的名称（如 $A—A$、$B—B$ 等），并在剖切符号的侧边标注同样的字母，如图 6.20（c）所示。

（4）剖视图的配置。剖视图的配置与基本视图的配置方法相同，可以按投影关系配置，如图 6.20（c）中所示的配置关系，也可配置在其他适当的位置。

4. 画剖视图的注意事项

（1）剖视图的剖切面是一个假想的面，并且假想地剖开机件，所以，当机件的某个视图画成剖视图后，其他视图的完整性应不受影响，如图 6.20（c）所示的俯视图。

（2）在剖切面后方的可见轮廓线不能遗漏，也不能多画。图 6.21 所示为画剖视图时常见的漏线、多线现象。

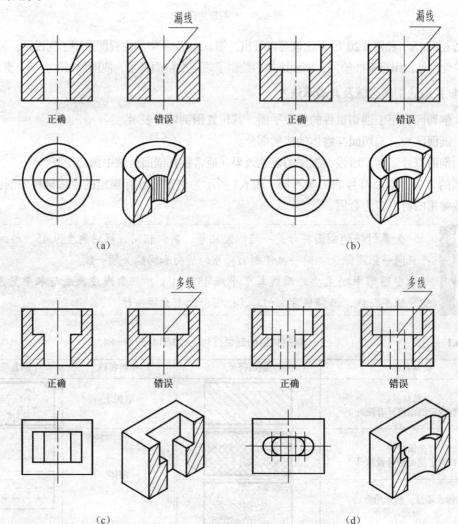

图 6.21 剖视图中的漏线、多线示例

（3）为表达清晰，便于标注，在使用各种表达方法绘制图样时，应尽量避免使用虚线。

在剖视图上，对已经表示清楚的结构，其虚线可以省略不画（见图6.20（c）主视图中被圆柱筒挡住的一段轮廓线）。但如果仍有表达不清楚的部位，其虚线则不能省略（用少量的虚线可节省一个视图时，允许在图样中使用虚线），如图6.22所示。在没有剖切的视图上，虚线问题也按同样的原则处理，如图6.22所示的俯视图中，虚线圆被省略。

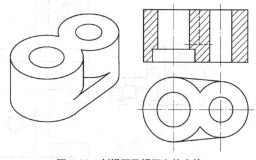

图6.22　剖视图及视图上的虚线

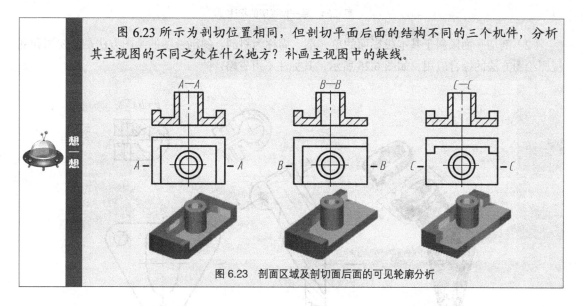

图6.23所示为剖切位置相同，但剖切平面后面的结构不同的三个机件，分析其主视图的不同之处在什么地方？补画主视图中的缺线。

想一想

图6.23　剖面区域及剖切面后面的可见轮廓分析

6.2.2　剖切面的种类

由于机件内部的结构形状变化较多，常需选用不同数量、位置、范围的剖切面来剖切机件，才能把它们的内部结构表达得更清楚、恰当。常用的剖切面有单一剖切面、几个平行的剖切平面和两个相交的剖切面。

1. 单一剖切面

当机件上大部分孔、槽的中心线位于同一平面内时，可用一个剖切平面进行剖切。这种用一个剖切平面剖开机件的方法称为单一剖（有平行基本投影面和倾斜于基本投影面两种情况）。

（1）剖切面平行于基本投影面的单一剖，如图6.20（c）和图6.22所示的剖视图。单一剖切平面通过机件的对称平面，且剖视图按投影关系配置，中间又没有其他图形隔开时，可省略标注。图6.20（c）中的剖切符号和剖视图的名称都可以省略不必标注。图6.22所示即为省略标注的剖视图。

图6.24所示的主视图的全剖视图可省略标注，但左视图的剖切符号和剖视图的名称均不可省略（机件的左右不对称）。

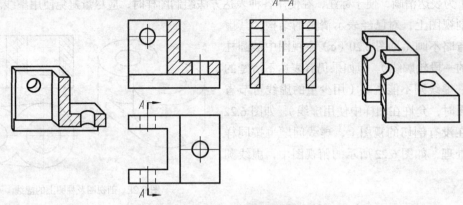

图 6.24　单一剖视图的标注

（2）剖切平面倾斜于基本投影面的单一剖，简称为斜剖。斜剖视图的绘图方法是斜视图和剖视图绘图方法的综合应用，如图 6.25 所示，其标注不可省略。

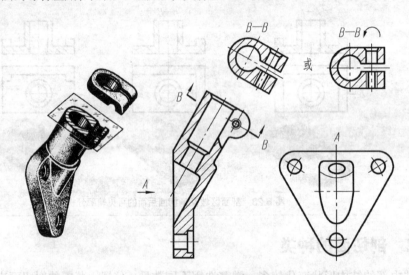

图 6.25　斜剖视图及其标注和配置

2. 几个平行的剖切平面

当机件的内部孔、槽位于若干个平行的平面内，不能用一个剖切面进行剖切时，可采用几个平行的剖切平面将其剖开，这种剖且方式简称为阶梯剖。

（1）阶梯剖的剖视图及其标注。由于剖切平面是假想的剖切面，所以在剖视图中不应画出剖切平面转折处的投影，应把几个平行的剖切面作为一个剖切面考虑。剖视图的上方应标注字母符号（A—A 或 B—B 等）作为剖视图的名称，如图 6.26 所示。

（2）阶梯剖剖切符号的画法。在剖切线的起、止点处和转折处用粗短画线绘制剖切符号，在起始和终了的剖切符号端部画上箭头表示投射方向，在每个剖切符号处注上与剖视图名称相同的字母符号（例如 A 或 B 等）。当剖视图按投影关系配置，中间又没有其他图形隔开时，可省略箭头，如图 6.26 所示。

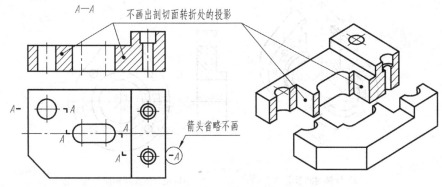

图 6.26　阶梯剖的剖切符号、剖视图和标注

（3）关于剖切符号应注意的问题。

① 剖切符号不可从孔内转折，以免出现不完整的结构要素（半个孔），如图 6.27 所示。

② 剖切符号不可与图形的轮廓线重合，以免将轮廓线误认为是剖切面的转折面，如图 6.27 所示。

③ 当两个孔、槽在图形上具有公共的对称中心线或轴线时，剖切面可以从中线处转折，剖视图中两个孔、槽允许以公共中心线为界各画一半轮廓，如图 6.28 所示。

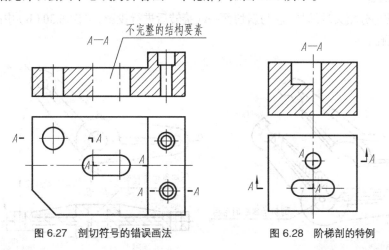

图 6.27　剖切符号的错误画法　　　图 6.28　阶梯剖的特例

3. 两个相交的剖切面

对于盘盖类零件和具有公共旋转轴的摇臂类零件，其上的孔槽绕公共轴排布时，可采用两个相交的剖切平面将其剖开，这种剖切方式简称为旋转剖。

（1）旋转剖的剖视图及其标注。用假想的相交剖切面将机件剖开后，将剖开的倾斜结构及其有关部分旋转到与选定的投影面平行的位置再进行投影，形成的剖视图为旋转剖，如图 6.29 所示。

用旋转剖绘制的剖视图必须加以标注，标注方法为：在剖视图的上方标注字母符号（$A—A$ 或 $B—B$ 等）作为剖视图的名称，如图 6.29（b）所示。

（2）旋转剖剖切符号的画法。在剖切线的起止点处和转折处用粗短画线绘制剖切符号，在起始和终了的剖切符号端部画上箭头表示投射方向，在每个剖切符号处注上与剖视图名称相同的字母符号（例如，A 或 B 等），如图 6.29（b）所示。

当剖视图按投影关系配置，中间又没有其他图形隔开时，可省略箭头，如图 6.30（b）所示。

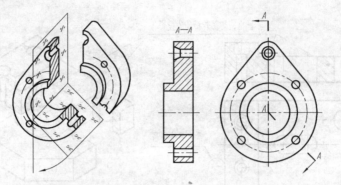

（a）旋转剖的形成　　　　　　（b）旋转剖视图及其标注

图 6.29　旋转剖的形成、剖视图及其标注

（3）旋转剖的剖切和绘图应注意的问题。

① 剖切符号必须在机件公共旋转轴处转折，如图 6.29（b）和图 6.30（b）所示。

② 形成的视图中，旋转部分的视图可能不符合投影关系，如图 6.30（b）和图 6.31 所示。绘图时，旋转部分结构尺寸的确定方法如图 6.30 所示。

③ 位于斜切面后方的其他结构一般仍按原位置的投影关系投影，如图 6.30（b）中的小孔、图 6.32 中的凸台。

④ 与旋转部分相关的结构，应与斜切面一起旋转后进行投影，如图 6.30（b）中的肋板、图 6.33 中所示的螺纹孔。

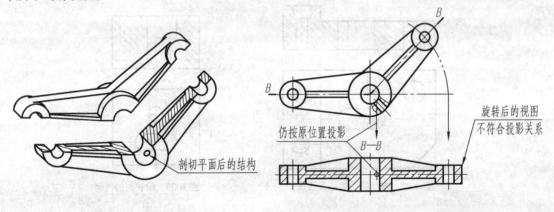

（a）剖切平面后方的结构　　　　　　　　（b）斜切面后的结构符合投影关系，
　　　　　　　　　　　　　　　　　　　　　　被旋转的结构不符合投影关系

图 6.30　旋转剖应注意的问题

图 6.31　旋转剖示例 1

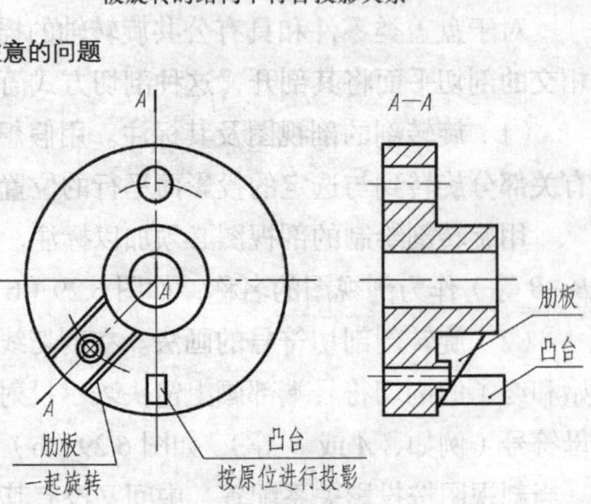

图 6.32　旋转剖示例 2

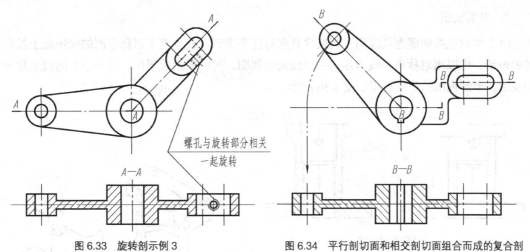

图 6.33 旋转剖示例 3	图 6.34 平行剖切面和相交剖切面组合而成的复合剖

*4. 组合的剖切平面

平行剖切面和相交剖切面组合而成的剖切方式（见图 6.34）、三个及三个以上相交剖切面构成的剖切方式（见图 6.35）简称为复合剖。

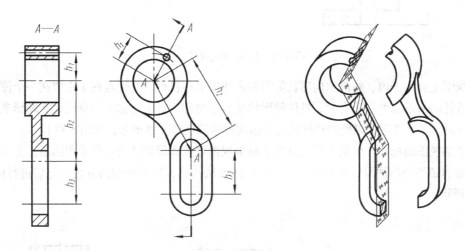

图 6.35 由三个相交剖切面剖切而成的复合剖

复合剖剖视图的形成和画法：用多个剖切面进行剖切时，应将各个剖切面旋转展开后进行投影，斜切面上各结构位置尺寸的确定如图 6.35 所示。

6.2.3 剖视图的种类

剖视图有全剖视图、半剖视图和局部剖视图三种。

1. 全剖视图

用剖切面（一个或几个）将机件完全剖开后，形成的剖视图称为全剖视图。前述所有剖视图例均为全剖视图。

全剖视图一般用于表达内部形状复杂的不对称机件和外形简单的对称机件；对于某些内外部形状都比较复杂而又不对称的机件，可用全剖视图表达它的内部结构，再用视图表达它的外形。

2. 半剖视图

（1）半剖视图的概念及应用。当机件具有对称平面时，在垂直于对称平面的投影面上投射所得的投影，可以用对称中心线为界，一半画成剖视图，另一半画成视图，这种组合的视图称为半剖视图。半剖视图的形成过程如图 6.36 所示。

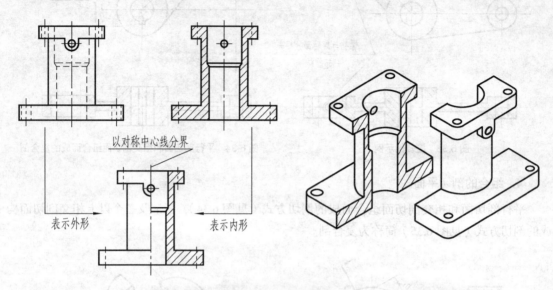

图 6.36　半剖视图的形成

半剖视图主要用于内、外部结构形状都需要表达的对称机件，其优点在于它能在一个图形中同时反映机件的内形和外形。有时，机件的形状接近于对称，且不对称的部分已另有图形表达清楚时，也可画成半剖视图，以便将机件的内外结构形状简明地表达出来，如图 6.37 所示。

（2）半剖视图的标注。半剖视图只是为了减少视图数量和简化画图步骤采用的表达方式，其视图名称和剖切符号的注写方法与单一全剖的标注方法相同，决不可按四分之一剖切进行标注，如图 6.38 所示。

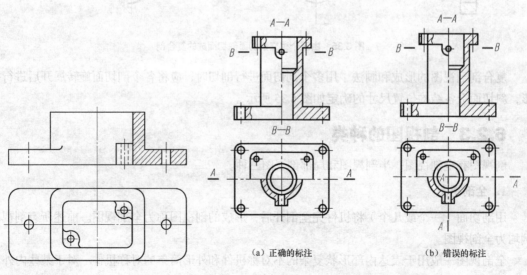

（a）正确的标注　　　　（b）错误的标注

图 6.37　基本对称机件的半剖视图　　　图 6.38　半剖视图剖切符号的标注

（3）画半剖视图应注意以下几个方面。

① 半剖视图的视图部分，不应再绘制已在剖视部分表达清楚的对称结构的虚线，剖视部分未能表达出来的内孔结构，可在视图部分作局部剖视图，如图 6.38（a）的主视图所示。

② 半剖视图中，视图与剖视图的分界线一定是点画线，当机件在对称中心处有轮廓线时，不宜采用半剖视图进行表达，如图 6.39 所示。

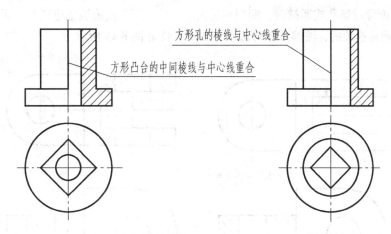

图 6.39　在对称中心处有棱线的机件不宜采用半剖视图

3. 局部剖视图

（1）局部剖视图的形成和画法。用剖切平面局部地剖切机件后，假想用打断的方法将剖切的部分移去，再进行投影，形成的剖视图称为局部剖视图，如图 6.40 所示。局部剖视图在表达机件主要外部结构的同时，也表达了局部孔槽的内部结构，是一种很灵活的表示方法。

绘制局部剖视图时，剖切平面的位置与剖切范围应根据机件的需要而定，剖开部分与原视图的分界线用波浪线绘制。

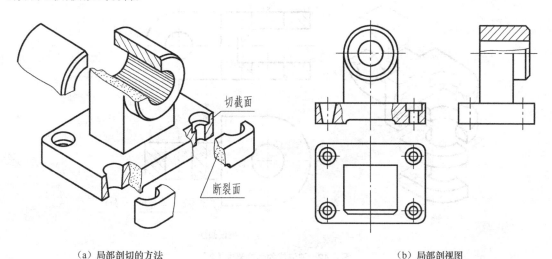

（a）局部剖切的方法　　　　　　　　　　　　　　　　（b）局部剖视图

图 6.40　局部剖视图的形成

波浪线的画法要求：

① 为不致引起误会，波浪线不可与轮廓线重合（或用轮廓线代替），波浪线的起止点也不可与轮廓线的端点重合，如图 6.41 所示。

② 波浪线表示机件断裂处边界线的投影，因而波浪线不应超出机件的实体部分，即不能超出视图的轮廓线，如图 6.42 所示。

③ 当断裂面穿过通孔或通槽时，断裂面是被断开的，所以波浪线也应断开；而当断裂面穿过盲孔时，断裂面是连续的，波浪线不可漏画，如图 6.42 和图 6.43 所示。

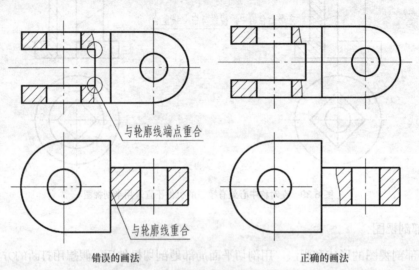

图 6.41　波浪线的画法要求（1）

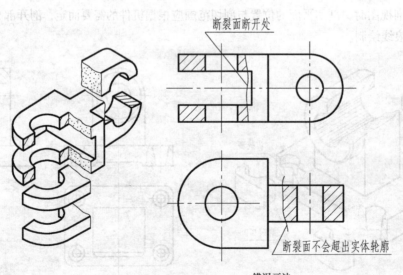

图 6.42　波浪线的画法要求（2）

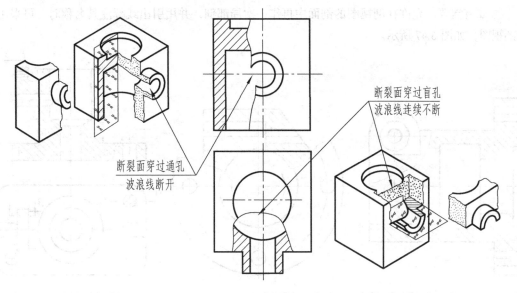

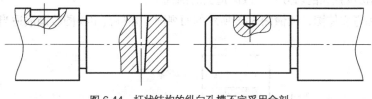

图 6.43　波浪线的画法要求（3）

（2）局部剖视图的标注。局部剖视图的剖切位置比较明显时，一般不需标注。

（3）局部剖视图的应用。

① 只需表达机件上局部结构的内部形状，不必或不宜采用全剖视图时，可采用局部剖视图，如图 6.44 所示。

② 对称的机件，其图形的对称中心线正好与轮廓线重合时，也不宜采用半剖视图，可采用局部剖视图，如图 6.45 所示。

图 6.44　杆状结构的纵向孔槽不宜采用全剖

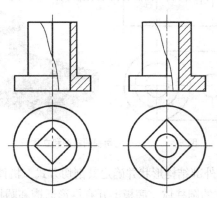

图 6.45　机件中心线与轮廓线重合时，可采用局部剖视图

③ 不对称的机件，既需表达其内部形状，又需保留局部外形时，可采用局部剖视图，如图 6.46 所示。

④ 如有需要，允许在剖视图的剖面中再作一次局部剖，并用引出线标注其名称时，可采用局部剖视图，如图 6.47 所示。

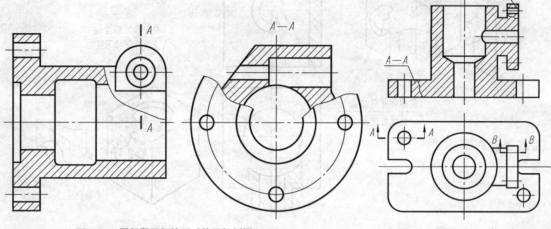

图 6.46　需保留局部外形时的局部剖视图　　　　　　　　图 6.47　剖视图中再作一次局部剖

6.2.4　剖视图的画法步骤

1. 将视图改画成适当的剖视图

改画步骤：

（1）读懂视图，了解机件上各个孔、槽的位置、方位和形状。

（2）确定剖切位置和剖切方式，绘制剖切符号（可省略标注的不必绘制剖切符号）。

（3）根据剖切位置和剖切方式，改画适当的剖视图。

【例 6.3】　参考立体图，读懂图 6.48 所示的两视图，并将其主视图改画成适当的剖视图。

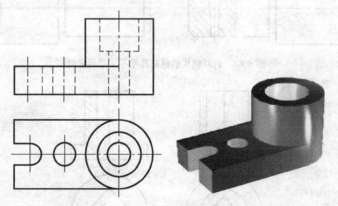

图 6.48　例 6.3 的两视图视图和立体图

① 读视图，分析机件的内外部结构形状并确定其剖切方式。机件由上下两部分组成：底板（底板的形状为拱形板）和右上方的圆柱体。底板上开有拱形通槽和圆柱通孔，圆柱体内有一沉孔和圆柱通孔。各孔的中心轴线位于同一平面内。分析可知，该机件的主视图应绘制成单一的全剖视图。

② 绘制剖视图的步骤如表 6.2 所示。

表 6.2　　　　　　　　　　　　例 6.3 的读图及绘图剖视图的步骤

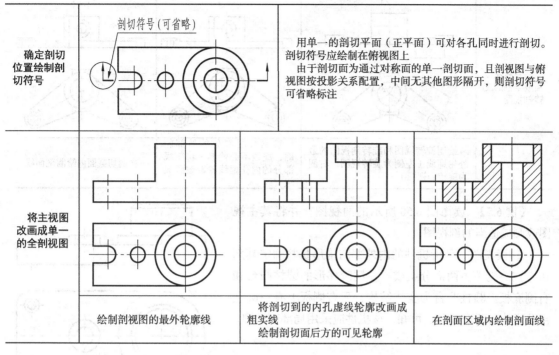

确定剖切位置绘制剖切符号	剖切符号（可省略） 用单一的剖切平面（正平面）可对各孔同时进行剖切。剖切符号应绘制在俯视图上 由于剖切面为通过对称面的单一剖切面，且剖视图与俯视图按投影关系配置，中间无其他图形隔开，则剖切符号可省略标注		
将主视图改画成单一的全剖视图			
	绘制剖视图的最外轮廓线	将剖切到的内孔虚线轮廓改画成粗实线 绘制剖切面后方的可见轮廓	在剖面区域内绘制剖面线

【例 6.4】　读懂图 6.49 所示的两视图，并将其主视图改画成适当的剖视图。

① 读视图，分析机件的内外部结构形状并确定其剖切方式。机件由五部分组成：圆柱筒、前后两个小圆柱筒凸台、左右对称分布的两个斜侧摇臂。机件为具有公共旋转轴的摇臂类零件，且左右对称。要表达机件上各孔的内部形状，可选用旋转剖的半剖视图（左侧用旋转视图表示机件的外部结构，右侧用旋转剖视图表达内孔结构）。

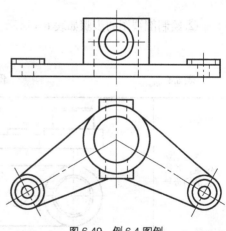

图 6.49　例 6.4 图例

② 绘制剖视图的步骤如表 6.3 所示。

表 6.3　　　　　　　　　　　　例 6.4 的读图及绘图剖视图的步骤

确定剖切位置，绘制剖切符号	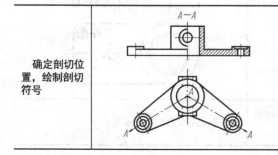 用两相交的剖切面对机件进行剖切，旋转剖时，必须绘制剖切符号，剖切符号应绘制在俯视图上 由于剖视图与俯视图按投影关系配置，中间无其他图形隔开，剖切符号中的箭头可省略

续表

将主视图改画成半剖的旋转剖视图	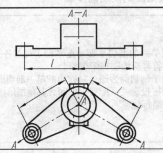	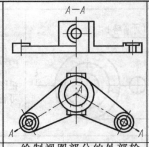	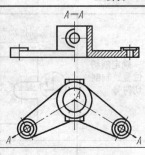
	绘制旋转视图和旋转剖视图的最外轮廓线（左侧为旋转视图，右侧为旋转剖视图）	绘制视图部分的外部轮廓，虚线不必绘制；将剖视部分的内孔虚线轮廓改画成粗实线	在剖切截面内绘制剖面线

【例 6.5】　读懂图 6.50 所示的两视图，并将其主视图改画成适当的剖视图。

① 读视图，分析机件的内外部结构形状并确定其剖切方式。机件由两部分组成：左侧阶梯形的圆柱凸台和右侧底板。圆柱凸台为实体结构，而右侧板上有一圆柱台及通孔和两个沉孔。可知，该机件应采用局部剖视图。

② 绘制剖视图的步骤如表 6.4 所示。

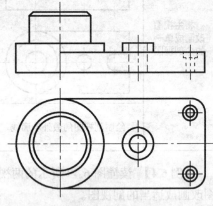

图 6.50　例 6.5 图例

表 6.4　　　　　　　　　　　　例 6.5 的读图及绘图剖视图的步骤

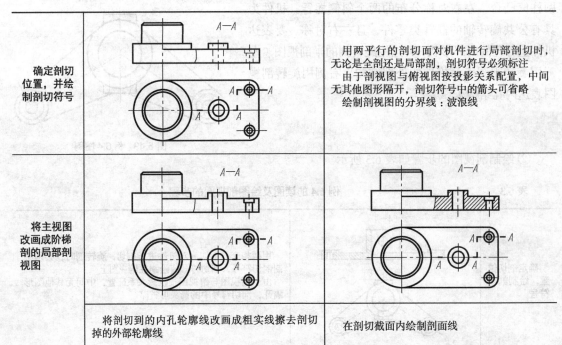

确定剖切位置，并绘制剖切符号		用两平行的剖切面对机件进行局部剖切时，无论是全剖还是局部剖，剖切符号必须标注 由于剖视图与俯视图按投影关系配置，中间无其他图形隔开，剖切符号中的箭头可省略 绘制剖视图的分界线：波浪线
将主视图改画成阶梯剖的局部剖视图		
	将剖切到的内孔轮廓线改画成粗实线擦去剖切掉的外部轮廓线	在剖切截面内绘制剖面线

2．根据轴测图画剖视图

【**例 6.6**】 图 6.51 所示为机件的组图（轴测图、三视图），用适当的剖视图表达此机件。

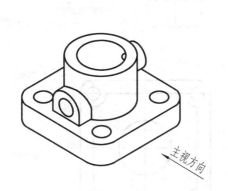
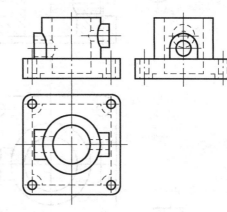

图 6.51　例 6.6 机件的组图

形体分析并确定表达方案：

　　机件中心通孔与两凸台上小孔的中心线共面，其主视图可采用单一全剖视图，主要表达主体中心孔与两小孔的内部结构；机件左右侧凸台，分别采用局部视图；俯视图采用基本视图主要表达各部分结构前后、左右的排布状况；仰视图表达底部凹槽的位置和形状；一个局部的剖视图反映底板上四个小孔的内部结构。

绘制图样的步骤：

　　（1）绘制俯视图和主视图的最外轮廓线，如图 6.52 所示。

　　（2）绘制主视图中剖面区域轮廓，以及可剖切面后方的轮廓线，并在剖面区域内绘制剖面符号，如图 6.53 所示。

　　（3）完成左右局部视图、仰视图以及小孔的局部剖视图，如图 6.54 所示。

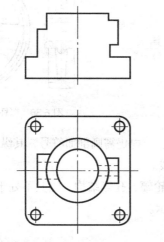
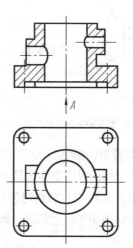

图 6.52　绘制俯视图和主视图的最外轮廓线　　　图 6.53　绘制内孔、槽结构及剖面线

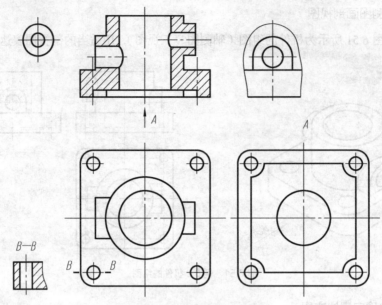

图 6.54 绘制局部视图及仰视图

6.2.5 剖视图的规定画法

（1）对于机件中的杆状结构和板状结构，沿纵向剖切时，在其剖切截面内不得画剖面符号，只需用粗实线将其与相邻结构分开，如图 6.55 和图 6.56 所示。

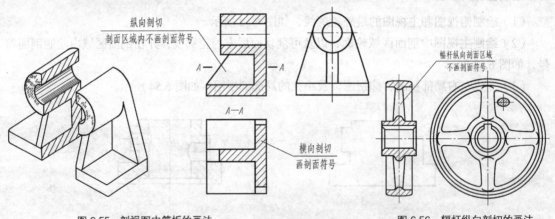

图 6.55 剖视图中筋板的画法   图 6.56 辐杆纵向剖切的画法

由图 6.55 可以看出，图中板状结构的横向剖面区域内仍需画剖面符号，其纵向剖面区域内不应画剖面线；杆状结构的纵向剖面区域内不画剖面线。

（2）回转体机件上绕中心轴线均匀分布的肋、轮辐、孔等结构，当其不处于剖切平面上时，可将这些结构旋转到剖切平面上画出，如图 6.57 所示。

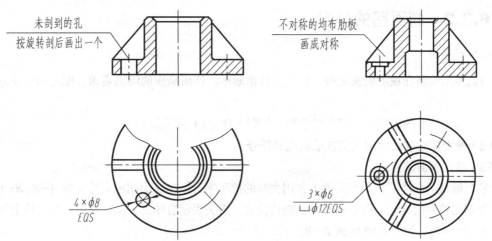

未剖到的孔
按旋转剖后画出一个

不对称的均布肋板
画成对称

4×φ8
EQS

3×φ6
⊔φ12EQS

图 6.57 回转体机件上均布结构的规定画法

6.3 断面图（GB/T 4458.6—2002）

6.3.1 断面图的形成和画法

1. 断面图的形成

假想用剖切面将物体的某处切断，仅画出剖切面与物体接触部分的图形，此图形称为断面图，简称断面，如图 6.58 所示。

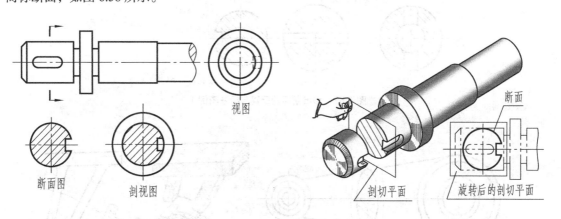

视图

断面图

剖视图

断面

剖切平面

旋转后的剖切平面

（a）视图、剖视图与断面图的比较   （b）断面图的形成及画法

图 6.58 断面图的形成及其与视图、剖视图的比较

2. 断面图的画法

用垂直于结构要素中心线的剖切面进行剖切后，将断面图形旋转 90°，使其与纸面重合即得。断面图上各部分结构的位置和尺寸与视图的尺寸关系如图 6.58（b）所示。

6.3.2 断面图的种类

1. 移出断面

将断面图绘制在视图轮廓之外，称之为移出断面。移出断面的绘图要求、配置和标注方法如下。

（1）移出断面的轮廓线用粗实线绘制，如图 6.58（a）所示。

（2）断面图轮廓线内用细实线绘制剖面符号。

（3）移出断面的标注。

① 断面图的标注。在断面图的上方用大写的拉丁字母标出断面图的名称（如 $A—A$、$B—B$…）。

② 剖切符号的标注。粗短画线表示剖切位置，箭头表示看图的方向，在符号旁边注上与图形名称相应的字母，如图 6.59 中的 $B—B$。

（4）移出断面的配置。移出断面应尽量配置在剖切符号或剖切平面迹线(剖切线)的延长线上，也可画在其他适当位置，如图 6.59 所示。

对称的移出断面也可配置在视图的中断处，如图 6.60 所示。

由两个或多个相交的切平面剖切后所得的断面图，一般应断开绘制，并配置在某一剖切线的延长线上，如图 6.61 所示。

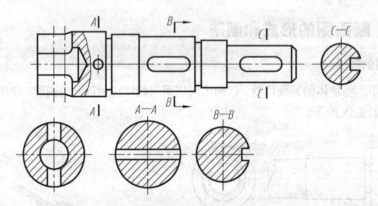

图 6.59　移出断面的配置与标注图例 1

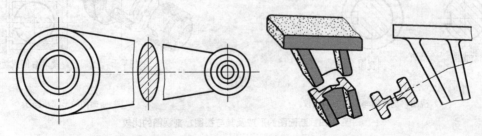

图 6.60　移出断面的配置与标注图例 2　　　图 6.61　移出断面的配置与标注图例 3

（5）断面图的省略标注。

① 当断面图配置在剖切符号或剖切平面迹线的延长线上时，其剖切符号上的字母及断面图上的名称均可省略，如图 6.58（a）所示。

② 当断面图为对称图形时，剖切符号中的箭头可省略不画，如图 6.59 中的 *A—A*。

③ 当不对称的断面图与视图之间按投影关系配置时，也可省略箭头，如图 6.59 中的 *C—C*。

④ 对称的断面图，当其配置在剖切符号的延长线上时，剖切符号可用剖切线（细点画线）代替，箭头字母及图形名称均可省略，如图 6.59 中未注名称的断面图。

（6）按剖视图要求绘制的移出断面。

① 当剖切平面通过由回转面形成的孔或凹坑的轴线时，这些结构应按剖视图绘制，如图 6.62 所示。

② 当剖切平面通过非圆孔，会导致出现完全分离的两个断面时，这些结构也应按剖视图绘制，如图 6.63 所示。

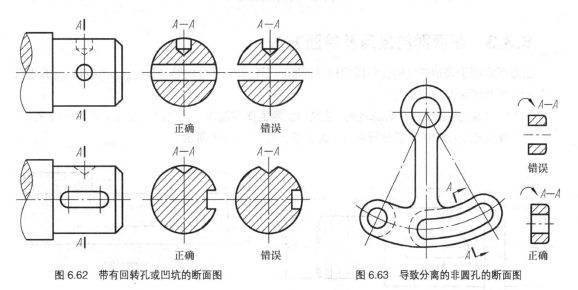

图 6.62　带有回转孔或凹坑的断面图　　　　图 6.63　导致分离的非圆孔的断面图

2. 重合断面

画在视图轮廓线内的断面，称为重合断面，如图 6.64 所示。重合断面的绘图要求和标注方法如下。

（1）重合断面的轮廓线用细实线绘制，如图 6.64 所示。

（2）断面图的轮廓内也用细实线绘制剖面符号。

（3）当视图中的轮廓线与重合断面的图线重叠时，视图中的轮廓线仍需完整、连续地画出不可间断，如图 6.64（b）所示。

（4）重合断面的标注。

① 对称的重合断面不必标注剖切符号，如图 6.64（a）所示。

② 不对称的重合断面，应标注剖切符号和箭头，如图 6.64（b）所示。

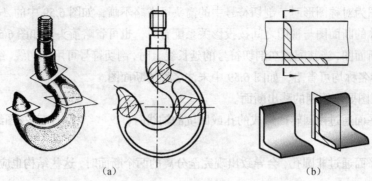

图 6.64　重合断面图例

6.3.3　断面图的应用及绘图方法

断面图常用于表达杆状构件和板状构件的断面形状和各部分的结构尺寸。绘制断面图的要点是分析和判断断面形状和结构尺寸。

（1）已知轴上键槽的宽度和深度时，绘制出的断面图与视图中相关尺寸的关系如图 6.65 所示。

（2）连接板断面图的形状分析及尺寸的分析方法如图 6.66 所示。

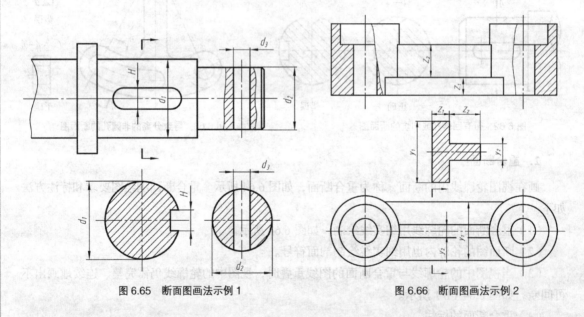

图 6.65　断面图画法示例 1　　　　　　　　　　图 6.66　断面图画法示例 2

6.4　其他表达方法

为使图形清晰和便于画图，制图标准中还规定了局部放大图和简化画法，供确定表达方案时选用。

6.4.1　局部放大图

机件上有些细小结构，在视图中难以清晰地表达，同时也不便于标注尺寸。对于这种细小结

构，可用大于原视图所采用的比例进行画图，并将它们放置在图纸的适当位置。用这种方法画出来的图形称为局部放大图，如图 6.67 所示。

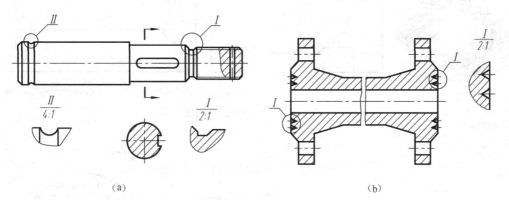

（a）　　　　　　　　　　　　　　　（b）

图 6.67　局部放大图示例

1．局部放大图的表达方法

局部放大图可以根据需要画成视图、剖视和断面图，它与被放大部位原来的表达方法无关。例如，图 6.67（a）中的 I、II 两个局部结构，在主视图上均为基本视图，而局部放大图中 I 为局部剖视图，II 为局部视图。

2．局部放大图的配置

局部放大图应尽量配置在被放大部位的附近。

3．局部放大图的标注

（1）在放大部位用细实线圈出，再用指引线注上罗马数字，如果同一零件上有几处被放大的部分时，必须用罗马数字依次标明被放大的部位。在局部放大图的上方标注出相应的罗马数字和所采用的比例。标注图例如图 6.67 所示。

（2）当零件上被放大的部位仅一个时，用细实现圈出的放大部位和局部放大图的上方都不必注写罗马数字。

（3）同一零件上不同部位具有相同的细小结构时，可用分别用细实线圈出，标注同样的罗马数字，局部放大图只需画出一个，如图 6.67（b）所示。

4．局部放大图的比例

局部放大图的比例是该图形中线性尺寸与相应要素的实际尺寸之比，与原视图所采用的比例无关。

6.4.2　简化画法（GB/T 16675.1—1996）

为提高识图和绘图效率，增加图样的清晰度，简化绘图要求，国家标准《技术制图》规定了技术图样中的简化画法。简化必须保证不致引起误解和不会产生理解的多意性。

1．相同结构要素的简化画法

机件上相同结构（齿、槽、孔），按一定规律分布时，只需画出几个完整的结构，其余用细实线连接或画出中心线位置，但在图上应注明该结构的总数，如图 6.68 和图 6.69 所示。

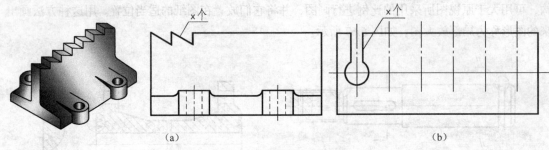

(a)   (b)

图 6.68 相同结构的简化画法

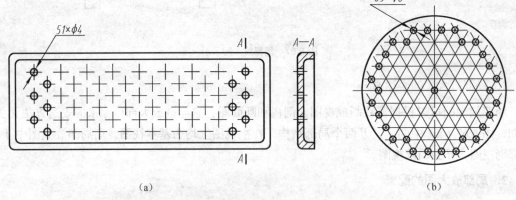

(a)   (b)

图 6.69 相同小孔的简化画法

2．较小结构的简化画法

对于机件上较小的结构要素，若已由其他图形表达清楚，且又不影响读图时，可不按投影而是简化画出或省略。

图 6.70 所示为当机件上较小的结构及斜度已在一个图形中表达清楚时，其他图形应简化或省略；

图 6.70（a）所示为较小结构相贯线的简化画法；

图 6.71 所示为与投影面的倾斜角度小于或等于 30° 的圆或圆弧，其投影图的椭圆或椭圆弧可用圆或圆弧代替。

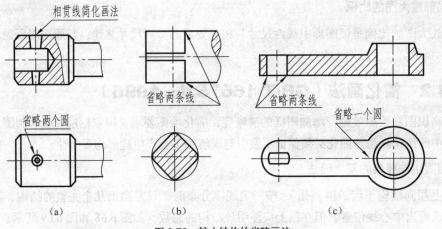

相贯线简化画法

省略两条线   省略两条线

省略两个圆   省略一个圆

(a)   (b)   (c)

图 6.70 较小结构的省略画法

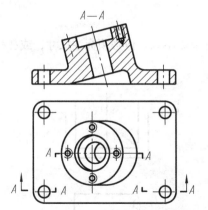

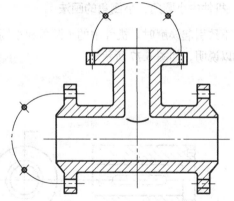

图 6.71　小于 30° 斜面上的圆或圆弧的简化画法　　　图 6.72　圆柱形法兰均布孔的简化画法

3. 圆柱形法兰上均布孔的简化画法

如图 6.72 所示画法，可节省两个图形。

4. 较长机件的简化画法

当轴、杆、型材、连杆等机件延长度方向的形状一致或按一定规律变化时，可断开后缩短绘制，其总长尺寸应按实际长度标注，如图 6.73 所示。

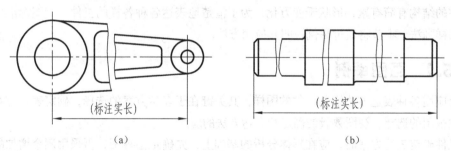

（标注实长）　　　　　　　　　　　　　　（标注实长）

（a）　　　　　　　　　　　　　　　　　　（b）

图 6.73　断开缩短画法

5. 用平面符号表示平面

当图形不能充分表示平面时，可用平面符号（相交细实线）表示，如图 6.74 所示。机件上的滚花部分，可在轮廓线附近用细实线示意画出，如图 6.75 所示。

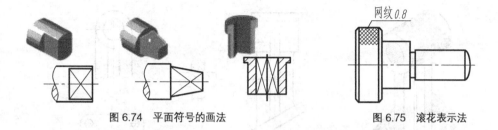

网纹0.8

图 6.74　平面符号的画法　　　　　　　　　图 6.75　滚花表示法

6. 剖切面前侧的结构表示法

在需要表示剖切平面前的结构时，这些结构按假想投影的轮廓（用细双点画线）绘制，如图 6.76 所示。

7．机件中小圆角、小倒角的画法

在不致引起误解时。机件中的小圆角和小倒角允许省略不画，但必须标注尺寸，或在技术要求中加以说明，如图 6.77 所示。

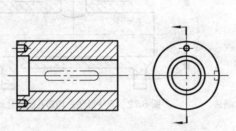

图 6.76　剖切面前侧结构的画法

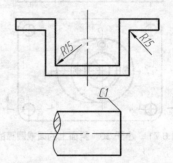

图 6.77　小倒角、小圆角的画法

6.5　图样画法的综合应用

机件的结构有简有繁，形状千变万化，为了清楚地表达各种各样的机件，制图标准中规定了十多种图样画法。本节将通过举例说明其应用方法。

6.5.1　画图举例

综合应用各种表达方法绘制机件的图样，其关键在于表达方案的选择，确定表达方案的内容包括：主视图的选择、视图数量的确定和表达方法的应用。

为机件确定表达方案时，应在形体分析的基础上，先确定主视图，再采用逐个增加的方法选择其他视图。每个视图都有其特定的表达内容，既要突出其各自的表达重点，又要兼顾视图间相互配合、彼此互补的关系；既要防止视图数量过多、表达松散的毛病，又要避免将表达方法过多地集中在一个视图上，一味地追求减少视图数量致使看图者费解。只有经过反复推敲、认真比较，才能最终确定出一组"表达完整、搭配适当、图形清晰、利于看图"的表达方案。

【**例 6.7**】　为图 6.78（a）所示的机件确定表达方案。

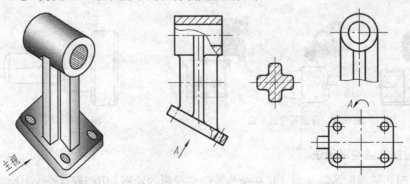

（a）机件的直观图和主视图方向　　　　　　（b）表达方案

图 6.78　例 6.7 的图例及表达方案

（1）形体分析。机件由三部分组成：圆柱筒、带圆孔的斜板及十字连接板。

（2）分析机件的内外部结构形状确定主视图的方向和表达方法。为避免绘制斜板的斜面投影（不反映实形），选择图 6.78（a）所示的方向为主视图方向；主视图采用局部剖，不仅反映了三个组成部分的外部形状和上下、左右的位置关系，表达了斜板的左侧面实形和斜板的倾斜方向和倾斜角度，又表达了圆柱筒的内孔和斜板上小孔的内部结构（贯通的光孔）。

（3）选择其他视图。

① 圆柱筒与十字连接板的前后位置关系及连接情况采用局部的左视图表达，避免了绘制斜板的视图（不反映实形）。

② 斜板的实形及其小孔的排布情况用局部的斜视图（旋转）表示，图中局部断开的连接板，可用于表达斜板与十字连接板的前后位置关系。

③ 十字连接板的断面形状可增加一个移出断面进行表达。

（4）方案的特点分析。如图 6.78（b）所示，虽然图形数量较多（四个图形），但图形简单易于绘制；每个视图都有其表达的重点，表达完整，利于看图；应用了适当的表达方法（局部剖、移出断面、局部视图），图样中避免了虚线轮廓，使图形清晰、简洁。

【例6.8】 为图 6.79（b）所示的机件确定表达方案。

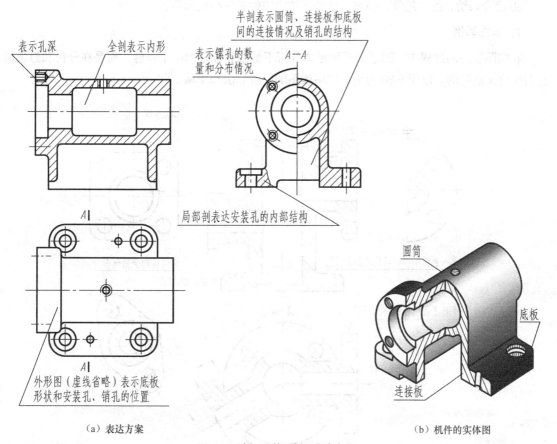

图 6.79　例 6.8 的图例及表达方案

确定出的表达方案如图 6.79（a）所示，各视图的表达方法和表达的内容如图中所注。

6.5.2 读图举例

识读一组图样，根据各视图的表达方法及其表达的内容想象出机件的内外部结构，最后综合想象出机件的整体形状。

1. 读图的方法。

（1）图形分析。

① 根据图样的图形数量和图形的复杂程度，初步了解机件的复杂程度。

② 找出主视图，确定其表达方法，如果是剖视图，应确定其剖切方法并找到其剖切位置。

③ 根据其他视图的位置和名称确定其与主视图的关系，分析哪些是视图、剖视图和断面图，确定其投射方向、剖切方法和剖切位置，并明确相关视图之间的投影关系。

（2）形体分析。

① 从主视图入手，用形体分析法将物体分解成若干个基本形体。

② 根据主视图的表达方法，确定出各个基本形体的相对位置关系和内、外部结构特点。

③ 结合其他视图，将主视图未能表达出来的各基本体的内、外部结构形状和位置关系进行进一步的分析。

④ 综合归纳，组合想象，想出机件外部和内部的整体结构形状。

2. 读图举例

在实际读图的过程中，图形分析和形体分析不是截然分开的两个步骤，而是在分析和想象的过程中交叉进行的。以图 6.80 为例，说明读图的一般方法和步骤。

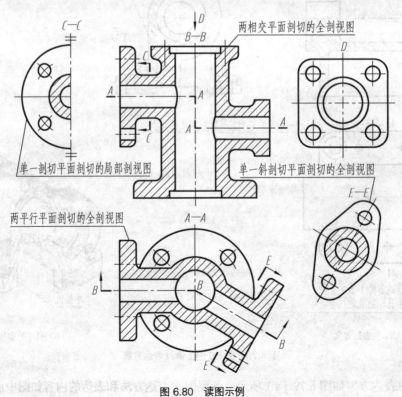

图 6.80 读图示例

（1）概括了解。根据视图的数量和图形的繁、简程度，初步认识机件的复杂程度。图 6.80 所示图样中，选用了五个图形，其中有四个全剖视图：*B—B*（主视：旋转剖）、*A—A*（俯视：阶梯剖）、*C—C*（右视：单一剖）、*E—E*（斜剖）和一个局部的向视图 *D*。视图的数量和种类较多，但是，各部分结构及其连接方式较为简单，图形轮廓又很规整、清晰，所以，机件并不十分复杂。

（2）围绕主视图和俯视图进行图形分析和形体分析。

① 由主视图和俯视图可以看出：机件的主管筒上下各有一个凸缘（连接板）；主管筒的正左侧偏上有一正交（垂直相交）的小管筒，其端面处也有一个凸缘；主管的右前方偏下也有一个正交的带有端面凸缘的小管筒；三个管筒的内孔相互贯通；主管内孔的上、下端口处各有一个沉孔。

主视图和俯视图将机件主体结构的组成情况及各部分的相对位置、连接关系表达得比较清楚，在俯视图（*A—A*）中还表达了主管筒下部凸缘的形状和四个圆孔的排布情况；两个视图中未能表达清楚的是另外三个凸缘的形状及其上小孔的排布情况。

② 由其他几个视图的名称和相对应的剖切位置及投影方向，结合主视图和俯视图可以看出：*C—C* 视图表达了左侧凸缘的形状和小孔的排布情况；向视图 *D* 表达了上部凸缘的形状和小孔的排布情况；*E—E* 视图表达了右、前侧凸缘的形状和小孔的排布情况。

至此，已经将整个机件的基本组成、各部分的相对位置和内外部结构形状分析得完整、清晰。

（3）综合归纳，想象整体。通过以上分析，将分散想象出的各部分结构形状及它们之间的相对位置和连接形式加以综合，进而想象出的机件整体形象如图 6.81 所示。

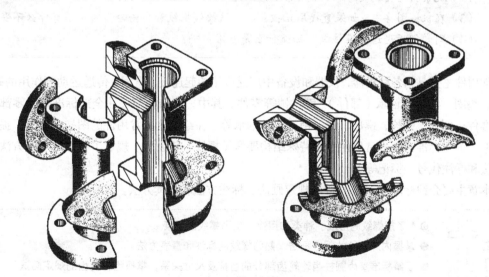

图 6.81　图 6.80 所示图样的实体图形

第7章

标准件、常用件及其规定画法

（1）想想生活中哪些产品中有螺纹？螺纹的形状都有哪些？

（2）观察齿轮轮齿的形状，同学们知道轮齿侧面是什么形状吗？

（3）在机械图样中，如果直接用正投影的方法绘制螺纹和齿轮轮齿的视图有什么不妥？

（4）同学们听说过标准件吗？知道什么是标准件吗？

常用件主要是指各种机器、仪器和设备中广泛应用的起连接、紧固、传递运动等作用的螺栓、螺母、垫圈、齿轮、轴承（部件）、键、销等零件。其中，将结构与尺寸全部标准化的零部件称为标准件，例如，螺栓、螺母、键、销、滚动轴承等。在绘制这些常用件的图样时，为了提高绘图效率，国家标准对几种常用件上的特殊结构要素（螺纹、轮齿等）规定了特殊的表达方法（包括画法和标注代号、标记等）。

本章主要介绍标准件、常用件的规定画法、标注方法和识读方法。

学习目标
- ●*了解螺纹的形成、种类和用途，熟悉螺纹的要素
- ●掌握内外螺纹的规定画法，熟悉螺纹的标注和查表方法
- ●了解标准直齿圆柱齿轮轮齿部分的名称及尺寸关系，掌握齿轮轮齿的规定画法
- ●了解键、销的标记和查表方法
- ●了解常用滚动轴承的类型、代号及其规定画法和简化画法
- ●能识读弹簧的规定画法

7.1 螺纹的画法及标注

螺纹是零件上常见的结构，主要用于连接和传动。所以，螺纹分为外螺纹和内螺纹两种，成对使用。在圆柱或圆锥外表面上形成的螺纹称外螺纹；在圆柱或圆锥内孔表面上加工的螺纹称内螺纹。

*7.1.1　螺纹的形成

螺纹是根据螺旋线原理加工而成的。图7.1所示为车床上加工内螺纹和外螺纹的情况：圆柱形工件作等速旋转，车刀则与工件表面接触并作等速的轴向移动，刀尖相对工件即形成螺旋运动。

根据刀刃的形状不同，在工件表面切去部分的截面形状也不同，所得到的螺纹类型亦不同。

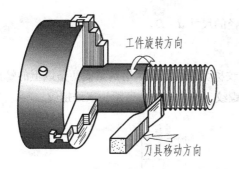
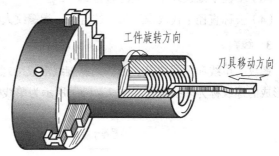

（a）车外螺纹　　　　　　　　　　　（b）车内螺纹

图7.1　车床加工螺纹的方法

*7.1.2　螺纹的结构要素

螺纹的结构要素有：牙型、直径、线数、螺距和旋向。内外螺纹连接时，以上五要素必须相同才能正确旋合，如图7.2所示。

1. 牙型

在车螺纹时，刀刃的形状不同，车出的螺纹轴向剖面形状则不同，其作用也不同。在通过螺纹轴线的剖面上，螺纹的轮廓形状称为牙型。图7.3所示为常用标准螺纹的牙型。

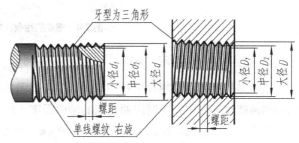

图7.2　螺纹的结构要素

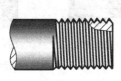
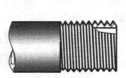

（a）普通螺纹　　　　　　　　　　　（b）管螺纹

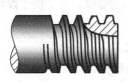

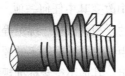

（c）梯形螺纹　　　　　　　　　　　（d）锯齿形螺纹

图7.3　常用标准螺纹的牙型

2. 直径

如图 7.2 所示，螺纹的直径有大径、小径和中径。

（1）大径：外螺纹的牙顶直径 d；内螺纹的牙底直径 D。

（2）小径：外螺纹的牙底直径 d_1；内螺纹的牙顶直径 D_1。

（3）中径：螺纹牙中点处的直径 d_2、D_2。

（4）公称直径：代表螺纹尺寸的直径，指螺纹大径的尺寸 d、D。

3. 线数 n

螺纹有单线和多线之分。沿一条螺旋线形成的螺纹称为单线螺纹；沿两条或两条以上的螺旋线形成的螺纹称为多线螺纹。图 7.4（a）所示为单线螺纹，图 7.4（b）所示为双线螺纹。

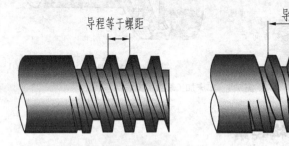

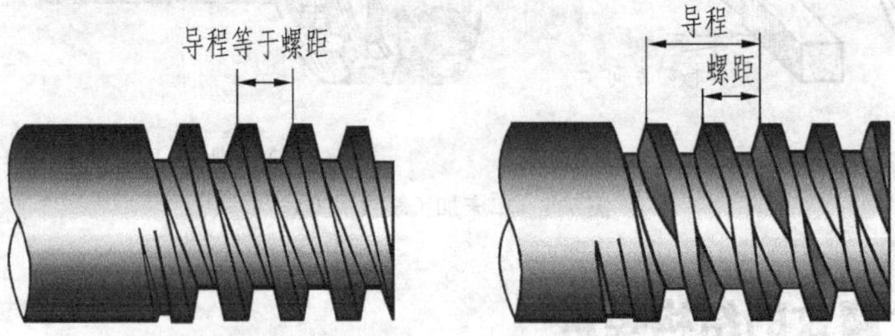

（a）单线螺纹   （b）双线螺纹

图 7.4 螺纹的线数、螺距和导程

4. 螺距（P）和导程（Ph）

螺距是指相邻两个螺纹牙在中径上对应两点间的轴向距离（P），导程是指在同一条螺旋线上的相邻两螺纹牙在中径上对应两点间的轴向距离（Ph）。

螺距、导程、线数的关系是：$Ph=P\times n$。单线螺纹：$Ph=P$。

5. 旋向

螺纹分右旋和左旋，顺时针旋入的螺纹为右旋螺纹，逆时针旋入的螺纹为左旋螺纹。

螺纹旋向的判定方法：将外螺纹轴线竖直放置，螺纹牙右高左低者为右旋螺纹；左高右低者为左旋螺纹，如图 7.5 所示。右旋螺纹最为常用。

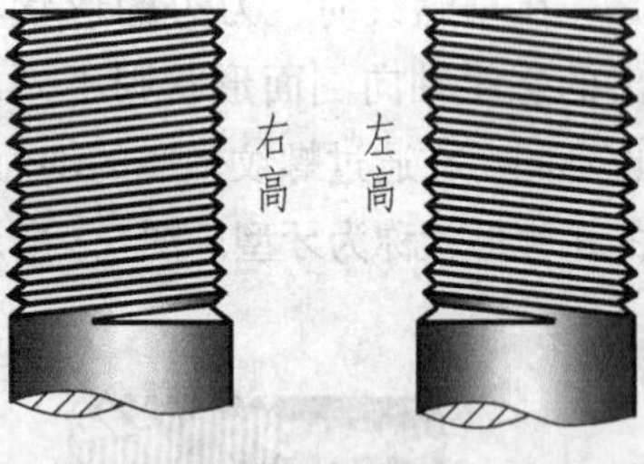

（a）右旋螺纹   （b）左旋螺纹

图 7.5 螺纹的旋向

6. 标准螺纹、特殊螺纹、非标准螺纹

螺纹的五项基本要素中改变其中任何一项，就会得到不同规格的螺纹，为了便于设计、制造与选用，国家标准对螺纹的牙型、大径、螺距等都作了规定。

（1）牙型、大径和螺距都符合标准规定的螺纹，称为标准螺纹。

（2）牙型符合标准规定，其他不符合标准规定的螺纹，称为特殊螺纹。

（3）牙型不符合标准规定的螺纹称为非标准螺纹。

7.1.3 螺纹的规定画法

为了简便画图，螺纹一般不按真实投影作图，而是按国标规定的画法绘制，即：将螺纹牙的牙顶和牙底看做两个圆柱面，根据规定的线型和要求绘图。

1. 外螺纹的规定画法

外螺纹的规定画法如图 7.6 所示。

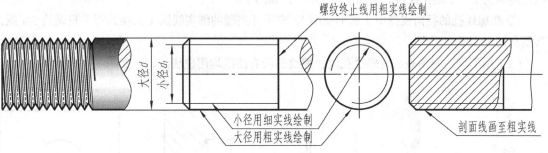

图 7.6　外螺纹的规定画法

（1）外螺纹牙顶圆的投影用粗实线表示，牙底圆的投影用细实线表示，绘图时，牙底圆的直径可取为牙顶圆直径的 0.85 倍（牙顶圆直径为公称直径）。

（2）在螺杆的轴向视图（非圆视图）中，端面上的倒角或倒圆部分也应画出；牙底圆的细实线应画到与倒角最外轮廓相交为止；螺纹的终止线用粗实线绘制，在剖视图中只需绘制牙顶到牙底之间的一小段终止线。

（3）在螺杆的径向视图（圆形视图）中，表示牙底圆的细实线圆只画约 3/4 圈，此时，不画出螺杆或螺孔上的倒角投影。

2. 内螺纹的规定画法

内螺纹分通孔螺纹和不通孔螺纹，其规定画法如图 7.7 所示。

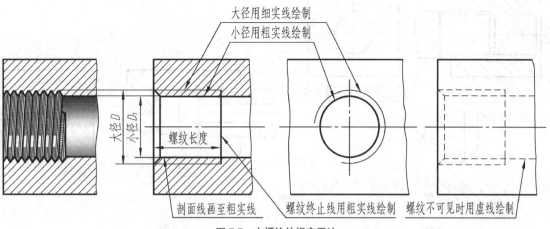

图 7.7　内螺纹的规定画法

（1）剖视图的画法。

① 内螺纹牙顶圆的投影用粗实线表示，牙底圆的投影用细实线表示，绘图时，牙顶圆的直径可取为牙底圆直径的 0.85 倍（牙底圆直径为公称直径）。

② 在螺纹孔的轴向视图（剖视图）中，端面上的倒角部分应该画出；牙底圆的细实线应画到与倒角最外轮廓相交为止；螺纹的终止线用粗实线绘制，与牙底圆轮廓（细实线）交到为止。剖视图中的剖面线应画到牙顶轮廓处（粗实线轮廓）；绘制不通孔螺纹时，螺纹终止线与钻孔深度线的距离为 $D/2$；钻孔锥顶的锥顶角为120°，如图7.8所示。

③ 在螺纹孔的径向视图中（圆形视图），表示牙底圆的细实线圆（大径的圆）只画约 3/4 圈，且倒角的视图不应画出。

（2）用不剖的视图表示内螺纹孔时，螺纹的所有图线均用虚线绘制，如图7.7所示。

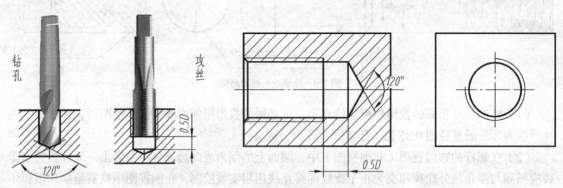

图 7.8 不通孔内螺纹的规定画法

3. 螺纹连接的画法

在剖视图中，内外螺纹旋合部分应按外螺纹的画法绘制，其余部分仍按各自的规定画法表示，如图7.9所示。

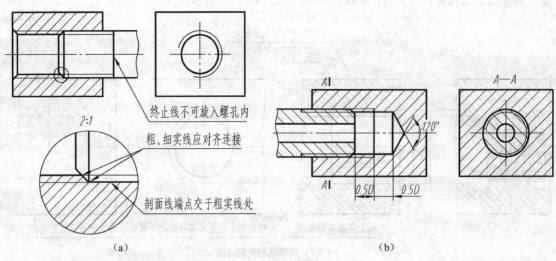

图 7.9 螺纹连接的画法

> 提示 在旋合与不旋合的对接处，螺杆大径的粗实线与螺纹孔大径的细实线、螺杆小径的细实线与螺纹孔小径的粗实线必须对齐并相接；
>
> 螺杆的旋入长度应比螺纹孔的螺纹长度小约 0.5D；
>
> 螺杆按剖视图绘制时，剖面线应画到表示螺杆大径的粗实线处。

7.1.4 螺纹的标记及其标注

由于各种螺纹的画法都是相同的，从图形上无法表示出螺纹的种类、要素规格和精度等，因此，必须通过标注予以明确。

标准螺纹和特殊螺纹可用一组标记进行标注，而非标准螺纹应画出牙型的局部剖视图并标注所需尺寸和技术要求。

1. 螺纹的标记

普通螺纹的标记格式如下：

螺纹特征代号　尺寸代号 – 公差带代号 – 螺纹旋合长度代号 – 旋向代号

螺纹特征代号　螺纹特征代号为 M。

尺寸代号　单线螺纹的尺寸代号为"公称直径 × 螺距"，对粗牙螺纹，可以省略标注其螺距项。多线螺纹的尺寸代码为"公称直径 $\times Ph$ 导程 P 螺距"，公称直径、导程和螺距改值的单位为毫米。

公差带代号　公差带代号由中径公差带和顶径公差带（对外螺纹指大径公差带、对内螺纹指小径公差带）两组公差带组成。大写字母代表内螺纹，小写字母代表外螺纹。若两组公差带相同，则只写一组。

旋合长度代号　旋合长度分为短（S）、中等（N）、长（L）三种。一般采用中等旋合长度，N 省略不注。

旋向代号　左旋螺纹以"LH"表示，右旋螺纹不标注旋向（所有螺纹旋向的标记，均与此相同）。

例如，标记 M20 × 1.5 – 5g6g – S– LH，其中各项的含义见表 7.1。

表 7.1 　　　　　　　　　　标记 **M20 × 1.5 – 5g6g – S – LH 的含义**

项目	含 义	标注说明
M20	M 表示牙型为普通螺纹； 20 为公称直径 $d=20$mm	① 牙型代号 M 必须标注 ② 公称直径为螺纹的大径，其单位（mm）不必标出
1.5	1.5 表示细牙螺纹，其螺距为 1.5mm	① 对于单线螺纹，其螺距与导程相等，只需标注螺距 ② 对于细牙螺纹，每种公称直径都有规定的螺距系列（附表 1），必须标注螺距；而粗牙螺纹，每种公称直径只有一种螺距，所以不必标注螺距
5g6g	5g 为中径的公差带代号 6g 为顶径的公差带代号	① 螺杆的公差带代号用小写字母，螺纹孔的公差带代号用大写字母 ② 中径和顶径公差带代号相同时，只注一次，若都是中等公差精度（6h、6H），则不必标注公差带代号
S	S 表示短旋合长度	螺纹的旋合长度分为短（S）、中（N）、长（L）三种，中等旋合长度不必注
LH	LH 表示左旋	左旋螺纹必须标注旋向，右旋螺纹可省略标注

各种常用标准螺纹的标记示例及其含义如表 7.2 所示。

表 7.2 常用标准螺纹的标记示例及说明

螺纹种类		特征代号	标记示例	标记的含义
紧固螺纹（普通螺纹）		M	M10 – 5g6g – S	粗牙普通螺纹，公称直径 $d = 10$，中径、顶径公差带代号分别为 5g、6g，短旋合长度，右旋
			M20 × 2-LH	细牙普通螺纹，公称直径 $d = 20$，螺距为 2，中径、顶径公差带代号均为 6H，中等旋合长度，左旋
管螺纹	55° 非螺纹密封的管螺纹	G	G1 ½ A	G：非螺纹密封的管螺纹；1 ½：尺寸代号 A：外螺纹公差等级（分为 A 级和 B 级两种）；右旋
			G1/2 – LH	非螺纹密封的管螺纹（内螺纹）；尺寸代号为 1/2 内螺纹的公差等级只有一种，所以，没有标注；左旋
	55° 用螺纹密封的管螺纹	R	R1/2 – LH	R：圆锥外螺纹；尺寸代号为 1/2 内外螺纹均只有一种公差等级，不标注；左旋
		Rc	Rc1 ½	Rc：圆锥内螺纹；尺寸代号为 1 ½ 内外螺纹均只有一种公差等级，不标注；右旋
		Rp	Rp1/2	Rp：圆柱内螺纹；尺寸代号为 1/2 内外螺纹均只有一种公差等级，不标注；右旋
传动螺纹		Tr	Tr40 × 7 – 7H	Tr：梯形螺纹；公称直径 $d = 40$；单头螺纹，螺距为 7；中径公差带代号 7H（内螺纹），只标注中径；右旋
			Tr40 × 14（P7）– 7e – LH	Tr：梯形螺纹；公称直径 $d = 40$；双头螺纹，导程为 14（螺距为 7）；中径公差带代号 7e（外螺纹）；左旋
		B	B40 × 7 – 7A B40 × 14（P7）– 8c– L – LH	B：锯齿形螺纹；其他标注含义同梯形螺纹

2. 螺纹的标注方法

（1）普通螺纹与特殊螺纹在图形上的标注方法如表 7.3 所示。

表 7.3 标准螺纹与特殊螺纹的标注示例

标注内容	图样标注示例	标注说明
公称直径以 mm 为单位的螺纹标记	M20-6g M20×2-LH Tr36×12（P6）-7H B40×7-8C-LH	螺纹标记应直接注在大径的尺寸线上或尺寸线的引出线上

标注内容	图样标注示例	标注说明
管螺纹标记	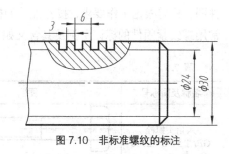	管螺纹的标记一律注在引出线上，引出线应由大径处引出或由圆形视图的中心处引出绘制图形时，可根据尺寸代号从附表中查出各部分的尺寸值
特殊螺纹标记	特$Tr50×5$	特殊螺纹的标注只需在标记前加"特"字即可

（2）非标准螺纹的标注。工程中应用的非标准螺纹为矩形螺纹，其牙型和规格尺寸均没有规定的标准，所以也没有标记。其各部分要素的表示方法可画出牙型的局部剖视图并标注出所需的尺寸和相关要求，如图 7.10 所示。

由剖视图可见其牙型为矩形；牙厚为 3mm；螺距为 6mm；大径为 30mm；小径为 24mm。

图 7.10 非标准螺纹的标注

7.2 螺纹紧固件的表示法

7.2.1 常用螺纹紧固件

螺纹紧固的方式通常有螺栓连接、双头螺柱连接和螺钉连接。常见的紧固件有螺栓、双头螺柱、螺母、垫圈、螺钉等，图 7.11 所示为常见的螺纹紧固件及其名称。

六角头螺栓　　　　　　　　　双头螺柱

六角螺母　　六角开槽螺母　　垫圈　　弹簧垫圈　　止动垫圈　　侧面开槽圆螺母

内六角圆柱头螺钉　　开槽圆柱头螺钉　　开槽沉头螺钉　　开槽锥端紧定螺钉

图 7.11　常见的螺纹连接件

7.2.2　螺纹紧固件的标记

螺纹紧固件的结构、尺寸都已标准化，属于标准件，一般由专门的标准件厂大量生产。各种标准件都有规定的标记，在设计和制造机械时，一套完整的产品图样中的标准件一律不必绘制零件图，只需根据工作要求，按标准件的标记进行选用，其结构形式和尺寸，可从国家标准中查出。常用螺纹紧固件的标记示例及其含义如表 7.4 所示。

表 7.4		常用螺纹紧固件的图例及标记
名称及国标号	图例	标记及其说明
六角头螺栓 GB/ T 5782—2000	M10 50	标记：螺栓 GB/ T 5782 M10 × 50 标记的含义： 螺栓 GB/ T 5782：六角头螺栓 M10 × 50：公称直径 $d = 10$mm，公称长度 $l = 50$mm
双头螺柱 GB/ T 897—1988	M10 10　50	标记：螺柱 GB/ T 897 M10 × 50 标记的含义： 螺柱 GB/ T 897：双头螺柱 M10 × 50：公称直径 $d = 10$mm，公称长度 $l = 50$mm
开槽圆柱头螺钉 GB/ T 65—2000	M10 50	标记：螺钉 GB/ T 65 M10 × 50 标记的含义： 螺钉 GB/ T 65：开槽圆柱头螺钉 M10 × 50：公称直径 $d = 10$mm，公称长度 $l = 50$mm

续表

名称及国标号	图例	标记及其说明
内六角圆柱头螺钉 GB/T 70.1—2008	*M10* 40	标记：螺钉 GB/T 70.1 M10×40 标记的含义： 螺钉 GB/T 70.1：内六角圆柱头螺钉 M10×40：公称直径 $d=10$mm，公称长度 $l=40$mm
开槽沉头螺钉 GB/T 68—2000	*M10* 50	标记：螺钉 GB/T 68 M10×50 标记的含义： 螺钉 GB/T 68：开槽沉头螺钉 M10×50：公称直径 $d=10$mm，公称长度 $l=50$mm
开槽锥端紧定螺钉 GB/T 71—1985	*M12* 35	标记：螺钉 GB/T 71 M12×35 标记的含义： 螺钉 GB/T 71：开槽锥端紧定螺钉 M12×35：公称直径 $d=12$mm，$l=35$mm
1 型六角螺母 GB/T 6170—2000	*M12*	标记：螺母 GB/T 6170 M12 标记的含义： 螺母 GB/T 6170：1 型六角螺母 M12：公称直径 $D=12$mm
1 型六角开槽螺母 GB/T 6178—1986	*M12*	标记：螺母 GB/T 6178 M12 标记的含义： 螺母 GB/T 6178：1 型六角开槽螺母 M12：公称直径 $D=12$mm
平垫圈 GB/T 97.1—2002	$\phi13$	标记：垫圈 GB/T 97.1 12 标记的含义： 垫圈 GB/T 5782：平垫圈 12：公称规格为 12mm
标准型弹簧垫圈 GB/T 93—1987	$\phi12.2$	标记：垫圈 GB/T 93 12 标记的含义： 垫圈 GB/T 93：标准型弹簧垫圈 12：公称规格为 12mm

7.3 键、销的表示法

7.3.1 键的表示法

1. 键的功用及分类

键主要用于轴和轴上零件（齿轮、带轮等）之间的连接，使齿轮等与轴一起转动。键连接需要在轮孔和轴上分别加工出键槽，装配时：先将键置入轴上的键槽中，再将齿轮套上。键连接组件如图 7.12 所示。

图 7.12 键连接组件

键的种类很多，常用的有普通平键、半圆键和勾头楔键等。普通平键应用最广，按轴槽结构可分圆头普通平键（A 型）、方头普通平键（B 型）和单圆头普通平键（C 型）三种形式，如图 7.13 所示。

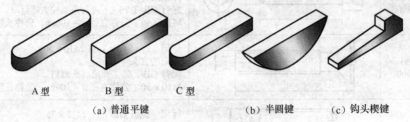

<table>
<tr><td>A 型</td><td>B 型</td><td>C 型</td><td></td><td></td></tr>
</table>

（a）普通平键   （b）半圆键   （c）钩头楔键

图 7.13　常用的几种键

2．常用键的标记及识读

常用的键都是标准件，其结构型式、规格尺寸均有相应的标准系列（普通平键及键槽的型式和尺寸参见附表 16）。在设计和制造机械时，一套完整的产品图样中，键也不必绘制零件图，只需根据工作要求，按其标记进行选用。

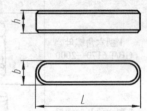

图 7.14　A 型普通平键

下列标记示例中，尺寸都是从相应标准中查得的。其中 b 表示键的宽度、h 表示键的高度、L 表示键的长度，如图 7.14 所示；D 为半圆键的半径。

（1）GB/T 1096 键　$16 \times 10 \times 100$ 表示：

圆头普通平键（A 型普通平键），$b = 16mm$，$h = 10mm$，$L = 100mm$。

（2）GB/T 1099.1 键　$6 \times 10 \times 25$ 表示：

半圆键，$b = 6mm$，$h = 10mm$，$D = 25mm$。

3．键槽的画法及其标注

轴及轮毂上键槽的画法和标注如表 7.5 所示。

表 7.5　　　　　　　　　　　轴及轮毂上键槽的画法及标注

	轴上键槽画法及尺寸标注	轮毂上键槽画法及尺寸标注
图例		
说明	t — 键槽深度 b — 键槽宽度 b、t、L 可按轴径从标准中查出	t_1 — 轮毂上键槽深度 b — 键槽宽度 t_1、b 可按孔径 D 从标准中查出

7.3.2　销的表示法

1．销的功用及分类

销连接用于机器零件之间的连接和定位，常见的销有圆柱销、圆锥销和开口销，它们都是标准件，使用及绘图时，可在有关标准中查得其规格、尺寸及标记。

2．销的标记及识读

圆柱销、圆锥销、开口销的规定标记、型式见表7.6。

表7.6　　　　　　　　　　　　　常用销的型式及标记示例

名称	圆柱销	圆锥销	开口销
标准号	GB/T 119.1—2000	GB/T 117—2000	GB/T 91—2000
图例	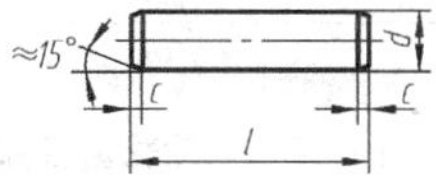	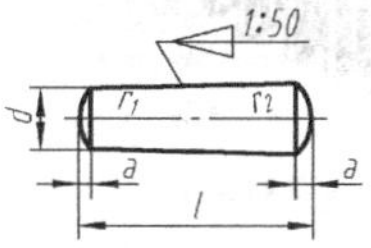	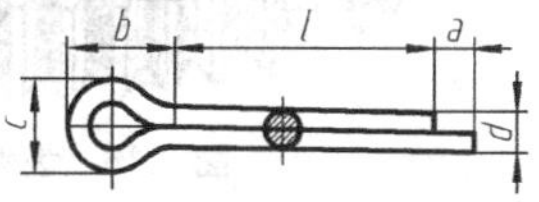
标记示例及说明	销　GB/T 119.1　6 m6×30 表示圆柱销；公称直径 d = 6mm；公差为m6；公称长度 l = 30mm	销　GB/T 117　6×30 表示圆锥销；公称直径 d = 6mm；公称长度 l = 30mm；圆锥销的公称直径指小径	销　GB/T 91　4×20 表示开口销；公称直径 d = 4mm（指销孔直径）；公称长度 l = 20mm

7.4　齿轮轮齿的规定画法

齿轮是传动零件，它能将一根轴的动力和运动传递给另一根轴，也可以改变转速和旋转方向。

7.4.1　直齿圆柱齿轮轮齿各部分的名称及代号

圆柱齿轮按轮齿方向的不同，可分为直齿轮、斜齿轮和人字齿轮，如图7.15所示。

（a）直齿轮　　　　　　（b）斜齿轮　　　　　　（c）人字齿轮

图7.15　圆柱齿轮

1．直齿圆柱齿轮的结构

圆柱齿轮一般由轮齿、轮缘（齿盘）、轮辐（辐板或辐条）、轮毂组成，其轮齿位于齿盘的圆柱面上，如图7.16所示。

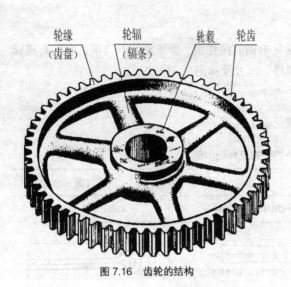

图 7.16　齿轮的结构

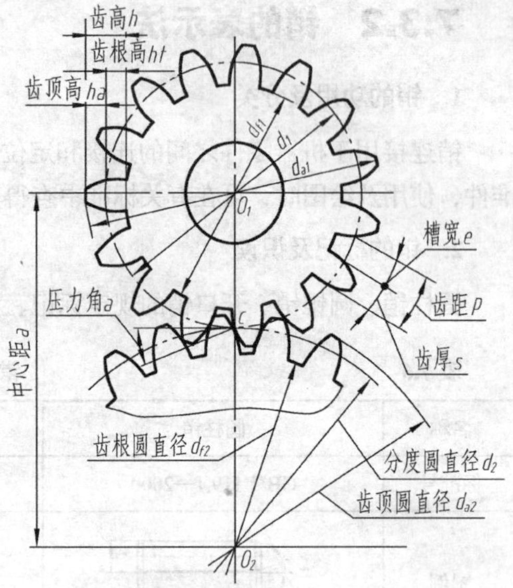

图 7.17　齿轮轮齿各部分名称及代号

2. 直齿圆柱齿轮轮齿各部分的名称及代号

轮齿各部分的名称及代号，如图 7.17 所示。

（1）齿顶圆。过轮齿顶面的圆，其直径以 d_a 表示。

（2）齿根圆。过轮齿根部的圆，其直径以 d_f 表示。

（3）分度圆。在齿顶圆和齿根圆之间的假想圆，在该圆上齿厚 s 和槽宽 e 相等，其直径以 d 表示。

（4）齿顶高。齿顶圆到分度圆之间的径向距离，以 h_a 表示。

（5）齿根高。齿根圆到分度圆之间的径向距离，以 h_f 表示。

（6）齿高。齿顶圆到齿根圆之间的径向距离，以 h 表示（齿高 $h = h_a + h_f$）。

（7）齿距。分度圆上相邻两个轮齿上对应点之间的弧长，以 p 表示，在标准齿轮中，$s = e = p/2$，$p = s + e$。

（8）中心距。两啮合齿轮轴线之间的距离，以 a 表示，$a = (d_1 + d_2)/2$。

7.4.2　直齿圆柱齿轮的基本参数及尺寸关系

1. 直齿圆柱齿轮的基本参数

（1）齿数。一个齿轮的轮齿总数，以 z 表示。

（2）模数。为使齿轮轮齿的规格和尺寸标准化，同时又方便计算，人为定义了模数这个参数，用 m 表示，单位为 mm。

模数的导出方法：分度圆的周长 $\pi d = pz$（齿距 × 齿数）即 $d = \dfrac{pz}{\pi}$，式中的 π 为无理数，为

了方便计算，令 $m = \dfrac{p}{\pi}$，并将其称为模数，导出单位为 mm。由此得出：$d = mz$。

模数是设计、制造齿轮的重要参数。为了便于设计和加工，模数已标准化，其数值的标准系列如表 7.7 所示。

表 7.7	圆柱齿轮模数系列（GB/T 1357—2008）	mm
第一系列	1，1.25，1.5，2，2.5，3，4，5，6，8，10，12，16，20，25，32，40，50	
第二系列	1.125，1.375，1.75，2.25，2.75，3.5，4.5，5.5，（6.5），7，9，11，14，18，22，28，35，45	

注：选用圆柱齿轮的模数时，应优先选用第一系列，其次选用第二系列，括号中的模数值尽可能不用。

（3）压力角。在图 7.17 中的点 C 处，齿廓受力方向与齿廓瞬时运动方向的夹角，称为压力角，以 α 表示。标准齿轮的压力角为 20°。

2. 直齿圆柱齿轮各部分的尺寸计算

直齿圆柱齿轮的齿数 z 和模数 m 是齿轮的主要参数，是确定轮齿大小的依据，所以，当确定出齿轮的齿数 z 和模数 m 后，齿轮各部分的尺寸即可按表 7.8 中的公式计算出。

表 7.8　　　　　　直齿圆柱齿轮各部分的尺寸关系

名称及代号	计算公式	名称及代号	计算公式
模数 m	设计齿轮时根据工作要求选取	齿顶圆直径 d_a	$d_a = d + 2h_a = m(z+2)$
分度圆直径 d	$d = mz$	齿根圆直径 d_f	$d_f = d + 2h_f = m(z-2.5)$
齿顶高 h_a	$h_a = m$	齿距 p	$p = \pi m$
齿根高 h_f	$h_f = 1.25m$	中心距 a	$a = (d_1+d_2)/2 = m(z_1+z_2)/2$
齿高 h	$h = h_a+h_f = 2.25m$	—	—

7.4.3　直齿圆柱齿轮轮齿的规定画法

1. 单个齿轮的规定画法

齿轮上的轮毂、轮幅和齿盘等结构仍按实际的投影绘图，轮齿应按规定画法绘制，即只绘制齿顶圆、齿根圆和分度圆的视图，不必绘制齿廓的真实投影。绘图要求为：

（1）在表示齿轮端面的视图中，齿顶圆（线）用粗实线绘制；齿根圆（线）用细实线绘制，或者省略不画；分度圆（线）用细点画线画出，如图 7.18（a）所示。

（2）在剖视图中，当剖切平面通过齿轮的轴线时，轮齿按不剖处理，用粗实线绘制齿顶线和齿根线，用细点画线绘制分度线，如图 7.18（b）所示。

（3）当轮齿为斜齿或人字齿时，齿轮的轴向视图应绘制成半剖或局部剖视图，在不剖的视图部位，用三条与齿线方向一致的细实线表示其齿线特征，如图 7.18（c）和图 7.18（d）所示。

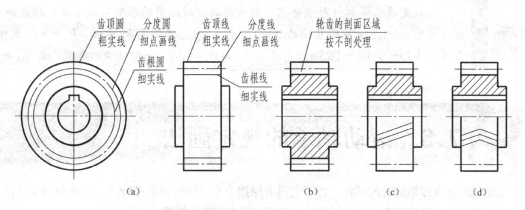

图 7.18　单个齿轮的规定画法

提示 按规定画法绘制齿轮轮齿的视图时，应用的参数和尺寸有：模数 m、齿数 z、分度圆直径 $d = mz$、齿顶高 $h_a = m$、齿根高 $h_f = 1.25m$。

2. 两齿轮啮合时的规定画法

非啮合区轮齿的画法与单个齿轮的画法相同，在啮合区，两轮齿的画法规定为：

（1）在圆视图中，两齿轮的分度圆相切，齿顶圆相交，两交点之间的齿顶圆轮廓可画出，也可省略不画，齿根圆一般都省略不画，如图 7.19 所示。

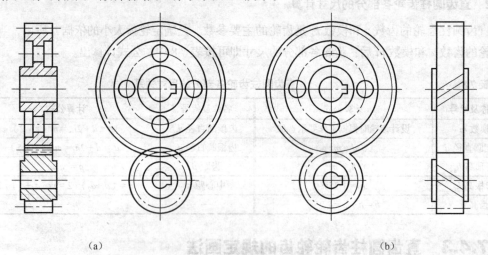

（a） （b）

图 7.19 齿轮啮合时的规定画法

（2）若不作剖视，啮合区中的齿顶线和齿根线均不画，分度线用粗实线绘制，如图 7.19（b）所示。

（3）在剖视图中，啮合区的规定画法如图 7.20 所示，齿顶线和齿根线之间应有 $0.25m$ 的间隙，被遮挡的齿顶线（两齿轮中的任意一个齿轮的齿顶线）用细虚线绘制，也可省略不画。

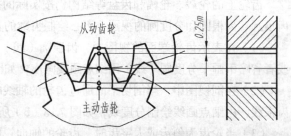

图 7.20 两个齿轮啮合处的间隙

提示 按规定画法绘制一对啮合齿轮的视图时，所应用的参数和尺寸有：模数 m_1、m_2；齿数 z_1、z_2；分度圆直径 $d_1 = m_1 z_1$、$d_2 = m_2 z_2$；齿顶高 $h_{a1} = m_1$、$h_{a2} = m_2$；齿根高 $h_{f1} = 1.25m_1$、$h_{f2} = 1.25m_2$；中心距 $a = m(z_1 + z_2)/2$。一对啮合的齿轮：$m_1 = m_2 = m$

7.5 滚动轴承的规定画法

滚动轴承是支撑轴旋转的部件，由于它具有摩擦力小、结构紧凑等特点，因此得到了广泛的应用。滚动轴承的种类很多，并已标准化，选用时可查阅有关标准。

7.5.1 滚动轴承的结构和种类

1. 滚动轴承的结构

滚动轴承的结构一般由外圈、内圈、滚动体和保持架组成，如图7.21所示。

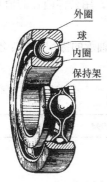
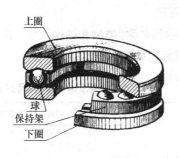
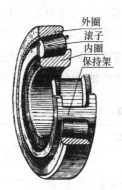

（a）深沟球轴承　　　　（b）推力球轴承　　　　（c）圆锥滚子轴承

图7.21　滚动轴承的结构和分类

2. 滚动轴承的种类

滚动轴承的分类方法很多，按其承载特性可分为下面三类。

（1）向心轴承。主要承受径向载荷，如图7.21（a）所示的深沟球轴承。

（2）推力轴承。主要承受轴向载荷，如图7.21（b）所示的推力球轴承。

（3）向心推力轴承。同时承受径向和轴向载荷，如图7.21（c）所示的圆锥滚子轴承。

7.5.2 滚动轴承的代号

滚动轴承的代号有基本代号、前置代号和后置代号构成，前置代号、后置代号是轴承在结构形状、尺寸、公差、技术要求等有改变时，在其基本代号左右添加的补充代号。如无特殊要求，则只标记基本代号。

基本代号由轴承的类型代号、尺寸系列代号和内径代号构成。

| 类型代号 | 尺寸系列代号 | 内径代号 |

（1）类型代号。轴承类型代号用数字（或字母）表示，如表7.9所示。

表7.9　　　　　　　　　　滚动轴承的类型代号（GB/T 272—1993）

代号	轴承类型	代号	轴承类型
0	双列角接触球轴承	6	深沟球轴承
1	调心球轴承	7	角接触球轴承
2	调心滚子轴承和推力调心滚子轴承	8	推力圆柱滚子轴承
3	圆锥滚子轴承	N	圆柱滚子轴承
4	双列深沟球轴承	U	外球面球轴承
5	推力球轴承	QJ	四点接触球轴承

（2）尺寸系列代号。尺寸系列代号由轴承的宽（高）度系列代号和直径系列代号组合而成，用两位阿拉伯数字来表示。其主要作用是区别内径相同而宽度和外径不同的轴承。具体代号可查

阅相关国家标准。

（3）内径代号。轴承的内径代号表示轴承的公称内径，一般用两位阿拉伯数字表示。

① 代号数字为00、01、02、03时，分别表示轴承内径 d = 10mm、12mm、15mm、17mm。

② 代号数字为04～96时，代号数乘以5，即为轴承内径。

③ 轴承公称内径为1～9，大于或等于500以及22、28、32时，用公称内径的值直接表示，但应与尺寸系列代号之间用"/"隔开。

滚动轴承为标准件，用标记表示其名称、类型和结构尺寸。滚动轴承的标记包括：名称、代号、标准号。滚动轴承的基本代号及其标记举例如表7.10所示。

表7.10　　　　　　　　　　　　滚动轴承标记中基本代号的识读

标记	滚动轴承 6208 GB/T 276—1994
代号的含义	6 2 08　内径代号：d=40mm　尺寸系列代号：(02)：宽度系列代号0被省略，直径系列代号为2　轴承类型代号：深沟球轴承
标记	滚动轴承 62/22 GB/T 276—1994
代号的含义	6 2/ 22　内径代号：d=22mm　尺寸系列代号：(0 2)：宽度系列代号0被省略，直径系列代号为2　轴承类型代号：深沟球轴承
标记	滚动轴承 30312 GB/T 297—1994
代号的含义	3 03 12　内径代号：d=60mm　尺寸系列代号(03)：宽度系列代号为0,直径系列代号为3　轴承类型代号：圆锥滚子轴承
标记	滚动轴承 51310 GB/T 301—1995
代号的含义	5 13 10　内径代号：d=50mm　尺子系列代号：高度系列代号为1,直径系列代号为3　轴承类型代号：推力球轴承

7.5.3　滚动轴承的画法

滚动轴承是标准件，不需要画零件图。在画装配图时，可根据国家表准所规定的简化画法进行绘制。画图时，应先根据轴承代号由国家标准中查出轴承的外径 D、内径 d 和宽度 B 等几个主要尺寸，然后，将其他部分的尺寸，按与主要尺寸的比例关系画出，一般可采用滚动轴承的规定画法和特征画法绘制（GB/T 4459.7—1998）。

滚动轴承的各种画法及尺寸比例如表7.11所示。

表 7.11			滚动轴承的规定画法和特征画法	
名称及主要尺寸	结构形式	装配示意图	规定画法	特征画法
深沟球轴承 （GB/T 276—1994） 绘图尺寸： 由代号中读出公称 内径 d 从标准中查得外径 D 和宽度 B				
圆锥滚子轴承 （GB/T 297—1994） 绘图尺寸： 由代号中读出公称 内径 d 从标准中查得外径 D 和宽度 B 及 T 和 C				
推力球轴承 （GB/T 301—1995） 绘图尺寸： 由代号中读出公称 内径 d 从标准中查得外径 D 和宽度 T				

7.6 弹簧的规定画法

7.6.1 弹簧的作用和分类

弹簧是机器、车辆、仪表及电器中常用到的零件，其作用为减震、储能、夹紧和测力等。

　　圆柱螺旋弹簧是各种弹簧中应用最广的一种，根据用途不同，又可分为压缩弹簧、拉伸弹簧和扭转弹簧，如图7.22所示。

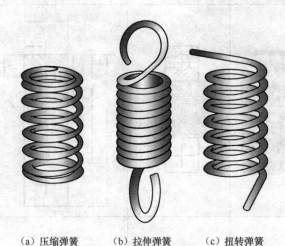

（a）压缩弹簧　　　　（b）拉伸弹簧　　　　（c）扭转弹簧

图7.22　圆柱螺旋弹簧

7.6.2　圆柱螺旋压缩弹簧的规定画法

　　圆柱螺旋压缩弹簧可画成视图、剖视图和示意图，如图7.23所示。

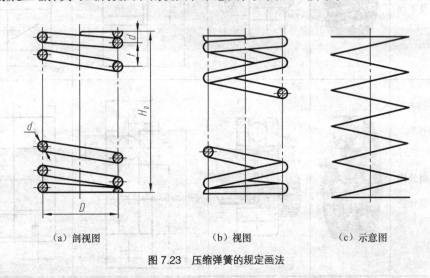

（a）剖视图　　　　　　　　（b）视图　　　　　　　　（c）示意图

图7.23　压缩弹簧的规定画法

1.　圆柱螺旋压缩弹簧的画法要求

　　（1）在平行于螺旋弹簧轴线的投影面的视图中，其各圈的轮廓应画成直线，如图7.23（a）和图7.23（b）所示。

　　（2）螺旋弹簧均画成右旋，对必须保证的旋向要求必须在"技术要求"中注明。

　　（3）螺旋压缩弹簧，如要求两端并紧且磨平时，不论支撑圈的圈数多少和末端贴紧情况如何，均按图7.23（a）和图7.23（b）中的形式绘制。

　　（4）有效圈数在四圈以上的螺旋弹簧，中间部分可省略不画，只画通过簧丝剖面中心的两条细点画线。当中间部分省略后，允许适当地缩短图形的长度，如图7.23（a）和图7.23（b）所示。

2. 圆柱螺旋压缩弹簧的绘图步骤

（1）绘制螺旋压缩弹簧视图所需的主要结构尺寸如图 7.23（a）所示，主要有：中径 D；自由高度 H_0；簧丝直径 d；节距 t。

（2）绘图步骤。绘制弹簧剖视图的方法和步骤如表 7.12 所示。

表 7.12　　　　　　　　　　　　　　　圆柱螺旋压缩弹簧的绘图步骤

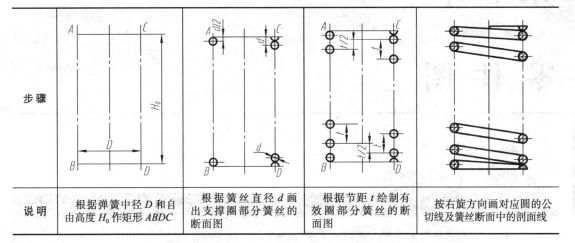

步骤			
说明	根据弹簧中径 D 和自由高度 H_0 作矩形 $ABDC$	根据簧丝直径 d 画出支撑圈部分簧丝的断面图	根据节距 t 绘制有效圈部分簧丝的断面图	按右旋方向画对应圆的公切线及簧丝断面中的剖面线

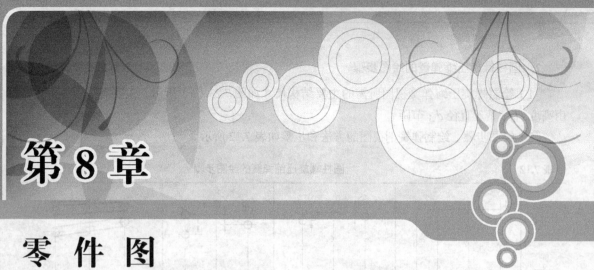

第8章

零件图

课堂讨论

（1）工人在加工零件时，用什么文件来指导加工呢？

（2）你见过零件图吗？

（3）如果你去工厂，注意观察就会发现，在一个零件的制作过程中，从排工序、下料、机加工、热处理等、直到检查验收，每一个工序的工人拿的都是同样的图纸，这说明了什么问题呢？

每台机器或部件，都是由许多零件按一定的装配关系和技术要求装配起来的。工程中，表达单个零件结构、大小及技术要求的图样，称为零件图。

在生产过程中，零件图是制造和检验零件的依据，是指导生产的重要技术文件。本章主要介绍零件图的表达方法、尺寸要求、技术要求的标注和识读，以及绘制、识读零件图的方法。

学习目标

- ● 理解零件图的作用与内容
- ● 熟悉零件图的视图选择原则和典型零件的表示方法
- ● 了解尺寸基准的概念，熟悉典型零件图的尺寸标注
- ● 了解并掌握技术要求的基本内容及其代号的标注和识读方法
- ● 了解零件上常见工艺结构的画法和尺寸注法
- ● 掌握识读零件图的方法和步骤
- ● 理解绘制零件图的方法和步骤

8.1 零件图的内容与基本要求

8.1.1 零件图的内容

由于零件图是直接用于指导生产的，所以它应具备制造和检验零件所需要的全部内容，主要包括以下内容。

1. 一组视图

用一定数量的视图、剖视图、断面图等，正确、完整、清晰地表达出零件的内外部结构和形状。

2. 完整的尺寸

正确、完整、清晰、合理地标注出能满足制造、检验、装配所需的全部尺寸。

3. 技术要求

用符号、代号标注和用文字说明的方法，表达零件在制造、检验过程中应达到的各项技术要求，如表面结构、尺寸公差、热处理等各项要求。

4. 标题栏

说明零件的名称、材料、比例以及设计、审核者的责任签名等。零件图上的标题栏要严格按国家标准的规定画出并填写。

图 8.1 所示为齿轮泵中左端盖的零件图。

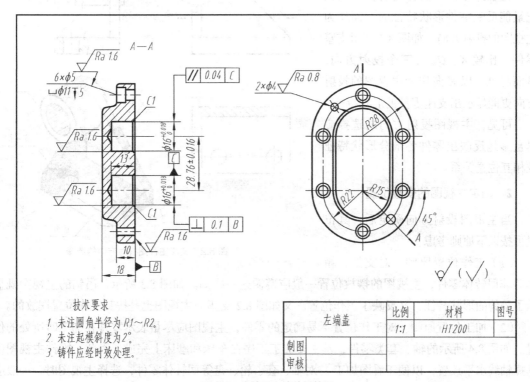

图 8.1　齿轮泵左端盖零件图

8.1.2　零件图的基本要求

零件图的基本要求应遵循 GB/T 17451—1998 的规定。该标准明确指出：绘制技术图样时，应首先考虑看图方便。根据物体的结构特点选用适当的表达方法。在完整、清晰地表达物体形状的前提下，力求制图简便。

8.2　零件图的视图选择

为了把零件内外部结构和形状既能正确、完整、清晰地表达出来，又能使读图方便，关键是合理地选择表达方案，表达方案中各个视图的选择，是根据零件的结构形状、加工方法，以及它在机器中所处位置等因素综合分析来确定的。

选择视图的内容包括：主视图的选择、视图数量和表达方法的选择。

8.2.1　主视图的选择

主视图是一组视图的核心。主视图选择得恰当与否将直接影响到其他视图位置和数量的选择，关系到画图、看图是否方便等问题。选择主视图时，一般应从主视图的投射方向和零件的摆放位置两方面来考虑。

1. 确定主视图的投射方向

在选择零件主视方向时，一般应把最能反映零件形状特征的一面作为主视图的投射方向。如图 8.2 所示支座零件，比较 K、Q、R 三个投射方向，显而易见，以 K 向作为主视图的投射方向更能显示出支座零件的形状特征。

可见，主视图投射方向的选择应尽量多地反映出零件各部分形状特征及相互位置关系。

2. 确定主视图的安放位置

当主视图投射方向确定后，其位置可按以下原则考虑。

（1）工作位置原则。对支架、箱

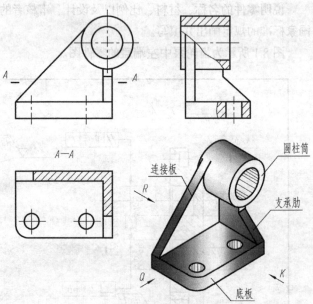

图 8.2　支座主视图投射方向的选择

体等非回转体零件，主视图的摆放位置一般应遵循这一原则。如图 8.3 所示，吊钩的主视图既显示了吊钩的形状特征，又反映了工作位置。又如图 8.2 支座的主视图也是按其工作位置摆放的。

（2）加工位置原则。对工作位置不易确定的零件，主视图应尽量表示零件在加工时所处的位置。如图 8.4 所示的轴、套类零件，其主要加工工序在车床和磨床上完成，因此，零件主视图应选择轴线水平放置，以便于看图加工。对轴、套、轮、盘等回转体零件，选择主视图时，一般应遵循这一原则。

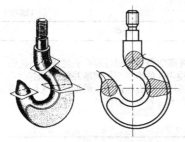

图 8.3　吊勾的工作位置

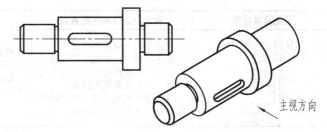

主视方向

图 8.4　轴类零件主视图的选择

3. **主视图的表达方法**

根据零件主视图方向上的内、外部结构特征，可选用基本视图或适当的剖视图进行表达。

综上所述，主视图选择主要是依据零件的形状特征，主要工序的加工位置，工作位置等因素综合分析来确定的。

8.2.2　其他视图的选择

主视图确定后，应运用形体分析法对零件的各组成部分逐一进行分析，对主视图表达未尽的部分，必须选用其他视图完善其表达，将该零件的结构形状表达清楚。具体选用时，应注意以下几点。

（1）所选视图应具有独立存在的意义和明确的表达重点，各个视图所表达的内容应相互配合，彼此互补，注意避免不必要的细节重复。在明确表达零件的前提下，应使视图更简单清晰，数量尽可能地少，以便于看图和绘图。

（2）优先考虑采用基本视图，剖视、断面等表达方法应兼而用之，并尽可能按投影关系配置各视图。选用各视图时，先表达零件的主要部分（较大的结构），后表达零件的次要部分（较小的结构）。

（3）零件结构的表达要内外兼顾，大小兼顾。选择视图时要以"物"对"图"，以"图"对"物"，反复查对，不可遗漏任何细小的结构。

对图 8.2 所示支座的视图选择进行综合分析，如表 8.1 所示。

表 8.1　　　　　　　　　　支座零件视图选择的综合分析

视图及其名称	表达方法及表达的重点	特点
直观图	表达方法：轴测图 表达的重点：全面反映零件各个组成部分的空间形状、相对位置及其名称	优点：　直观地表达了零件的空间结构 缺点：　度量性差，不可用于指导加工和检验
K 向：主视图	表达方法：基本视图 表达的重点：①圆柱筒、连接板的形状 ②四个组成部分左右、上下方向的形状、大小连接方式及其相对位置	优点：　较多地反映了零件的外形特征 缺点：　不能反映各个组成部分前后方向的结构和相对位置

（续表）

视图及其名称	表达方法及表达的重点	特点
Q 向：左视图 	表达方法：局部剖视图 表达的重点：①支承肋的形状 ②四个组成部分前后方向上的形状、大小及其相对位置 ③清楚地表达了圆柱筒的轴向结构以及小孔的内部结构	优点： 局部剖表达了圆柱通孔和底板上小孔的内部结构，使内孔的表达更加清晰并便于标注 缺点： 仍然不能表达出底板的形状，底板上两个小孔的形状和分布也不够清晰
A—A 剖切：俯视图 A—A	表达方法：全剖视图 表达的重点：主要表示底板的形状和两个小孔的平面布置情况	优点： 全剖视图的剖切平面选择得当，它既避免了圆柱筒的重复表达，又凸显出连接板与支承肋的连接关系及其板厚；且图形简单，重点突出

由上分析可知：每个视图的表达重点都很明确，三个视图缺一不可。

8.3　零件图的尺寸标注

8.3.1　零件图上尺寸标注的要求

零件图上的尺寸是零件加工、检验的重要依据，标注尺寸时应符合以下几个要求。

（1）正确性。尺寸标注必须符合国家标准的规定。

（2）完整性。零件的整体尺寸和各个部分的定形、定位尺寸应完整无缺，不可少标，也不可重复标注。

（3）清晰。零件上各部分的定形、定位尺寸应标注在形状特征明显的视图上，并尽量集中标注在一个或两个视图上，使尺寸布置清晰，便于看图。

（4）合理性。尺寸的标注应满足加工、测量和检验的要求。

零件图尺寸标注的正确、完整、清晰的要求在组合体尺寸标注中已有明确叙述，本节着重讨论零件图尺寸标注合理性的问题。

尺寸标注合理是指按所标注尺寸加工零件，既能达到设计要求，同时又便于加工、测量和检验。但要使标注的尺寸能真正做到工艺上合理，还需要有较丰富的生产实际经验和有关的机械制造知识。

8.3.2　零件图上尺寸标注的方法和步骤

1. 确定尺寸基准

为了做到合理，在标注尺寸时，必须了解零件的作用、在机器中的装配位置及采用的加工方法等，从而选择恰当的尺寸基准和正确使用标注尺寸的形式，结合具体情况合理地标注尺寸。

（1）尺寸基准的概念。标注尺寸时，确定尺寸位置的几何元素，称为尺寸基准。通常，零件上可以作为基准的几何元素有平面（如支承面、对称中心面、端面、加工面、装配面等）、线（轴和孔的回转轴线）和点（球心）。

（2）尺寸基准的分类。选择尺寸基准的目的：一是为了确定零件在机器中的位置或零件上结构要素的位置，以符合设计要求；二是为了在制作零件时，确定测量尺寸的起点位置，便于加工

和测量，以符合工艺要求。因此，根据作用的不同，可把基准分为下面两类。

① 设计基准。根据机器的构造特点及零件的设计要求而选定的尺寸起始点，称为设计基准。

② 工艺基准。为了便于加工和测量而选定的尺寸起始点，称为工艺基准。

（3）尺寸基准的确定原则。任何一个零件都有长、宽、高三个方向的尺寸。因此，一般的零件图至少有三个主要基准，必要时还可增加辅助基准，辅助基准与主要基准之间必须要有尺寸联系。

选择和确定基准的一般规律主要有下面两个方面。

① 有回转轴的轴套类和盘盖类零件，一般只有两个方向的尺寸基准：径向基准和轴向基准，如图 8.5 所示，回转体零件的径向基准为轴线；轴向基准为端面（重要的工作端面或最外端面）。

② 箱体和支座类零件，其尺寸基准一般为支承底面（高度方向）、装配接合面、对称中心面等。如图 8.6 中泵座的底面为高度方向的主要尺寸基准、两回转面轴线为高度方向的辅助基准；后端面为宽度方向的尺寸基准；主视图中的对称中心面为长度方向的尺寸基准。

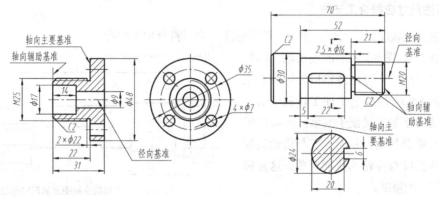

图 8.5　回转体零件的尺寸基准

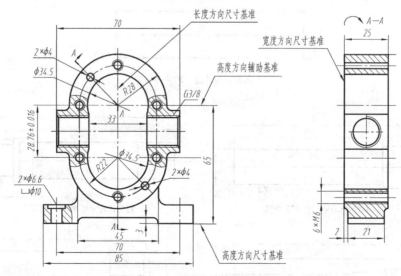

图 8.6　泵座尺寸基准的选择

2.　标注尺寸的方法和步骤

对零件图进行形体分析后，由基准出发，标注零件上各部分形体的定位尺寸，然后标注定形尺寸。

8.3.3 零件图尺寸标注的注意事项

为保证尺寸标注的合理性，在标注尺寸的过程中应注意以下几点。

1. 重要的尺寸一定要单独标出

凡属于设计中的重要尺寸，它们都将直接影响零件的装配精度和使用性能，所以必须优先保证，单独注出。

设计中的重要尺寸主要有以下方面的尺寸。

（1）直接影响机器传动准确性的尺寸，如图 8.6 中齿轮的轴间距离：28.76 ± 0.016。

（2）直接影响机器性能的尺寸，如车床的中心距等。

（3）两零件的配合尺寸，如轴、孔的直径尺寸和导轨的宽度尺寸等。

（4）安装位置尺寸，如图 8.6 中泵座底板上两个沉孔的中心距离等。

2. 所注尺寸应符合工艺要求

（1）按加工顺序标注尺寸。按加工顺序标注尺寸，符合加工过程。

【例 8.1】 如图 8.7 所示的输出轴，标注它的轴向尺寸时，先考虑各轴段外圆的加工顺序（见图 8.8），按照这个加工过程依次标出尺寸，既便于加工又便于测量。$\phi 40$ 的轴头长度尺寸单独标出，是因为它与齿轮装配在一起，其长度与齿轮的宽度有关，这样标注可保证其装配精度。

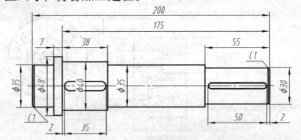

图 8.7 输出轴的主视图及其尺寸标注

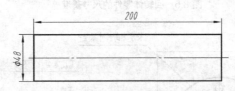

（a）落料、车外圆（200、$\phi 48$）

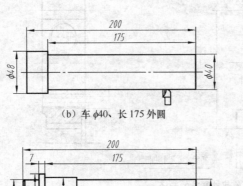

（b）车 $\phi 40$、长 175 外圆　　　　　　（c）调头，车 $\phi 35$ 外圆、留下 7

（d）调头，车 $\phi 35$ 外圆、留下 38　　　　（e）车 $\phi 30$、长 55 外圆

图 8.8 传动轴的加工顺序和尺寸标注

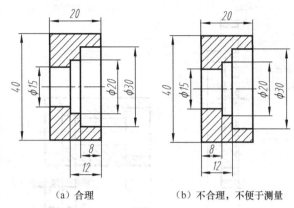

【例8.2】 图8.9所示阶梯孔的尺寸标注，其标注的合理性应符合加工顺序和测量的要求，如图8.10所示。

（a）合理　　　　　　　　（b）不合理，不便于测量

图8.9　阶梯孔的尺寸标注

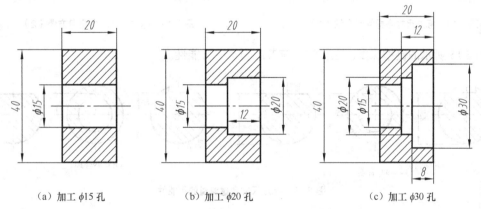

（a）加工φ15孔　　　　　（b）加工φ20孔　　　　　（c）加工φ30孔

图8.10　阶梯孔的加工顺序和尺寸标注

（2）按加工要求标注尺寸。图8.11（a）所示的砂轮越程槽，其宽度尺寸是由刀具的宽度确定的，所以应将该尺寸单独注出（图8.11（b）的注法不合理）。同样，孔的砂轮越程槽尺寸注法也应与此相同，如图8.12所示。

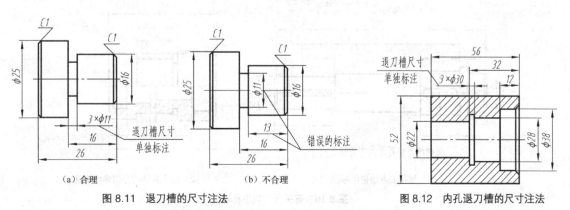

（a）合理　　　　　　　　（b）不合理

图8.11　退刀槽的尺寸注法

图8.12　内孔退刀槽的尺寸注法

（3）按测量要求标注尺寸。对所注尺寸，要考虑零件在加工过程中测量的方便与可能。

如图8.13（a）和图8.14（a）中孔深尺寸的测量就方便，而图8.13（b）和图8.14（b）中的注法就不便于测量，也很难保证测量的准确性。

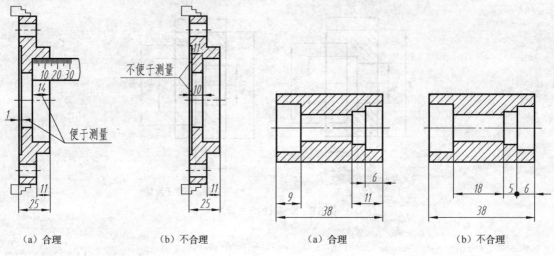

（a）合理　　　　　　（b）不合理　　　　　　　（a）合理　　　　　　　（b）不合理

图8.13　标注尺寸考虑测量方便（1）　　　　　图8.14　标注尺寸考虑测量方便（2）

图8.15所示的键槽深度，在标注时应考虑测量的可能性。

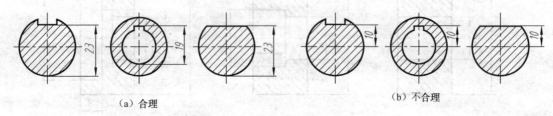

（a）合理　　　　　　　　　　　　　　　　　（b）不合理

图8.15　标注尺寸考虑测量的可能性

3. 考虑加工方法

用不同方法加工的有关尺寸，加工与不加工的尺寸，内部与外部尺寸应分类集中标注，如图8.16所示。

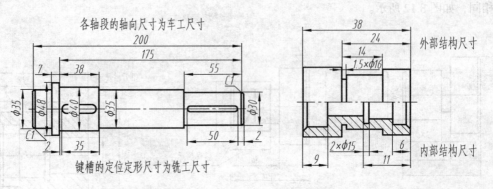

（a）按加工方法集中标注　　　　　　　　（b）按内外结构分别集中标注

图8.16　有关尺寸集中标注

4. 避免注成封闭的尺寸链

表 8.2 所示为避免注成封闭尺寸链的图例及说明。

表 8.2 避免标注成封闭尺寸链的图例及说明

图 例	说 明
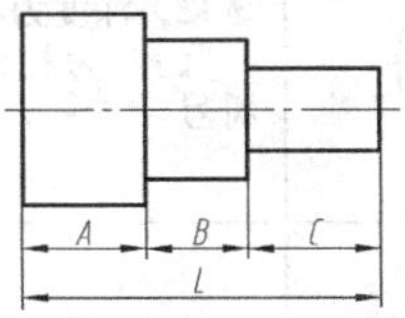	如左图所示的轴，若将其总长和各段的长度尺寸都进行了标注，这种彼此关联，按一定顺序排列，且构成封闭回路的尺寸标注，形成了封闭的尺寸链。如果按这种方式标注尺寸，轴上各段尺寸可以得到保证，而总长尺寸则可能得不到保证。因为加工时，各段尺寸的误差积累起来，都集中反映到总长尺寸上。为此，在标注尺寸时，应将次要轴段的尺寸空出不标注（称为开口环）
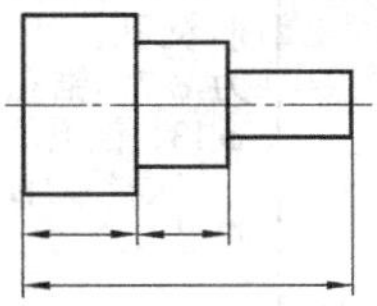	如左图所示，次要轴段的尺寸空出不标注 — 形成开口环，这样，其他轴段的加工误差都积累到这个不要求检查的尺寸上，而总长和主要轴段的长度尺寸因此得到保证
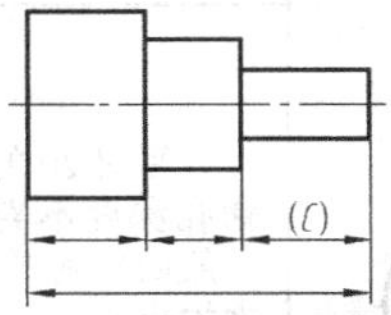 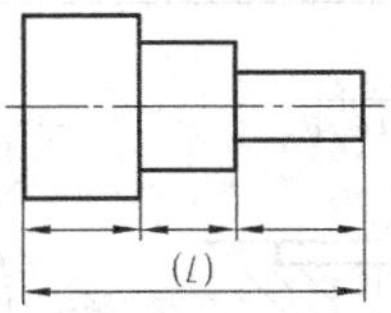	如果需要标注开口环的尺寸时，可将其标注成参考尺寸，如左图所示

8.3.4 零件上常见孔的尺寸标注

光孔、沉孔和螺孔是零件上常见的结构，它们的尺寸标注分为普通注法和简化法。标注示例及说明如表 8.3 所示。

表 8.3 零件上常见孔的尺寸注法

类别		普通注法	简化注法	说 明
光孔	一般孔	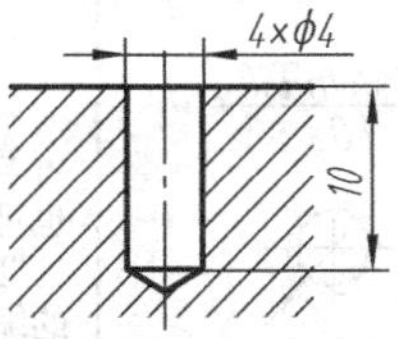	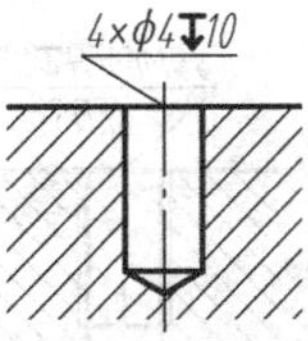 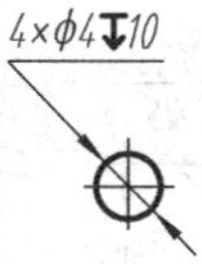	表示直径为 $\phi 4$ 均匀分布的 4 个光孔；"▼"为孔深符号
	精加工孔	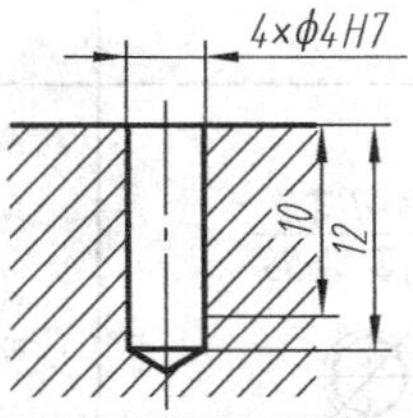	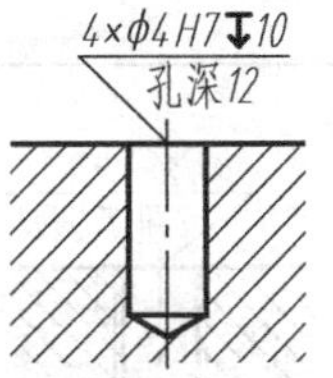 	光孔深度为 12；钻孔后需精加工至 $\phi 4H7$，深度为 10
	销孔	锥销孔无普通注法。注意：$\phi 4$ 是指与其相配的圆锥销的公称直径（小端直径）	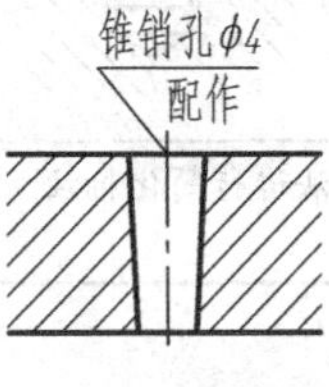 	"配作"系指该孔与相邻零件的同位锥销孔一起加工

（续表）

类别		普通注法	简化注法	说　明
沉孔	柱形沉孔	φ12　5　4×φ6.4	4×φ6.4 ⊔φ12▼5　或　4×φ6.4 ⊔φ12▼5	4个均匀分布的柱形沉，小直径为φ6.4，大直径为φ12，深度为5 "⊔"为柱形沉孔符号
	锥形沉孔	90°　φ13　6×φ7	6×φ7 ⌄φ13×90°　或　6×φ7 ⌄φ13×90°	6个均匀分布的锥形沉孔，小孔直径为φ7，锥孔大径为φ13，锥顶角为90° "⌄"为锥形沉孔符号
	锪平孔	φ20　4×φ9	4×φ9 ⊔φ20　或　4×φ9 ⊔φ20	锪平φ20的沉孔，锪孔深度不需标注，一般锪到不出现毛面为止
螺孔	通孔	3×M6-7H 2×C1	3×M6-7H 2×C1　或　3×M6-7H 2×C1	3个均匀分布，公称直径为M6的螺纹孔"2×C1"表示两端倒角均为C1
	不通孔	3×M6-7H EQS　10	3×M6-7H▼10 EQS　或　3×M6-7H▼10 EQS	不通孔的螺纹深度可与螺孔直径连注，也可分开注出 "EQS"为均布孔的缩写词
	不通孔	3×M6-7H EQS　10　12	3×M6-7H▼10 孔▼12EQS　或　3×M6-7H▼10 孔▼12EQS	需要注出孔深时，应明确标注孔深尺寸

注：　各类孔均可采用旁注加符号的方法进行简化标注。应注意的是：引出线应从在装配时的装入端或孔的圆视图的中心引出

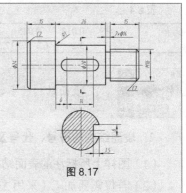

（1）组合体尺寸标注与零件图尺寸标注有哪些共同的要求？

（2）零件图的尺寸标注增加了哪些要求？

（3）标注尺寸时，如何才能保证标注的合理性？

（4）图8.17所示零件的尺寸标注中，哪些尺寸不合理，为什么？

（5）在图8.17中标出该轴件的主要尺寸基准。

图8.17

8.4　零件图上技术要求的标注

零件图上的图形与尺寸尚不能完全反映对零件的全面要求。因此，零件图还必须给出必要的技术要求，以便控制零件质量。

8.4.1　零件图上技术要求的内容

零件图上应该标注和说明的技术要求主要有以下几个方面。

（1）标注零件的表面结构。

（2）注写零件上重要尺寸的尺寸公差及形状和位置公差。

（3）注写螺纹公差、齿轮公差等专用公差及特殊的加工、检验要求。

（4）注写材料和热处理要求。

零件图上的各项技术要求，应按国家标准规定的各种符号、代号、标记标注在图形上；有些技术要求可用文字分条目注写在标题栏附近的空白处。

8.4.2　表面结构（GB/T 131—2006）

1. 表面结构的概念

（1）表面结构的意义。表面结构是指加工后零件表面上具有的较小间距和峰谷所组成的微观不平度。这种不平度，对零件耐磨损、抗疲抗腐蚀以及零件间的配合性能都有很大的影响。不平程度越大，则零件表面性能越差；反之表面性能越高，但加工也随之困难。在保证使用要求的前提下，应选用较为经济的表面结构评定参数值。

（2）表面结构的评定参数。根据国家标准《表面结构参数及其数值》中规定了评定表面结构的常用参数及其数值。评定表面结构的参数主要有：轮廓算术平均偏差（代号为 Ra）；轮廓最大高度（代号 Rz）。

参数 Ra 被推荐为优先采用的主参数，其标准数值如表 8.4 所示。

表8.4			轮廓算术平均偏差（Ra）的数值					
Ra	0.012	0.025	0.05	0.1	0.2	0.4	0.8	1.6
	3.2	6.3	12.5	25	50	100		

  提示 　表面结构的参数值越大，表面越粗糙；数值越小，表面越平滑。

2. 表面结构的符号、代号及其注法

（1）图样上所标注的表面结构符号、代号是该表面完工后的要求。

（2）若仅需要加工（采用去除材料的方法或不去除材料的方法），但对表面结构的其他规定没有要求时，允许只标注表面结构符号。

（3）图样上表示零件表面结构的符号及意义如表 8.5 所示。

表8.5　　　　　　　　　　　　　表面结构符号的含义

符　号	含　义
∨	基本符号，表示表面可用任何方法获得。当不加注表面结构参数值或有关说明（例如：表面处理、局部热处理状况等）时，仅适用于简化代号标注，没有补充说明时不能单独使用
∨ (加短画)	基本符号加一短画，表示表面是用去除材料的方法获得，例如，车、铣、钻、磨、剪切、抛光、腐蚀、电火花加工、气割等
∨ (加小圈)	基本符号加一小圈，表示表面是用不去除材料的方法获得，例如，铸、锻、冲、压变形、热轧、冷轧、粉末冶金等
∨ ∨ ∨ (加横线)	在上述三个符号的长边上均可加一横线，用于标注有关参数和说明
∨ ∨ ∨ (加小圈)	在上述三个符号上均可加一小圈，表示视图上构成封闭轮廓的各表面具有相同的表面结构要求

（4）当允许在表面结构参数的所有实测值中超过规定值的个数少于总数的16%时应在图样上标注表面结构参数的上限值或下限值；当要求实测值不得超过规定值时，则应标注最大值或最小值（见表8.6）。

（5）表面结构参数的标注。

① 标注内容包括参数代号（Ra、Rz）和说明极限的数值，如 0.8、1.6、3.2（单位为 μm）等。

② 表面结构参数在表面结构符号中的标注位置和标注要求：标注示例和说明如表 8.6 所示。

表8.6　　　　　　　　　　表面结构参数在图形符号中的标注

标注示例	参数标注的内容、位置和标注要求
√Ra 1.6	①参数代号：代表不同的评定要求 Ra：轮廓算术平均偏差 Rz：轮廓最大高度 ②表面结构的参数值：表示零件表面微观不平的程度（粗糙程度） 参数值的数值越大，表面越粗糙；数值越小，表面越平滑
√Rz 3.2	③参数标注的位置及注写要求 在表面结构的符号中，参数代号和参数值（Ra 1.6、Rz 3.2、Ra 1.6max 等）应注写在符号长边横折线的下方
√Ra 1.6max	注写时，参数代号与参数值之间应留有一个空格

标 注 示 例	参数标注的内容、位置和标注要求
$\sqrt{\quad -0.8/Ra\ 1.6}$ $\sqrt{\quad -0.8/Rz\ 3.2}$ $\sqrt{\quad 0.025-0.8/Ra\ 1.6}$	④取样长度（传输带）的标注位置 表面结构通过一个传输带定义（短波 λ_s 和长波 λ_c 滤波器），传输带代号 –0.8、0.025–0.8 用斜杠分割，标注在粗糙度代号前边
$\sqrt{\quad Ra\ 1.6\ \ Rz\ 6.3}$	⑤各类结构参数（Ra、Rz）的标注 Ra、Rz 的各种参数可依次标注在符号长边横折线的下方；项目更多时，可加长符号的长边
$\sqrt{\quad Rz\ 3.2}$	⑥评定长度中的取样长度个数的标注 如果取样长度个数不是 5 时，应标注（$Rz3$）。
$\sqrt{\ L\ Ra\ 1.6}$	⑦粗糙度参数上、下限的标注 上限为结构参数前加字母 U，下限为结构参数前加字母 L
$\sqrt{\ U\ Ra3.2\ \ L\ Ra1.6}$	

（6）表面结构符号的形状和尺寸。表面结构符号的形状和尺寸如图 8.18 所示。

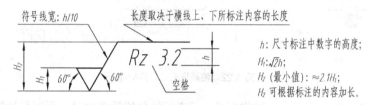

图 8.18　表面结构符号的形状和尺寸规定

（7）图样上表面结构的标注位置与方向。零件的所有表面都应有明确的表面结构要求。标注位置和方向的规定如下。

① 标注的基本原则。使表面结构的注写和读取方向与尺寸的注写和读取方向一致；符号一般标注在零件表面的轮廓线上，尖端应从材料外指向并接触到表面轮廓线，如图 8.19 所示。

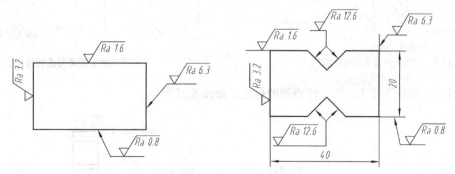

图 8.19　粗糙度符号的标注位置和方向

② 表面轮廓线上不便于标注时，可标注在轮廓线的延长线或尺寸界线上，必要时，也可用带箭头或黑点的指引线引出标注，如图 8.20 所示。

③ 圆角、倒角、圆柱表面及键槽侧面的标注，如图 8.21 所示。

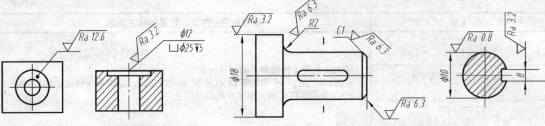

图8.20　表面轮廓线上不便标注时的标注方法　　　图8.21　圆角、倒角、键槽侧面的标注方法

④ 表面结构的简化注法。

（a）相同表面结构的注法。如果工件的多数表面（包括全部）有相同的表面结构要求，其表面结构要求可统一标注在图样的标题栏附近，此时（除全部表面有相同要求的情况外），表面结构符号后应有：在圆括号内给出无任何其他标注的基本符号，如图8.22（a）所示。或在圆括号内给出不同的表面结构要求，如图8.22（b）所示。

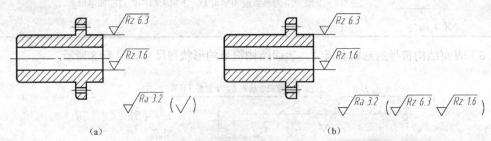

（a）　　　　　　　　　　　　　　　　　　（b）

图8.22　相同表面结构的标注

（b）有多个表面具有相同表面结构要求，或者标注位置受限制时，可以标注简化代号。

● 只用基本符号的简化标注，如图8.23所示。

● 用带字母的完整符号的简化标注，如图8.24所示。

● 应用简化标注时，必须在图形或标题栏附近以等式的形式对简化代号加以说明。

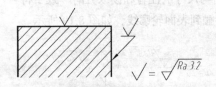

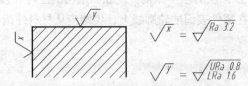

图8.23　只用基本符号的简化标注　　　　　　　图8.24　用带字母的完整符号进行简化标注

⑤ 螺纹、齿轮等特殊结构工作表面的标注，如图8.25所示。

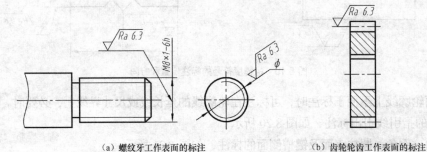

（a）螺纹牙工作表面的标注　　　　　　　　（b）齿轮轮齿工作表面的标注

图8.25　特殊结构工作表面的标注

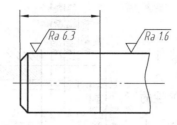

⑥ 同一表面上有不同的表面结构要求时，须用细实线画出分界线，并注出相应的表面结构代号和尺寸，如图 8.26 所示。

图 8.26　同一表面不同要求的标注

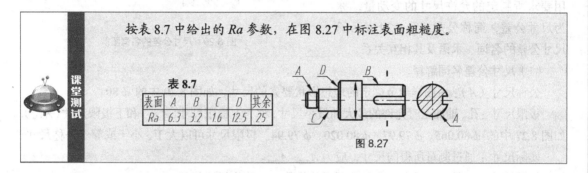

按表 8.7 中给出的 *Ra* 参数，在图 8.27 中标注表面粗糙度。

表 8.7

表面	A	B	C	D	其余
Ra	6.3	3.2	1.6	12.5	25

图 8.27

*8.4.3　表面处理及热处理

表面处理是为改善零件表面材料性能的一种处理方式，如渗碳、表面淬火、表面镀覆涂层等，以提高零件表面的硬度、耐磨性、抗腐蚀性等。热处理是改变整个零件材料的金相组织，以提高材料力学性质的方法，如淬火、退火、回火、正火等。零件对力学性能的要求不同，处理方法也不同。

表面处理要求可在表面结构符号的横线上方注写；也可用文字注写在技术要求项目内，如图 8.28 所示。热处理一般用文字注写在技术要求项目内，如图 8.28 所示。

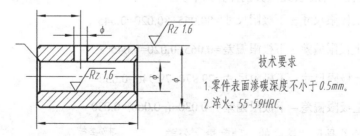

技术要求

1.零件表面渗碳深度不小于 0.5mm。
2.淬火：55-59HRC。

图 8.28　表面处理和热处理的文字说明

8.4.4　极限与配合（GB/T 1800—2009）

1. 互换性的概念

在按规定要求成批、大量制造的零件或部件中，任取一个，不经加工或修配，就能顺利调换

或装配起来，并能达到使用要求的这种性质称为互换性。零部件具有互换性后，可简化零件、部件的制造和维修工作，使产品的生产周期缩短，生产率提高，成本降低，并保证了产品质量的稳定性。

2. 尺寸公差及其标注

零件具有互换性，必然要求零件尺寸的精确度，但不可能绝对准确无误，在不影响零件正常工作并具有互换性的前提下，应对零件的几何尺寸规定一个允许的变动范围，设计时根据零件的使用要求所制定的允许尺寸的变动量，称为尺寸公差，简称公差。图 8.29 表示了尺寸公差的名词、术语及其相互关系。

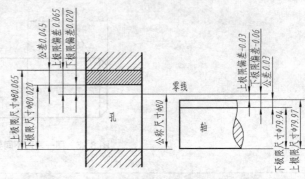

图 8.29　尺寸公差的名词图解

（1）尺寸公差名词解释。

公称尺寸（A）：由图样规范确定的理想形状要素的尺寸，如图 8.29 中的 $\phi 80$。

极限尺寸：孔、轴加工时允许的最大和最小尺寸，称为上极限尺寸（A_{max}）和下极限尺寸（A_{min}），如图 8.27 中的 $\phi 80.065$、$\phi 79.97$、$\phi 80.020$、$\phi 79.94$。极限尺寸可以大于、小于或等于公称尺寸。

实际尺寸：通过测量所得的尺寸，应为 $A_{min} \sim A_{max}$。

极限偏差：极限尺寸减去公称尺寸所得的代数差，称为极限偏差。

上极限偏差（ES、es），下极限偏差（EI、ei）。图 8.27 中孔、轴的极限偏差可分别计算如下。

$$孔\begin{cases} 上极限偏差(ES)=80.065-80=0.065 \\ 下极限偏差(EI)=80.020-80=0.020 \end{cases} \qquad 轴\begin{cases} 上极限偏差(es)=79.970-80=-0.030 \\ 下极限偏差(ei)=79.940-80=-0.060 \end{cases}$$

极限偏差可以是正值、负值或零。

尺寸公差（简称公差）：允许尺寸的变动量。

公差等于上极限尺寸与下极限尺寸之代数差，也等于上极限偏差与下极限偏差之代数差（绝对值）。图 8.28 中孔、轴的公差可分别计算如下。

$$孔\begin{cases} 公差 = 上极限尺寸 - 下极限尺寸 =80.065-80.020=0.045 \\ 公差 = 上极限偏差 - 下极限偏差 =0.065-0.020=0.045 \end{cases}$$

$$轴\begin{cases} 公差 = 上极限尺寸 - 下极限尺寸 =79.970-79.940=0.030 \\ 公差 = 上极限偏差 - 下极限偏差 =-0.030-(-0.060)=0.030 \end{cases}$$

由此可知，公差是尺寸精度的一种度量。公差越小，尺寸精度越高，实际尺寸的允许变动量就越小；反之，公差越大，尺寸的精度越低。

公差带：由代表上极限偏差和下极限偏差的两条直线所限定的一个区域，称为公差带。在分析公差时，为了直观的表示基本尺寸、偏差和公差的关系，常画出公差带图，如图 8.30 所示。

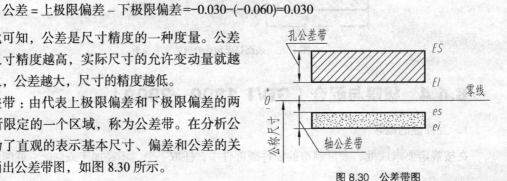

图 8.30　公差带图

（2）尺寸公差在图样上的标注。尺寸公差可根据GB/T 4458.5—2003中的规定注写到图样上。尺寸公差在零件图上的标注方法有下面三种形式。

① 用于大批量生产的零件，可标注公差代号，如图 8.31（a）所示。

② 用于小批量生产的零件图，一般只标注极限偏差，如图 8.31（b）所示。

③ 如需要同时注出公差带代号和对应的极限偏差值时，极限偏差加圆括号，如图 8.31(c)所示。

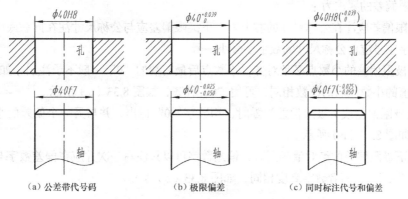

（a）公差带代号码　　　　　（b）极限偏差　　　　　（c）同时标注代号和偏差

图 8.31　尺寸公差在零件图中的标注形式

（3）公差带代号中各项的含义及其表述。公差带代号 $\phi40H8$ 和 $\phi40f7$ 中：$\phi40$ 为公称尺寸；字母为基本偏差代号，用以确定公差带的位置；字母后边的数字表示标准公差（IT8）的公差等级，可确定公差带的大小。标准公差与基本偏差的图示含义如图 8.32 所示。

① 标准公差用以确定公差带的大小。国家标准规定的标准公差等级分 IT01、IT0、IT1～IT18 共 20 个等级，公差等级的数字越大，尺寸精度越低；数字越小，尺寸精度越高。

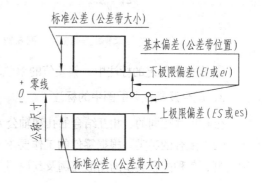

图 8.32　标准公差与基本偏差的图解

② 基本偏差可确定公差带的位置。尺寸偏差（上极限偏差和下极限偏差）中，靠近零线的偏差为基本偏差。它可以是上极限偏差，也可以是下极限偏差，当公差带位于零线上方时，基本偏差为下极限偏差；而公差带位于零线下方时，基本偏差为上极限偏差。

国家标准对孔和轴各规定了 28 个基本偏差，其代号用拉丁字母表示，大写字母表示孔，小写字母表示轴。在基本偏差系列中：

● 孔的基本差：H 的基本偏差为 0（下极限偏差），A~G 的基本偏差均为下极限偏差（公差带在零线的上方，由 A 到 G 逐渐接近零线）；JS~ZC 的基本偏差均为上极限偏差（公差带在零线的下方，由 JS 到 ZC 逐渐远离零线）。

● 轴的基本偏差：h 的基本偏差为 0（上极限偏差），a~g 的基本偏差均为上极限偏差（公差带在零线的下方，由 a 到 g 逐渐接近零线）；js~zc 的基本偏差均为下极限偏差（公差带在零线的上方，由 js 到 zc 逐渐远离零线）。

③ 公差带代号的表述。

$\phi40H8$ 表示公称尺寸为 $\phi40$，基本偏差为 H，公差等级为 8 级的孔。

ϕ40f7 表示公称尺寸为 ϕ40，基本偏差为 f，公差等级为 7 级的轴。

（4）极限偏差的查取方法及其标注规则。与每一种公差带代号相对应的极限偏差可由设计手册查得，常用和优先选用的孔（轴）的极限偏差见附表 19 或附表 20。查表方法：根据公称尺寸找到其所在的尺寸的范围（如 ϕ40 位于"＞30~40"一行中），在 f/7 一列中对应 ϕ40f7 的上极限偏差为 $-0.025\mu m$、下极限偏差为 $-0.050\mu m$。

标注极限偏差的要求为：

① 上极限偏差应注在公称尺寸的右上方；下极限偏差应与公称尺寸注在同一底线上；上下极限偏差的数字字号应比公称尺寸的数字字号小一号。

② 上下极限偏差的小数点必须对齐，小数点后最右端的"0"一般不予注出；如果为了使上、下极限偏差值的小数点后的位数相同，可用"0"补齐，如图 8.33（a）所示。

③ 当上极限偏差或下极限偏差为零时，用数字"0"标出，并与另一个偏差的小数点前的个位数对齐，如图 8.33（b）所示。

④ 当上下极限偏差的绝对值相同时，偏差数字可以只注写一次应在偏差数字与公称尺寸之间注出符号"±"，且两者数字高度相同，如图 8.33（c）所示。

$$\phi40^{-0.025}_{-0.050} \qquad \phi65^{+0.025}_{0} \qquad \phi15^{0}_{-0.011} \qquad 50\pm0.31$$

（a）　　　　　　　　　　　　（b）　　　　　　　　（c）

图 8.33　极限偏差的注法

⑤ 在极限偏差的标注中，偏差值的单位均为 mm，表中查得的偏差单位为 μm。

3. 配合及其在装配图中的标注

公称尺寸相同的、相互结合的孔和轴公差带之间的关系，称为配合。

（1）配合的种类。根据零件的工作要求不同，配合又分为间隙配合、过盈配合及过渡配合三种类型，各种配合类型的图形实例及其说明如表 8.8 所示。

表 8.8　　　　　　　　　　　　　　配合的种类

名　称	公差带图例	说　明
间隙配合	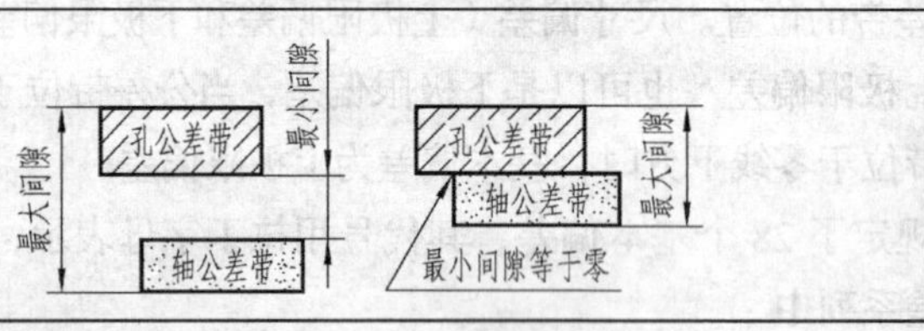	孔公差带在轴公差带之上，任取一对孔和轴相配，都有间隙，包括间隙为零的极限情况
过盈配合	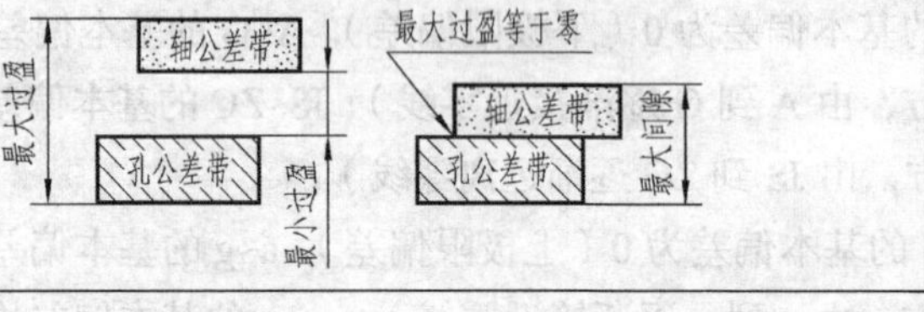	孔公差带在轴公差带之下，任取一对孔和轴相配，都有过盈，包括过盈为零的极限情况
过渡配合	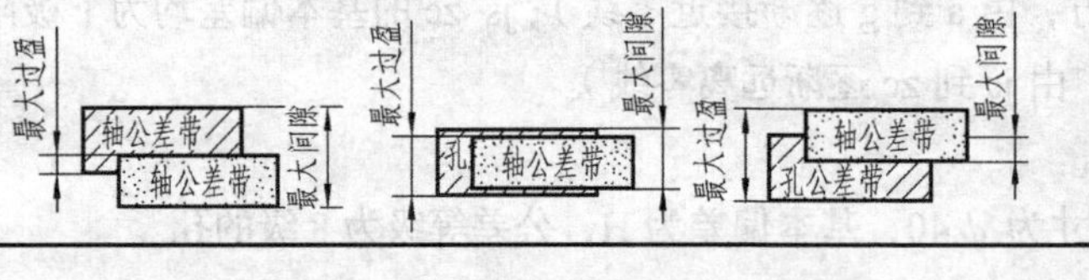	孔和轴的公差带相互交叠，任取一对孔和轴相配，可能具有间隙，也可能具有过盈

（2）配合制。公称尺寸确定以后，为了得到不同性质的配合而确定孔和轴的基本偏差时，如果两者都允许变动，将出现很多种配合方案，不利于零件的设计和制造，因此国家标准规定了两种配合制。

① 基孔制配合。基本偏差为一定的孔的公差带，与不同基本偏差的轴的公差带形成各种配合，称为基孔制配合。基孔制的孔称为基准孔，基本偏差代号为 H，下极限偏差为零。

基孔制中，基本偏差为 a ~ h 的轴可与基准孔形成间隙配合；基本偏差为 j ~ zc 的轴可与基准孔形成过渡配合和过盈配合。

② 基轴制配合。基本偏差为一定的轴的公差带，与不同基本偏差的空的公差带形成各种配合，称为基轴制配合。基轴制的轴称为基准轴，基本偏差代号为 h，上极限偏差为零。

基轴制中，基本偏差为 A ~ H 的孔可与基准轴形成间隙配合；基本偏差为 J ~ ZC 的孔可与基准轴形成过渡配合和过盈配合。

（3）常用、优先选用的公差带和配合。任一基本偏差和任一种公差等级的组合，可得到大量不同大小和不同位置的公差带（孔和轴各有 500 多个公差带）。但在实际生产中，太多的公差带供选用，不但不经济，也不利于生产，更无此必要。所以，在最大限度满足生产实际需要的前提下，对公差与配合有必要做出限制，以减少各种工具和装备的规格。国家标准规定轴的一般用途公差带 119 种，常用 59 种，优先 13 种；孔的一般用途公差带 105 种，常用 44 种，优先 13 种。

（4）极限与配合在装配图上的标注。在装配图上标注极限与配合时，其代号必须在公称尺寸的右边，用分数形式注出，分子为孔的公差代号，分母为轴的公差代号。其注写形式有三种，如图 8.34 所示。

标注标准件、外购件与零件（孔或轴）的配合代号时，可以只标注相配零件的公差带代号，如图 8.35 所示，滚动轴承为标准件，其公差不能选用《公差与配合》标准，因而只能标注零件的公差代号。

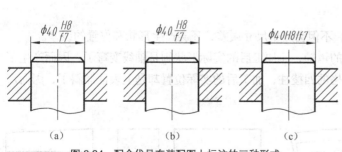

图 8.34　配合代号在装配图上标注的三种形式

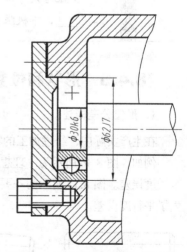

图 8.35　零件与标准件配合时的标注

（5）配合代号的表述及识读。

$\phi 40H8/f7$ 表示公称尺寸为 $\phi 40$，基孔制，基本偏差为 f，公差等级为 7 级的轴与公差等级为 8 的基准孔的配合。

$\phi 40k8/h7$ 表示公称尺寸为 $\phi 40$，基轴制，基本偏差为 K，公差等级为 8 级的孔与公差等级为 7 级的基准轴的配合。

表 8.9 列出了几种配合代号的识读例子，内容包括孔、轴极限偏差的查表、公差的计算、配合基准制的判别。

表 8.9   配合代号的识读举例

代号＼项目	孔的公差代号和极限偏差	轴的公差代号和极限偏差	公差	配合制度与类别
$\phi 60 \dfrac{H7}{n6}$	$\phi 60H7 \quad \phi 60^{+0.03}_{\ \ 0}$		0.03	基孔制 过渡配合
		$\phi 60n6 \quad \phi 60^{+0.039}_{+0.020}$	0.019	
$\phi 20 \dfrac{H7}{s6}$	$\phi 20H7 \quad \phi 20^{+0.021}_{\ \ 0}$		0.021	基孔制 过盈配合
		$\phi 20s6 \quad \phi 20^{+0.048}_{+0.035}$	0.013	
$\phi 24 \dfrac{G7}{h6}$	$\phi 24G7 \quad \phi 24^{+0.028}_{+0.007}$		0.021	基轴制 间隙配合
		$\phi 24h6 \quad \phi 24^{\ \ 0}_{-0.013}$	0.013	
$\phi 75 \dfrac{R7}{h6}$	$\phi 75R7 \quad \phi 75^{-0.032}_{-0.062}$		0.03	基轴制 过盈配合
		$\phi 75h6 \quad \phi 75^{\ \ 0}_{-0.019}$	0.019	

课堂测试

1. 尺寸 $\phi 36^{\ \ 0}_{-0.05}$ 的公称尺寸是____，上极限偏差____，下极限偏差____，上极限尺寸____，下极限尺寸____，公差____。

2. 公差带的大小由_____决定，公差带的位置由_____决定。

3. 标准公差等级分____级，最高等级为____级。

4. 尺寸 $\phi 40H7$ 中，$\phi 40$ 为____，H 为____，7 为____。

5. 配合尺寸 $\phi 50 \dfrac{H7}{g6}$ 中，孔的上极限偏差____，下极限偏差____；轴的上极限偏差____，下极限偏差____；属于基____制的____配合。

*8.4.5 形状和位置公差（GB/T 1182—2008）

1. 形位公差概述

在生产实际中，经过加工的零件，不但会产生尺寸误差，还会产生形状和位置的误差。

例如，图 8.36 所示为一理想形状的销轴，而加工后的实际形状则是轴线变弯了，因而产生了直线度误差。图 8.37 所示为一要求严格的四棱柱，加工后的实际位置却是上表面倾斜了，因而产生了平行度误差。

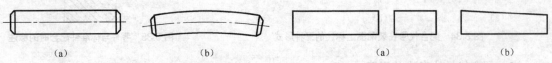

（a）	（b）	（a）	（b）
图 8.36　销轴的形状误差（直线度误差）		图 8.37　四棱柱的位置误差（平行度误差）	

如果零件存在严重的形状和位置误差，将使其装配造成困难，影响机器的质量。因此，对于精度要求较高的零件，除给出尺寸公差外，还应根据设计要求，合理地确定出形状和位置误差的

最大允许值（公差值）。如图 8.38（a）中的 $\phi 0.08$（销轴轴线必须位于直径为公差值 $\phi 0.08$ 的圆柱面内，如图 8.38（b）所示）、图 8.39（a）中的 0.01（上表面必须位于距离为公差值 0.01 且平行于基准面 A 的两平行面之间，如图 8.39（b）所示）。

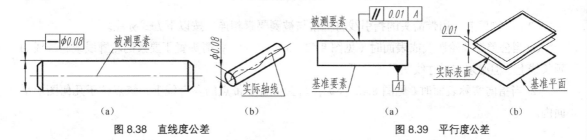

图 8.38　直线度公差　　　　　　图 8.39　平行度公差

可见，用形状和位置公差可将误差控制在一个合理的范围之内。为此，国家标准规定了一项保证零件加工质量的指标——形状公差和位置公差（简称形位公差）。

2. 形位公差的项目及符号

国家标准中规定了 6 项形状公差和 8 项位置公差，其项目名称与符号如表 8.10 所示。

表 8.10　　　　　　　　　　　　　　　　形位公差项目及符号

形状公差	项目	直线度	平面度	圆度	圆柱度	线轮廓度	面轮廓度
	符号	—	▱	○	⌀	⌒	⌓
位置公差	项目	平行度	垂直度	倾斜度	同轴度	对称度	位置度	圆跳动	全跳动
	符号	∥	⊥	∠	◎	═	⊕	↗	↗↗

3. 形位公差的标注

零件的形位公差一般是用代号标注在图样中的，代号标注不便时，也可用文字说明。

形位公差的代号包括：形位公差项目符号；形位公差框格和带箭头的指引线；形位公差数值和其他有关符号；基准符号等。

（1）公差框格。

① 在图样中，形位公差应以框格的形式进行标注，其标注内容及框格的绘图格式如图 8.40 所示。

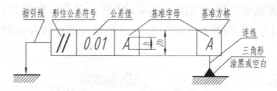

图 8.40　形位公差代号与基准符号

② 公差值用线性值，如公差带是圆形或圆柱形的则在公差值前加注 "ϕ"；如是球形的则加注 "$S\phi$"；根据需要，用一个或多个字母表示基准要素或基准体系，如图 8.41（b）、（c）、（d）所示。

③ 当一个以上要素作为被测要素（如 6 个要素），应在框格上方标明（如 $6 \times \phi$、6 槽），如图 8.41（e）所示。

④ 同一要素有多个公差要求时，可将一个框格放在另一框格的下面，如图 8.41（f）所示。

图 8.41　公差值和基准要素的注法

（2）被测要素。用带箭头的指引线将框格与被测要素相连，按以下方式标注。

① 当公差涉及轮廓线或表面时（见图 8.42（a）、（b）），将箭头置于要素的轮廓线或轮廓线的延长线上（但必须与尺寸线明显地分开）。

② 当指向实际表面时（见图 8.42（c）），箭头可置于带点的参考线上，该点位于几何图形平面内。

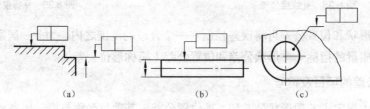

图 8.42　被测要素（1）

③ 当公差涉及轴线、中心平面或由带尺寸要素确定的点时，则带箭头的指引线应与尺寸线的延长线重合（见图 8.43）。

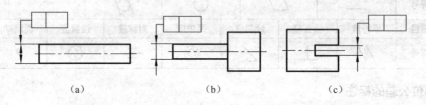

图 8.43　被测要素（2）

（3）基准符号及其标注。

① 基准符号。与被测要素相关的基准用一个大写字母表示。字母标注在基准方框内，与一个涂黑的或空白的三角形相连以表示基准；表示基准的字母还应标注在公差框格内。涂黑的和空白的基准三角形含义相同，基准符号如图 8.40 所示。

② 当基准要素是轮廓线或表面（见图 8.44（a））时，基准三角形放置在要素的轮廓线或其延长线上（与尺寸线明显错开，见图 8.44（a）），基准三角形也可放置在该轮廓面引出线的水平线上，如图 8.44（b）所示。

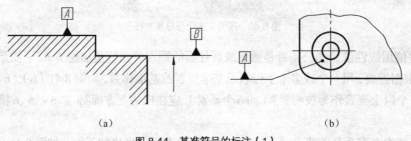

图 8.44　基准符号的标注（1）

③ 当基准是尺寸要素确定的轴线、中心平面或中心点时，基准三角形应放置在该尺寸线的延长线上（见图 8.45）。如果没有足够的位置标注基准要素尺寸的两个尺寸箭头，则其中一个箭头可用基准三角形代替（见图 8.45（b）和图 8.45（c））。

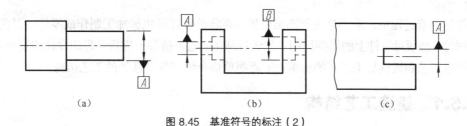

（a）　　　　　　　　　　　（b）　　　　　　　　　　　（c）

图 8.45　基准符号的标注（2）

（4）形位公差的识读。

【例 8.3】　识读图 8.46 所示零件的形位公差要求，并解释其含义。形位公差的识读结果如表 8.11 所示。

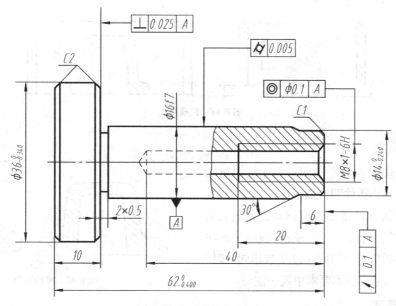

图 8.46　形位公差标注示例

表 8.11　　　　　　　　　　　　　　例 8.3 中形位公差的识读

形位公差的标注符号	解　读
$\lozenge$ 0.005	ϕ 16f7 外圆柱面的圆柱度公差为 0.005mm
$\odot$ ϕ0.1 A	M8 × 1 的轴线对基准 A（ϕ 16f7 的轴线）的同轴度公差为 0.1mm
∕ 0.1 A	ϕ 14 的端面对基准 A（ϕ 16f7 的轴线）的端面圆跳动公差为 0.1mm
⊥ 0.025 A	ϕ 36 的右端面对基准 A（ϕ 16f7 的轴线）的垂直度公差为 0.025mm

*8.5 零件上常见的工艺结构

零件的制造过程中，通常是先制造出毛坯，再将毛坯件经机械加工制作成零件。因此，在绘制零件图时，必须对零件上的某些结构（如铸造圆角、退刀槽等）进行合理地设计和规范地表达，以符合铸造工艺和机械加工工艺的要求。下面简单地介绍零件上常见的工艺结构。

8.5.1 铸造工艺结构

1. 起模斜度

造型是为了能将木模顺利地从砂型中取出，一般常在铸造件的内、外壁上沿着起模方向设计出斜度，这个斜度称为起模斜度，如图8.47所示。起模斜度一般按1:20选取，也可以角度表示（木模造型约取1°~3°）。该斜度在零件图上一般不画、不标。如有特殊要求，可在技术要求中说明。

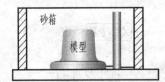
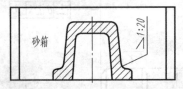

图8.47 起模斜度

2. 铸造圆角

为了便于脱模和避免砂型尖角在浇铸时发生落砂，以及防止铸件两表面的尖角出现裂纹、缩孔，往往将铸件转角处做成圆角，如图8.48所示。在零件图上，该圆角一般应画出并标注圆角半径。当圆角半径相同（或多数相同）时，也可将其半径尺寸在技术要求中统一注写。

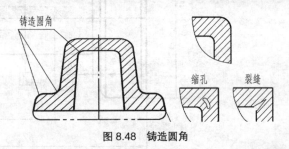

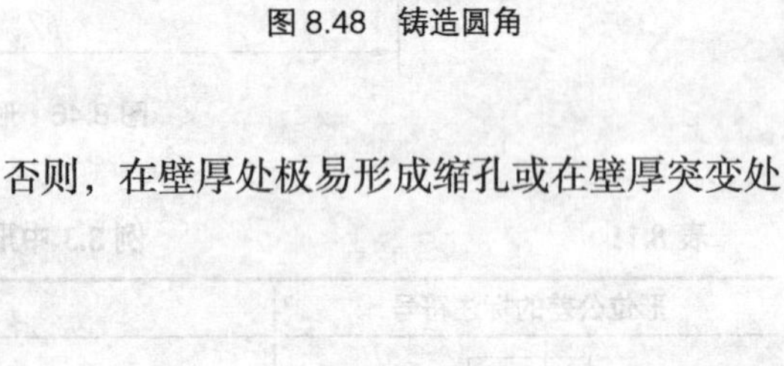

图8.48 铸造圆角

3. 铸件壁厚

铸件壁厚应尽量均匀或采用逐渐过渡的结构。否则，在壁厚处极易形成缩孔或在壁厚突变处产生裂纹，如图8.49所示。

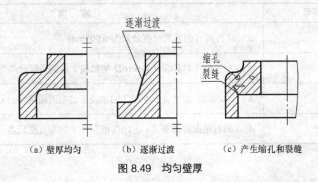

（a）壁厚均匀　　　（b）逐渐过渡　　　（c）产生缩孔和裂缝

图8.49 均匀壁厚

4. 过渡线

由于铸造圆角，使得铸件表面的交线变得不够明显，若不画出这些线，零件的结构则显得含糊不清。为了便于看图及区分不同表面，图样中仍须按没有圆角时交线的位置，画出这些不太明显的线，此线称过渡线，过渡线用细实线表示，且不与轮廓线相连，如图 8.50 所示。

在铸件的内、外表面上，过渡线随处可见，看图、画图都会经常遇到。常见的过渡线如图 8.51 所示。

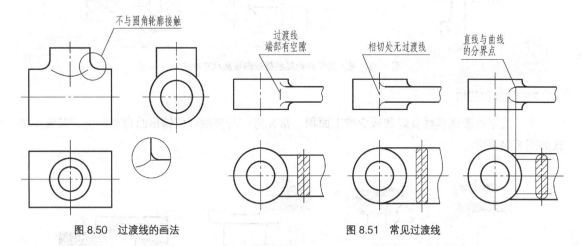

图 8.50　过渡线的画法　　　　　　图 8.51　常见过渡线

在生产实际中，对于一般铸、锻件表面的过渡线画法要求并不高，只要求在图样上将组成机件的各个几何体的形状、大小和相对位置清楚地表示出来即可，因为过渡线会在生产过程中自然形成。

8.5.2　机械加工工艺结构

1. 倒角和圆角

为了去除毛刺、锐边和便于装配，在轴和孔的端部会加工出倒角；为了避免应力集中产生裂纹，将轴肩处加工成圆角的过渡形式，此圆角称为倒圆。倒角和倒圆的尺寸可在相应标准中查出，其尺寸标注如图 8.52 所示。

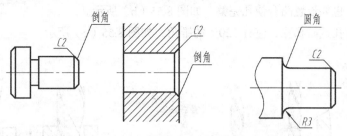

图 8.52　倒角与圆角的画法及尺寸标注

2. 退刀槽和砂轮越程槽

切削时（主要是车螺纹和磨削），为了便于退出刀具或使磨轮稍微越过加工面，常在被加工面的轴肩处预先车出退刀槽或砂轮越程槽。其具体结构和尺寸需根据轴径或孔径查阅相关手册得出。其尺寸可按"槽宽 × 槽深"或"槽宽 × 直径"的形式标注。当槽的结构比较复杂时，可画出局部放大图进行标注，如图 8.53 所示。

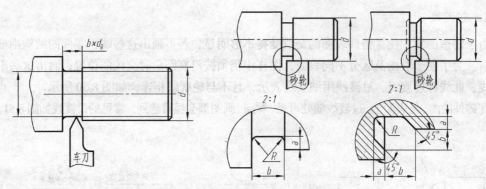

图 8.53　退刀槽与砂轮越程槽的画法及尺寸标注

3. 凸台和凹坑

为了使零件表面接触良好和减少加工面积，常在铸件的接触部位铸出凸台或凹坑，其常见形式如图 8.54 所示。

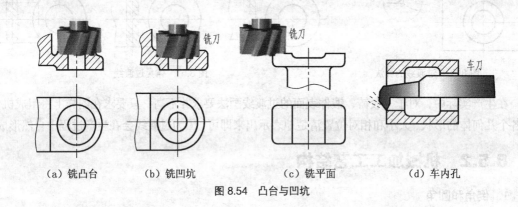

（a）铣凸台　　　（b）铣凹坑　　　　　　（c）铣平面　　　　　　（d）车内孔

图 8.54　凸台与凹坑

4. 钻孔结构

钻孔时，钻头的轴线应与被加工表面垂直，否则会使钻头弯曲，甚至折断。因此，当零件表面倾斜时，可设置凸台或凹坑，如图 8.55（a）所示。钻头单边受力也容易折断，因此，对于钻头钻透处的结构，也要设置凸台使孔完整，如图 8.55（b）所示。

钻头钻出的盲孔或阶梯孔，应有 120° 的锥角，如图 8.55（c）所示。

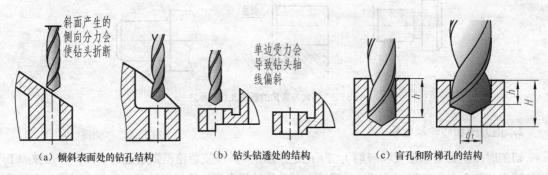

（a）倾斜表面处的钻孔结构　　　　（b）钻头钻透处的结构　　　　（c）盲孔和阶梯孔的结构

图 8.55　钻孔结构

8.6　读典型零件图

正确、熟练地读零件图，是技术工人必须掌握的基本功之一。在学习过程中，掌握各类零件的结构形状和表达方法，对提高读图的能力很有帮助。

8.6.1　读零件图的目的

看零件图，就是要根据零件图想象出零件的结构形状，同时弄清零件在机器中的作用、零件的自然概况、尺寸类别、尺寸基准和技术要求等，以便在制造零件时，采用合理的加工方法。

8.6.2　读零件图的一般步骤

1．看标题栏

通过看标题栏，了解零件概貌。从标题栏中可以了解到零件的名称、材料、绘图比例等零件的一般情况，结合对全图的浏览，可对零件有个初步的认识。在可能的情况下，还应搞清楚零件在机器中的作用和其他零件间的关系。

2．读视图

读视图、分析表达方案，想象零件形状。看图时，应首先找到主视图，围绕主视图，根据投影规律，再去分析其他各视图。要分析零件的类别和它的结构组成，按"先大后小、先外后内，先整体后局部"的顺序，有条不紊地进行识读。

3．看尺寸标注

看尺寸标注，明确各部分结构尺寸的大小。看尺寸时，首先要找出长、宽、高三个方向的尺寸基准；然后，从基准出发，按形体分析法，找出各组成部位的定形、定位尺寸；深入了解基准之间、尺寸之间的相互关系。

4．看技术要求

看技术要求，全面掌握质量指标。分析零件图上所标注的尺寸公差、表面粗糙度、形位公差、热处理及表面处理等技术要求。

通过上述分析，对所分析的零件，即可获得全面的技术资料，也可真正看懂整个零件图。

*8.6.3　典型零件分析

机器中，零件的形状千差万别，它们既有共同之处，又各有特点。按其形状特征可分为以下几类。

（1）轴套类零件。如机床主轴、各种传动轴、阀杆、空心套等。

（2）叉架类（叉杆和支架）零件。如摇杆、连杆、轴座、支架等。

（3）轮盘类零件。如各种车轮、手轮、凸缘压盖、端盖等。

（4）箱体类零件。如变速箱、阀体、机座、床身等。

上述各类零件在选择视图时都有自己的特点，我们要根据视图选择的原则来分析、确定各类零件的表达方案。

1. 轴套类零件

轴套类零件包括各种轴、套筒和衬套等。轴类零件的形体特征都是回转体，大多数轴的长度远大于它的直径。按外部轮廓形状可将轴分为光轴、台阶轴、空心轴等。轴上常见的结构有越程槽（或退刀槽）、倒角、圆角、键槽、螺纹等。在机器中，轴的主要作用是用于支承转动零件（如齿轮、带轮）和传递转矩。

大多数套筒的壁厚小于它的内孔直径。在套筒上常有油槽、倒角、退刀槽、螺纹、油孔、销孔等。套筒的主要作用是支承和保护转动零件，或用来保护与它外壁相配合的表面。

【例 8.4】 按识读零件图的步骤分析车床尾座空心套零件图（见图 8.56）。

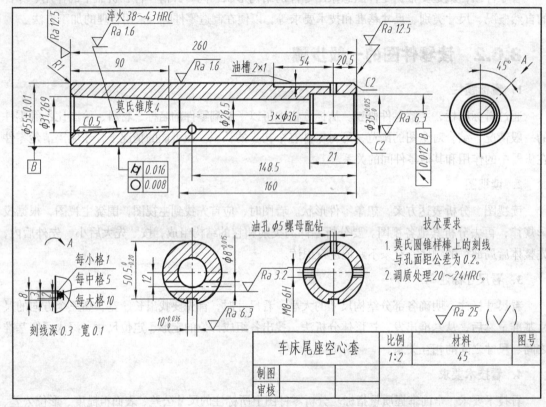

图 8.56 车床尾座空心套零件图

（1）看标题栏。由标题栏可知，零件名称为车床尾座空心套，属轴套类零件，材料为 45 钢，比例为 1:2。

（2）分析视图。

① 根据视图的布置和有关的标注，首先找到主视图。再根据投影规律，看清弄懂其他各视图以及所采用的各种表达方法。空心套的一组视图，画了两个基本视图（主、左视图）两个移出断面图（主视图下方）和 A 向的斜视图。

② 主视图为全剖视图，表达了套筒的内外基本形状。回转体零件一般都在车、磨床上加工，根据结构特点和主要工序的加工位置情况（轴线水平放置）。一般将轴横放，用一个基本视图——主视图来表达整体结构形状。这种选择，符合零件的主要加工原则。

③ 左视图的主要目的是为 A 向斜视图表明投射方向和位置。

④ A 向斜视图，表示倾斜 45° 外圆表面上的刻线情况。

⑤ 在主视图下方，有两个移出断面，因它们是画在剖切线的延长线上，所以没有标注。通过断面图，进一步看到空心套外表面下方有一宽为 10mm 的键槽；距离右端 148.5mm 处有一个距套中心线 12mm 的 $\phi 8$ 通孔；右下方断面图清楚地表达了 M8-6H 的螺孔和 $\phi 5$ 的油孔，从主视图还可以看到在油孔旁有一个宽为 2mm、深为 1mm 的油槽。

分析图形，不仅要着重看清主要结构形状，而且更要细致、认真地分析每一个细小部位的结构，以便能较快地想象出零件的结构形状。

（3）看尺寸标注。看懂图样上标注的尺寸是很重要的。轴套类零件主要尺寸是径向尺寸和轴向尺寸（高、宽尺寸和长度尺寸）。

在加工和测量径向尺寸时均以轴线为基准（设计基准）；轴的长度方向尺寸一般都以重要的定位面（轴肩）作为主要尺寸基准。

空心套的径向尺寸基准为轴心线，长度尺寸基准是右端面。如图中 20.5、21、148.5、160 等尺寸，均从右端面注起，该端面也是加工过程的测量基准；左端锥孔长度自然形成，不用标注。

"$\phi 5$ 配制"说明孔 $\phi 5$ 必须与螺母装配后一起加工。左端长度尺寸 90，表示热处理淬火范围。

尺寸是零件加工的重要依据，看尺寸必须认真，应尽量避免因看错尺寸，而造成废品。

（4）看技术要求。技术要求可从以下几个方面来分析。

① 极限配合与表面结构。为保证零件质量，重要的尺寸应标注尺寸偏差（或公差），零件的工作表面应标注表面粗糙度，对加工提出严格的要求。

空心套外径尺寸 $\phi 55 \pm 0.01$，表面结构 Ra 的上限值为 1.6μm，锥孔表面结构的上限值为 1.6μm，这样的表面精度只有经过磨削才能达到，而 $\phi 26.5$ 的内孔和端面的表面结构 Ra 的上限值为 25μm 和 12.5μm，车削就可以达到。

② 形位公差。空心套外圆 $\phi 55$，要求圆柱度公差为 0.04，两端内孔的圆跳动分别为 0.01 和 0.012。这些要求在零件加工过程中，必须严格加以保证。

③ 其他技术要求。空心套材料为 45 钢，为了提高材料的强度和韧性要进行调质处理，硬度为 20~24HRC；为增加其耐磨性，至左端 90mm 处一段锥孔内表面要求表面淬火，硬度为 38~43HRC；技术要求中第一条对锥孔加工时提出检验误差的要求。

通过以上分析，可以看出轴套类零件在表达方面的特点：按加工位置画出一个主视图，为表达、标注其他结构形状和尺寸，还要画出端面图、放大图等。尺寸标注特点：按径向和轴向选择基准。径向基准为轴线，轴向基准一般选重要的定位面为主要尺寸基准，再按加工、测量要求选取辅助面为辅助基准。轴套类技术要求比较复杂，要根据使用要求和零件在机器中的作用，恰当地给定技术条件。

总之，轴套类零件的视图表达比较简单，它主要是按加工时的加工状态来选择主视图。尺寸标注主要是径向和轴向两个方向，基准选择也比较容易。但是技术要求的内容往往比较复杂。

2. 轮盘类零件

轮盘类零件有各种手轮、带轮、花盘、法兰盘、端盖及压盖等。其中轮类零件多用于传递扭矩；盘盖类零件起连接、轴向定位、支承和密封作用。

【例 8.5】 识读端盖零件图，如图 8.57 所示。

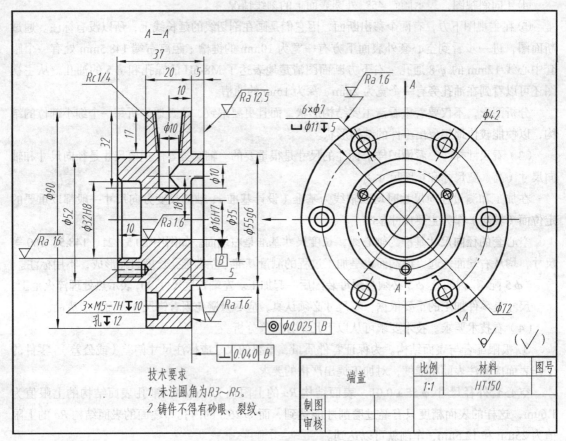

图 8.57 端盖零件图

（1）看标题栏。由图样的标题栏可知，零件名为端盖，材料为 HT150（灰铸铁），绘图比例 1:1。

（2）分析视图。从图形表达方案看，因轮盘类零件一般都是短粗的回转体，主要在车床或镗床上加工，所以主视图采用轴线水平放置的投射方向，符合零件的加工位置原则。为清楚表达零件内部结构，主视图 A—A 为全剖视图，未剖到的沉孔（回转面上的均匀分布）按剖到画出一个。为表达端面结构，选择左视图，可清楚表达端盖上六个沉孔以及最左端面上三个螺纹孔的排布情况。

（3）看尺寸标注。端盖零件为回转体，其径向尺寸基准为轴线。在标注圆柱体的直径时一般都注在投影为非圆的视图上；轴向尺寸以右侧较大的端面为基准。

（4）看技术要求。端盖的配合共有三处：ϕ32H8、ϕ16H7、ϕ55g6；机加工表面的表面结构要求均标注在图形上，其余非加工面统一标注在标题栏旁边；右侧较大的端面相对 ϕ16H7 轴线有垂直度公差要求，ϕ55g6 轴线对 ϕ16H7 轴线有同轴度公差要求；零件图中还注明了两条技术要求：未注圆角为 R3~R5；铸件不得有砂眼、裂纹。

通过以上分析可以看出，轮盘类零件一般选用 1~2 个基本视图，主视图按加工位置画出，并作剖视。尺寸标注比较简单，对结合面（工作面）的有关精度、表面结构和形位公差有比较严格的要求。

叉架类和箱体类零件的读图方法和步骤与轴套类和盘盖类零件类似，不再赘述。

8.7 抄画零件图

8.7.1 抄画零件图的一般步骤

抄画一张完整的零件图一般有以下几个步骤。

（1）根据给出的零件图，选定图幅和比例，布置图面，并画好各视图的基准线。

（2）绘制基本视图的内、外轮廓线。

（3）绘制其他各视图、断面图等必要的视图。

（4）抄注尺寸和技术要求并填写标题栏。

（5）检查有无错误和遗漏，加深图线。完成抄画的零件图。

8.7.2 抄画零件图示例

【例8.6】 图8.58所示为衬套的零件图，根据图中的尺寸和标题栏中的比例，选用适当的图幅，抄画零件图。

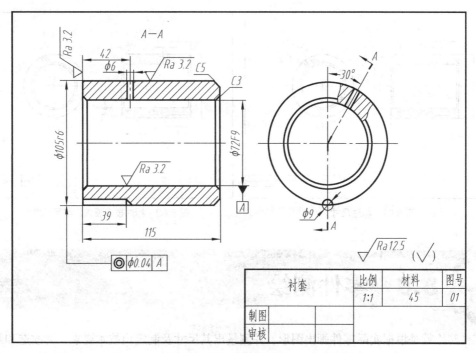

图 8.58 衬套零件图

（1）根据图形的尺寸和比例，可选 A4 图幅（X 型），绘制标题栏和定位线，如图 8.59 所示。

（2）抄画视图。先画反映零件形状特征的左视图，按尺寸 1 ∶ 1 抄画主视图，如图 8.60 所示。

（3）标注尺寸。如图 8.61 所示。标注顺序应为：

① 主体尺寸 ϕ105r6、115、ϕ72F9；倒角尺寸 C3、C5。

② 小孔的定位尺寸 30°、42，定形尺寸 ϕ6。

③半圆孔的定形尺寸 39、ϕ9。

（4）标注技术要求，填写标题栏，如图 8.60 所示。

①表面结构，按国标规定标注图形上三处表面结构符号和标题栏上方的同一标注符号。

②标注同轴度的公差符号和基准符号。

③填写标题栏。

检查后加深图线，完成绘图。

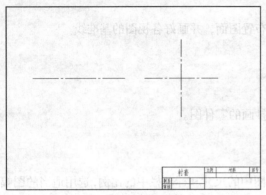

图 8.59　选图幅、布置视图

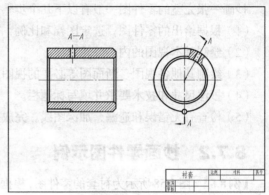

图 8.60　抄画视图

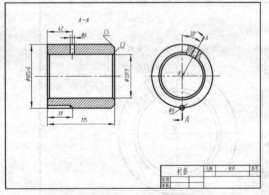

图 8.61　标注尺寸

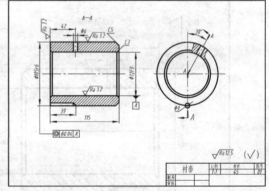

图 8.62　标注技术要求、填写标题栏

8.8　零件测绘

零件测绘就是根据实际零件画出图形，并测量出其尺寸及制定出技术要求，为改造和维修现有设备、仿造机器及配件或推广先进技术创造条件，因此，测绘是工程技术应用型人才必备的基本技能之一。

8.8.1　零件测绘的方法和步骤

1．分析零件，确定表达方案

在零件测绘前，必须对零件进行详细分析，分析步骤及内容如下。

（1）了解该零件的名称和用途。

（2）鉴定零件的材料。

（3）对零件进行结构分析。零件是安装在机器或部件上的，所以分析其结构功能时应结合该零件在机器上的安装、定位、运动方式等进行，这对测绘已破旧、磨损的零件十分重要。

（4）对零件进行工艺分析，因为不同的加工工艺会影响零件的表达方案。

（5）确定零件的表达方案。

2．画零件草图

零件草图并不是"潦草的图"，它应与零件图一样包括：一组视图、完整的尺寸、技术要求和标题栏。如图 8.63 所示，画草图的步骤如下。

（1）徒手画出各主要视图的作图基准线，确定各视图的位置，注意留出标注尺寸、技术要求、标题栏的位置。

（2）目测尺寸，详细画出零件的内、外结构形状；对零件上的缺陷，如破旧、磨损、砂眼、气孔等不应画出。

（3）画出剖面线、全部尺寸界线、尺寸线和箭头。

（4）逐个测量并标注尺寸。

（5）拟定技术要求。

（6）检查、填写标题栏、完成草图。

3．画零件图

画零件图前，要对零件草图进行审核，对视图表达、尺寸标注、技术要求等进行查对、修改、补充完整，然后画出零件图，画图的步骤如下。

（1）选比例，定图幅。

（2）画底稿图，先画各视图的基准线，再画主要轮廓线和细节部位的结构。

（3）检查加深，画剖面线、尺寸界线、尺寸线。

（4）标注尺寸数字，注写技术要求，填写标题栏。

（5）检查完成全图。

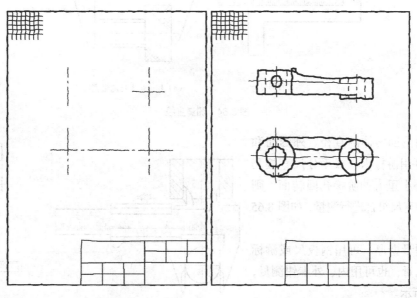

(a)　　　　　　　　　　　　　　(b)

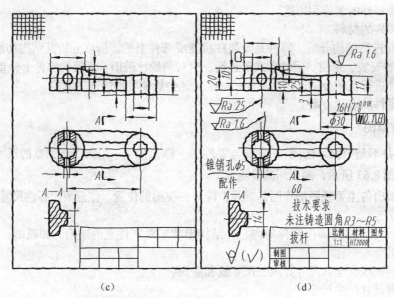

（c）　　　　　　　　　　　　　（d）

图 8.63　画零件草图步骤

8.8.2　常用测量工具的使用方法和注意事项

1．常用测量工具的使用方法

（1）测量直线尺寸。一般可用钢板尺或游标卡尺直接测量，如图 8.64 所示。

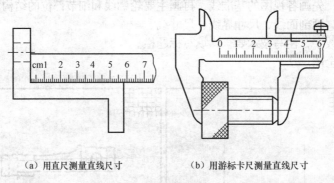

（a）用直尺测量直线尺寸　　　　　（b）用游标卡尺测量直线尺寸

图 8.64　测量直线

　　（2）测量回转体的直径。外圆面和内孔一般可用游标卡尺或千分尺直接测量，对于外小里大的阶梯孔回转面，则可用卡钳和直尺组合进行测量，如图 8.65 所示。

　　（3）测量壁厚。可用钢板尺或游标卡尺直接测量，也可用内、外卡钳测量，如图 8.66 所示。

　　（4）测量孔间距和中心高。可用内、

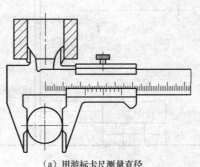

（a）用游标卡尺测量直径　　　（b）用卡钳测量直径

图 8.65　测量回转体直径

外卡钳和钢板尺组合测量，如图 8.67 所示。

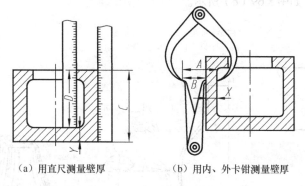

（a）用直尺测量壁厚　　　　（b）用内、外卡钳测量壁厚

图 8.66　测量壁厚

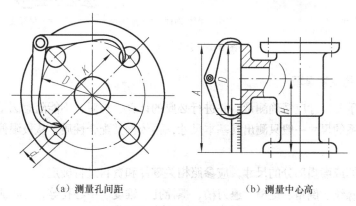

（a）测量孔间距　　　　　　（b）测量中心高

图 8.67　测量孔间距和中心高

（5）测量圆角和螺距。测量圆角可用内、外圆角规。测量时，找出与被测圆角完全吻合的一片，读取片上的数字就得到被测圆角半径的大小，如图 8.68（a）所示。测量螺距可用螺纹规，如图 8.68（b）所示。

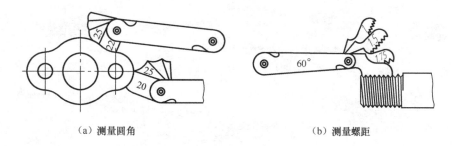

（a）测量圆角　　　　　　　　　　（b）测量螺距

图 8.68　测量圆角和螺距

（6）测量曲线和曲面。对于曲线、曲面的测量，可用以下方法。

① 拓印法。测量平面曲线的曲率半径时，可用纸拓印其轮廓得到如实的平面曲线，然后判定该圆弧的连接情况，用三点定心法确定其半径，如图 8.69（a）所示。

② 铅丝法。测量回转面（母线为曲线）零件时，可用铅丝沿母线弯成实形得到其母线实样，如图 8.69（b）所示。

③坐标法。一般的曲线和曲面可用直尺和三角板确定曲线（面）上一些点的坐标，通过坐标值确定其曲线（面），如图8.69（c）所示。

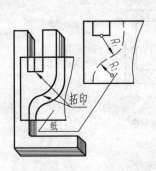

（a）拓印法测量曲线

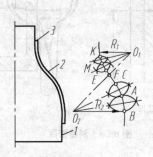

（b）铅丝法测量曲面

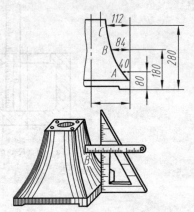

（c）坐标法测量曲线（面）

图8.69　测量曲线和曲面

2. 测量尺寸的注意事项

①零件上的重要尺寸应精确测量，并进行必要的计算、核对，不能随意圆整。

②有配合关系的尺寸一般只测出其基本尺寸，再依据其配合性质，从极限偏差表中查出极限偏差值。

③零件上损坏或磨损部分的尺寸，应参照相关零件和资料进行确定。

④零件上的螺纹、倒角、键槽、退刀槽、螺栓孔、锥度、中心孔等，应将测量尺寸按有关标准校对。

第9章

装 配 图

（1）一个单一的零件，能构成一部机器吗？

（2）加工好的零件，在组装车间进行装配时，也需要图纸吗？用于指导装配的图纸所表达的内容和要求会与零件图相同吗？它主要应该表达什么呢？

机器（或部件）是由零件装配而成的，装配图是表达机器的图样。它用以表达该机器的组成、零件之间的装配与连接关系、装配体的工作原理、以及生产该装配体的技术要求等。

本章主要介绍装配图的内容、视图的表达方法、尺寸及技术要求的标注规定，以及识读装配图的方法和步骤。

- 了解装配图的作用和内容
- 理解装配图的视图选择、基本画法和简化画法
- 理解装配图中的尺寸标注、零件编号及明细表的有关规定
- 熟悉识读装配图的方法和步骤，能读懂简单的装配图

9.1 装配图概述

9.1.1 装配图的作用

装配图是表达机器的组成、各零件的装配关系和连接关系以及装配体工作原理的图样。在设计机器的过程中，一般是先画出装配图，然后拆画零件图；在生产过程中，则是先根据零件图进行零件的加工，然后再依照装配图将零件装配成部件或机器。因此，装配图既是制定装配工艺规

程，进行装配、检验、安装和维修的技术文件，也是表达设计思想，指导生产和进行技术交流的重要技术文件。

9.1.2 装配图的内容

图 9.1 所示为滑动轴承的分解直观图。图 9.2 所示为该部件的装配图。由装配图可见，一张完整的装配图应具有以下几项基本内容。

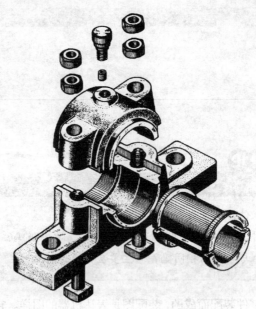

图 9.1　滑动轴承分解直观图

1．一组图形

用适当的表达方法，绘制一组视图，将装配体的结构组成和工作原理、零件的装配关系和连接方法以及各零件的主要结构形状表达清楚。

图 9.2 中滑动轴承的装配图选用了三个视图进行表达，主、左视图采用半剖视图，俯视图采用了拆卸画法，将装配体表达得完整、清晰。

2．必要的尺寸

装配图上只需标注表明装配体的规格（性能）、总体大小、零件间的配合关系、安装、检验等的尺寸。

3．技术要求

主要用文字说明，指出装配体在装配、检验、调试、运输、安装和维修方面的有关要求。

4．零件序号、标题栏、明细栏

在图纸的右下角处画出标题栏，表明装配体的名称、图号、比例和各项签字等；在视图上必须编写和标注各零件的序号，并将其编入明细栏。明细栏画在标题栏的上方或左侧，填写零件的序号、名称、材料、数量、标准件的标记等。

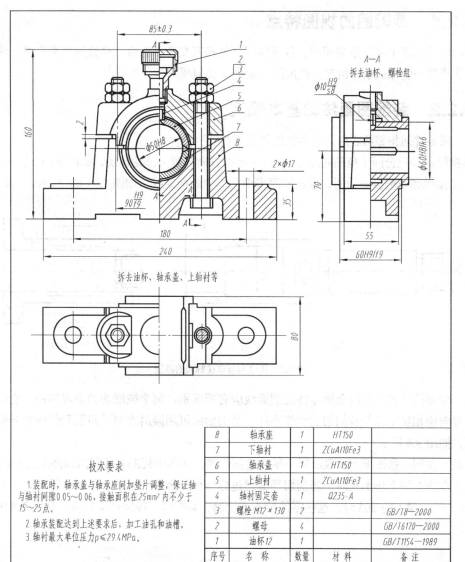

8	轴承座	1	HT150	
7	下轴衬	1	ZCuAl10Fe3	
6	轴承盖	1	HT150	
5	上轴衬	1	ZCuAl10Fe3	
4	轴衬固定套	1	Q235-A	
3	螺栓 M12×130	2		GB/T8—2000
2	螺母	4		GB/T6170—2000
1	油杯12	1		GB/T1154—1989
序号	名　称	数量	材　料	备　注

技术要求

1. 装配时，轴承盖与轴承座间加垫片调整，保证轴与轴衬间隙0.05～0.06，接触面积在25mm² 内不少于15～25点。

2. 轴承装配达到上述要求后，加工油孔和油槽。

3. 轴衬最大单位压力p≤29.4MPa。

滑动轴承	比例	重量	共　张
	1:1		第　张
制图			
审核			

图9.2　滑动轴承装配图

9.2　装配图的表达方法

装配图和零件图一样，应按国家标准的规定，将装配体的内外结构和形状表达清楚，前面所讲的图样画法和选用原则，都适用于装配体，但由于装配图所表达的重点与零件图不同，因此，为了便于表达和简便画图，制图国家标准对装配图的画法另有相应的规定。

9.2.1 装配图的视图特点

装配体是由多个零件组装而成,各零件间往往相互交叠、遮盖,导致其投影重叠。为了表达某一层次或某一装配关系的情况,装配图一般都画成剖视图。

9.2.2 装配图画法的基本规定

(1)两零件间相邻两表面间轮廓线的规定画法。

① 接触面和配合面(包括间隙配合),两接触表面只画一条轮廓线,如图9.3(b)所示。

② 非接触和非配合表面间,即使间隙再小,也应画两条线,如图9.3(b)所示。

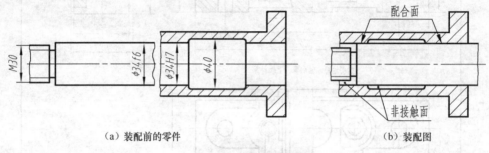

(a)装配前的零件   (b)装配图

图9.3 接触面与非接触面的画法

(2)相邻两个被剖切的金属零件的剖面线应有所区别。两个被剖切的金属零件,它们的剖面线倾斜方向应相反;几个被剖切的相邻零件,其剖面线可用倾斜方向、间距和斜线错开等方法进行区别,如图9.4所示。

但是,在同一张图纸上,表示同一零件的剖面线,在各个视图上的斜向和间距应相同。

(3)在装配图上作剖视时,当剖切平面通过标准件(螺栓、螺母、垫圈、键、销)和实心件(轴、杆、柄、球)的轴线时,这些零件按不剖绘制,必要时,按局部剖处理,如图9.5中轴和销钉的画法。

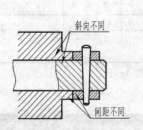

图9.4 相邻零件剖面线件的画法

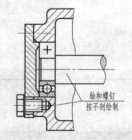

图9.5 紧固件和杆件轴向剖切时按不剖绘制

9.2.3 装配图的特殊表达方法

1. 拆卸画法

为了表达装配体内部或后面的零件装配情况,在装配图中可假象将某些零件拆掉或沿某些零件的结合面剖切后绘图。并在图样的上方标注:拆去 ×、×…如图9.2中的俯视图所示。

2．假想画法

（1）对于与装配体相关联但不属于该装配体上的零（部）件，可用双点画线 画出轮廓，如图 9.6（a）所示。

（2）对于某些零件在装配体中的运动范围或极限位置，可用双点画线画出其轮廓，如图 9.6（b）所示。

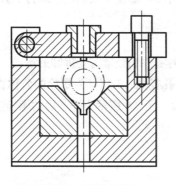 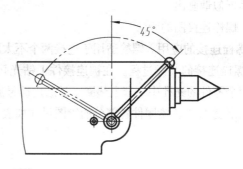

（a）钻夹具中工件的表示法   （b）运动零件的极限位置

图 9.6　装配图中的假想画法

3．简化画法

（1）对于统一规格、均匀分布的螺栓、螺母等连接件或相同零件组，允许只画出一个或一组图形，其余用中心线或轴线表示其位置，如图 9.7 中的上下两组螺钉连接，只画出下面一组的视图，上面一组用点画线表示其位置即可。

（2）滚动轴承、密封圈等可采用简化画法，图 9.7 中的滚动轴承是采用的规定画法。

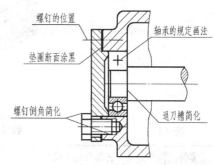

图 9.7　剖视图中的简化画法

（3）零件上的工艺结构，如倒角、圆角、退刀槽等允许不画，如图 9.7 中螺钉头部的倒角、滚动轴承上的圆角及轴上的退刀槽均省略不画。

4．夸大画法

对于薄、细、小间隙，以及斜度、锥度很小的零件，可以适当加厚、加粗、加大画出；对于厚度或直径小于 2mm 的薄、细零件的断面，可用涂黑代替剖面线，如图 9.7 中端盖与箱体凸台之间的垫圈的画法。

9.2.4　常用标准件在装配图中的画法

常用标准件，如键、销、螺纹连接件、轴承及弹簧等在装配图中，可按装配图画法的基本规定及简化画法进行绘图。

*1．螺纹紧固件的连接画法

螺纹紧固件连接的基本形式有：螺栓连接、双头螺柱连接、螺钉连接。采用哪种连接，可按需要选定。但无论采用哪种连接，其连接画法都应遵守以下原则。

①符合装配图的相关画法规定。

（a）相邻两零件：在接触面间只画一条粗实线；不接触的表面间应画两条线。

（b）在剖视图中，相邻两零件的剖面线方向应相反。当剖切平面通过紧固件的轴线时，紧固件均按不剖绘制。

（c）螺纹紧固件的工艺结构，如倒角、退刀槽等均可省略不画。

②绘制连接图时，螺纹紧固件各部分的绘图尺寸均按与螺栓（或螺柱、螺钉）公称直径d的比例关系近似地画出。

（1）螺栓连接图的画法。

①螺栓连接的应用。螺栓适用于连接两个不太厚的零件和经常需要拆卸的场合。

②螺栓连接的装配过程。在被连接件上钻光孔，孔径为$1.1d$（d为螺栓的公称直径）；将螺栓穿入两个零件的光孔中；套上垫圈；最后用螺母旋紧。图9.8所示为安装后的螺栓连接直观图。

③螺栓连接中，紧固件各部分的绘图尺寸如表9.1所示。

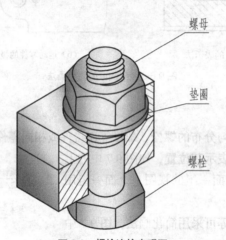

图9.8　螺栓连接直观图

表9.1　　　　　　　　　　　　　螺栓紧固件近似尺寸的比例关系

零件	各部分绘图尺寸	零件	各部分绘图尺寸	零件	各部分绘图尺寸
螺栓	d为螺栓的公称直径 $e=2d, k=0.7d, d_1=0.85d, a=0.3d,$ s由作图确定	螺母	$e=2d, \ m=0.8d$	垫圈	$h=0.15d, \ d_2=2.2d$
				被连接件	$D_0=1.1d$

④螺栓连接图可按装配过程绘图，画图的方法和步骤如表9.2所示。

 课堂活动

跟我做

【活动内容】参照表9.2的步骤，跟随教师一起绘制螺栓连接图的主视图和俯视图以及绘制螺栓连接的左视图。

【活动方法】教师边讲边做，学生边学边做。

表 9.2 　　　　　　　　　　　螺栓连接图的画法步骤

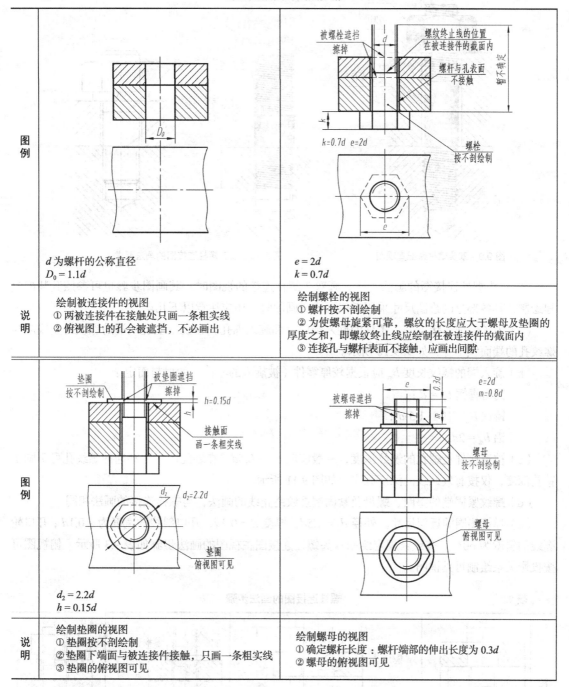

图例	*d* 为螺杆的公称直径 $D_0 = 1.1d$	$e = 2d$ $k = 0.7d$
说明	绘制被连接件的视图 ① 两被连接件在接触处只画一条粗实线 ② 俯视图上的孔会被遮挡，不必画出	绘制螺栓的视图 ① 螺杆按不剖绘制 ② 为使螺母旋紧可靠，螺纹的长度应大于螺母及垫圈的厚度之和，即螺纹终止线应绘制在被连接件的截面内 ③ 连接孔与螺杆表面不接触，应画出间隙
图例	$d_2 = 2.2d$ $h = 0.15d$	
说明	绘制垫圈的视图 ① 垫圈按不剖绘制 ② 垫圈下端面与被连接件接触，只画一条粗实线 ③ 垫圈的俯视图可见	绘制螺母的视图 ① 确定螺杆长度：螺杆端部的伸出长度为 0.3*d* ② 螺母的俯视图可见

（2）双头螺柱连接图的画法。

① 双头螺柱连接的应用。当两个被连接件中，一个零件较厚，不宜加工成通孔时，可采用双头螺柱连接。

② 双头螺柱连接的装配过程。在较厚的被连接件上加工螺纹孔，螺纹孔的大径等于双头螺柱的公称直径，在较薄的被连接件上钻光孔，孔径为 1.1*d*；将螺柱的旋入端全部旋入螺孔中；套上垫圈；最后用螺母旋紧。安装完成的螺柱连接直观图如图 9.9 所示。

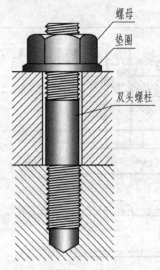

图 9.9　双头螺柱装配直观图

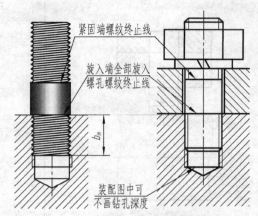

图 9.10　双头螺柱连接图的画法要求

③ 双头螺柱连接图的画法步骤。画双头螺柱连接的视图时，其画图步骤也可参照其装配过程绘制，其各部分的绘图尺寸采用近似画法。画图时，还应注意以下几点。

（a）为了保证连接牢固，螺柱的旋入端应全部旋入螺孔，在视图上旋入端的螺纹终止线应与螺纹孔的端面线平齐，如图 9.10 所示。

（b）旋入端的螺纹长度 b_m 应根据较厚零件（被旋入的零件）的材料而定：

　　钢与青铜 $b_m = d$；

　　铸铁 $b_m = (1.2\sim1.5)d$；

　　铝 $b_m = 2d$。

（c）被连接件上螺孔的螺纹深度，一般应取 $b_m + 0.5d$。在装配图中不穿通的螺纹孔可不画出钻孔深度，仅按有效螺纹的深度画出，如图 9.11 所示。

（d）螺纹紧固端的垫圈、螺母及紧固端螺纹终止线的画法，与螺栓连接的画法相同。

（e）弹簧垫圈的近似尺寸。外径 $d_2 = 1.5d$，厚度 $S = 0.2d$，开口斜线的宽度为：$0.1d$；开口轮廓线的斜度为 60°。查最新规定绘制双头螺柱连接图主视图的画法步骤如表 9.3 所示，俯视图可按投影关系绘制可见视图。

表 9.3　　　　　　　　　　　　螺柱连接图的画法步骤

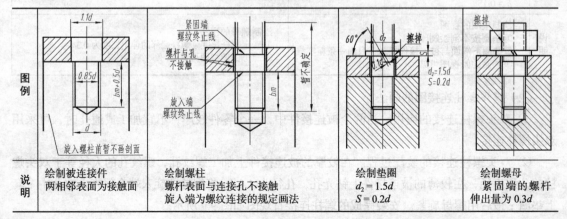

| 图例 | 绘制被连接件
两相邻表面为接触面 | 绘制螺柱
螺杆表面与连接孔不接触
旋入端为螺纹连接的规定画法 | 绘制垫圈
$d_2 = 1.5d$
$S = 0.2d$ | 绘制螺母
紧固端的螺杆
伸出量为 0.3d |

（3）螺钉连接图的画法。

① 螺钉连接的应用。螺钉用以连接一薄、一厚的两个零件，常用在受力不大和不需要经常拆卸的场合。

螺钉连接在进行装配时，直接将螺钉旋入较厚零件的螺纹孔中，直到螺钉的端面与被连接件的端面或沉孔的底表面（锥面）紧密接触为止，如表9.4中的装配直观图。

② 螺钉连接图的画法步骤。几种常见螺钉的连接形式及画法如表9.4所示。

表9.4　　　　　　　　　　　常用螺钉连接的画法

螺钉连接的种类	装配直观图	绘制被连接件的视图	旋入螺钉后的视图
开槽盘头螺钉	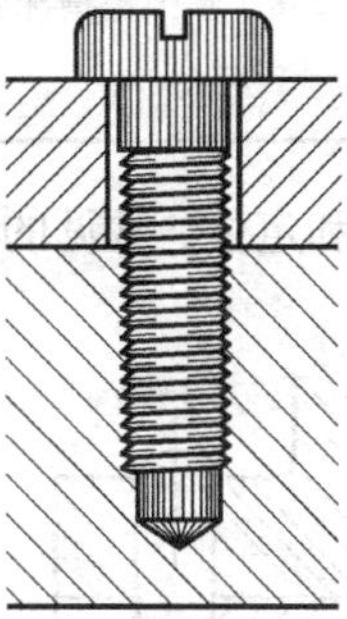 	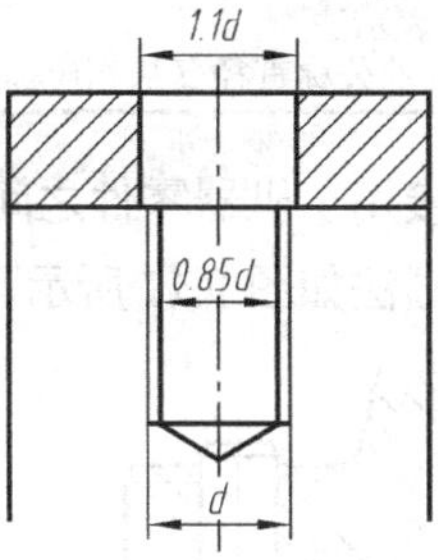	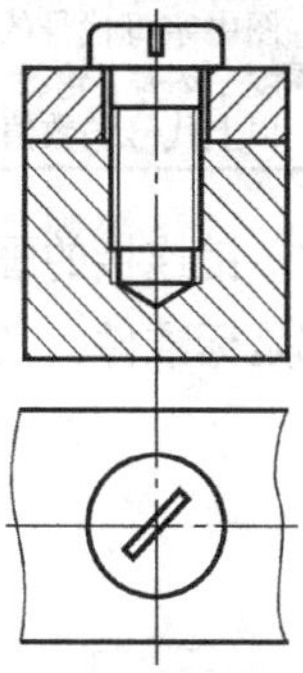
内六角圆柱头螺钉	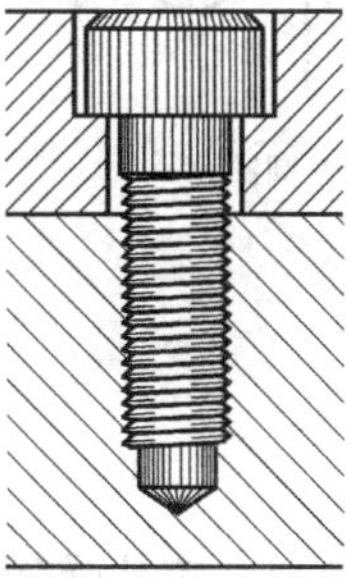	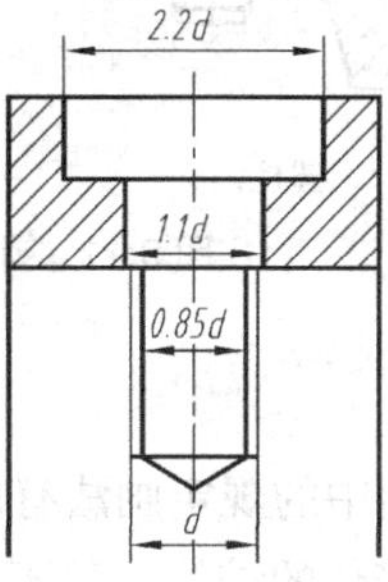	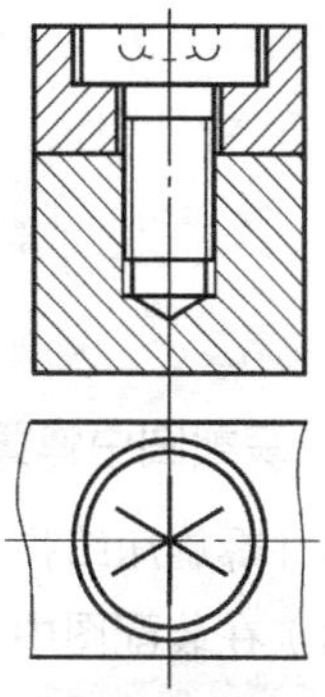
开槽沉头螺钉	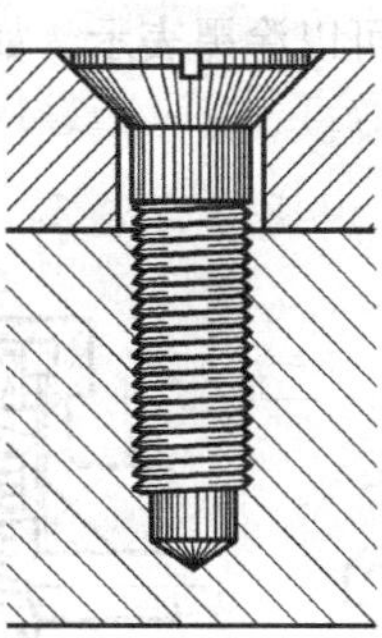	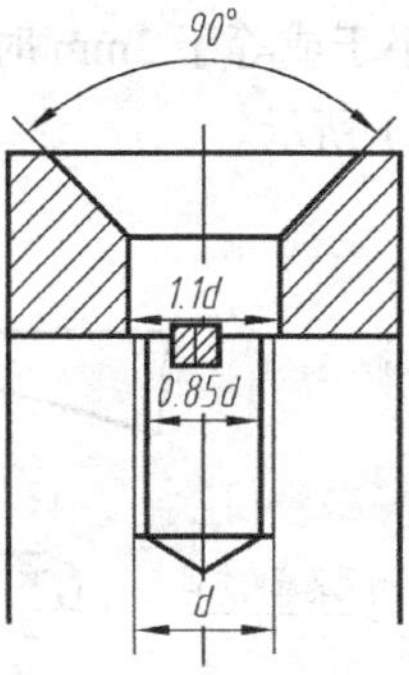	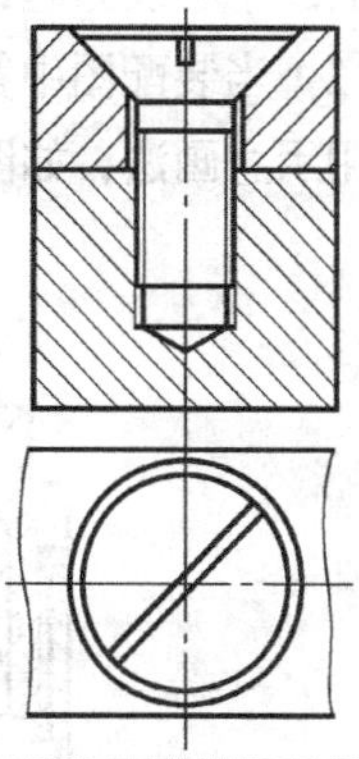

2. 键、销的连接画法

（1）键连接的画法。键主要用于轴和轴上零件（齿轮、带轮等）之间的连接，使齿轮等与轴一起转动。键连接需要在轮孔和轴上分别加工出键槽，装配时：先将键置入轴上的键槽中，再将齿轮套上。键连接装配图的画法要求如表9.5所示。

表9.5 常用键连接的画法及识读

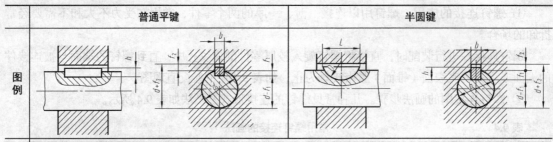

	普通平键	半圆键
图例		

说明

平键和半圆键连接图的画法要求：
键侧面接触，顶面应留有间隙，键的倒角或圆角可省略不画
图中字母代号的含义：b：键宽；h：键高；t_1：轴上键槽深度；$d-t_1$：轴上键槽深度的表示法；t_2：轮毂上键槽深度；$d+t_2$：轮毂上键槽深度的表示法
以上代号的数值，均可根据轴的公称直径 d 从相应标准中查出

（2）销连接的画法。销连接用于机器零件之间的连接和定位，常见的销有圆柱销、圆锥销等，它们都是标准件，其连接图的画法如图9.11所示。

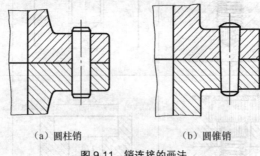

（a）圆柱销　　　　　　　（b）圆锥销

图9.11　销连接的画法

3. 装配图中弹簧的画法

圆柱螺旋压缩弹簧在装配图中的规定画法有以下几方面。

（1）在装配图中，被弹簧挡住的结构一般不画出，可见部分应从弹簧的外轮廓线或从弹簧钢丝剖面的中心线画起，如图9.12（a）所示。

（2）当装配图中簧丝直径小于或等于2mm时，断面可以涂黑表示，如图9.13（b）所示，也可以用示意画法，如图9.12（c）所示。

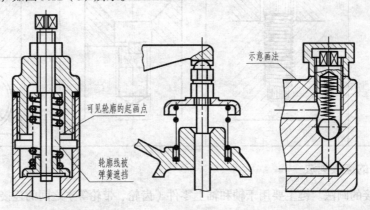

（a）装配图中被弹簧遮挡处的画法　　（b）$d \leqslant 2mm$ 的断面画法　　（c）$d \leqslant 2mm$ 的示意画法

图9.12　装配图中螺旋弹簧的规定画法

9.3 装配图上尺寸和技术要求的标注

9.3.1 尺寸标注

装配图与零件图不同，不需要、也不可能注上所有的尺寸，他只要求注出与装配体的装配、检验、安装或调试等有关的尺寸，一般有以下几类尺寸。

1. 性能（规格）尺寸

表示装配体的性能、规格和特征的尺寸。如图9.2中轴承孔的直径尺寸 $\phi 50$。

2. 装配关系尺寸

表示装配体上相关零件之间装配关系的尺寸。包括：

（1）配合尺寸。零件间有公差配合要求的尺寸，如图9.2中的 $\phi 90H9 / f 9$、$\phi 60H8 / k6$。

（2）相对位置尺寸。零件在装配时，需要保证的相对位置尺寸，如图9.2中孔的中心高度尺寸70。

3. 安装尺寸

装配体安装在地基或其他机器上时所需的尺寸。如图9.2中的 $2 \times \phi 17$、180、35。

4. 总体尺寸

装配体的外形轮廓尺寸，反映装配体的总长、总宽和总高的尺寸。这是装配体在包装、运输、厂房设计时所需的依据，如图9.2中的240、160、80。

5. 其他重要尺寸

装配体在设计过程中，经计算或选定的重要尺寸。

9.3.2 技术要求的注写

由于不同装配体的性能、要求各不相同，因此，其技术要求也不同。装配图上的技术要求一般有以下几个方面。

（1）装配要求。装配体在装配过程中需注意的事项及装配后装配体必须达到的要求，如精确度、装配间隙、润滑要求等。

（2）检验要求。装配体基本性能的检验、试验及操作时的要求。

（3）使用要求。使用装配体时的注意事项及要求。

装配体上的技术要求应根据装配体的具体情况而定，用文字注写在明细表上方或图样下方的空白处，如图9.2所示。

9.4 装配图中零、部件的序号和明细栏

为了便于看图和生产管理，对组成装配体的所有零件（组件），应在装配图上为其编制序号，并在明细栏中填写各零件的序号、名称、材料、数量、标准件的标记等。

9.4.1 零件序号的编排方法

1. 零件序号的表示方法

零件序号由指引线和数字序号组成，数字可直接注写在指引线的旁边，也可加下划线，还可以注写在圆内，数字序号的字高应比图中尺寸数字的高度大 1~2 号。指引线从零件的可见轮廓内引出时，应在其端部画一个圆点，若所指部分不便画圆点时（很薄的零件或涂黑的剖面），可在指引线的端部画箭头，指向零件的轮廓线。注写形式如图 9.13 所示。

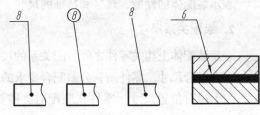

图 9.13　引注序号的方法

2. 编排零件序号的基本规定（见图 9.14）

（1）将组成装配体的所有零件（包括标准件）进行统一编号，相同的零件编一个序号，一般只标注一次，必要时可重复标注，其序号数值应相同。

（2）序号应沿顺时针（或逆时针）方向，按顺序整齐地排列在视图的周围。

（3）指引线互相不能交错，当通过剖面线的区域时，指引线不应与剖面线平行，必要时可画成折线但只可转折一次。

（4）一组紧固件以及装配关系清楚的零件组，可采用公共指引线。

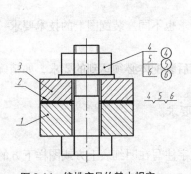

图 9.14　编排序号的基本规定

2				
1				
序号	名　称		数量	材料
图　名		比例	重量	共　张
		1:1		第　张
制图				
审核				

图 9.15　标题栏和明细栏的格式

9.4.2 明细栏

明细栏一般绘制在标题栏上方，明细栏中的序号应与途中零件序号相对应，顺序自下而上顺次填写。位置不够时，可在标题栏的左侧续编。明细栏的格式如图 9.15 所示。

*9.5   识读装配图

通过读装配图可了解以下的内容。

（1）装配体的名称、用途和工作原理。

（2）各零件之间的相对位置及装配关系，调整方法和拆装顺序。

（3）主要零件的形状结构及其在该转装配体中的作用。

现以图 9.16 所示旋塞阀的装配图为例，说明读装配图的一般方法和步骤。

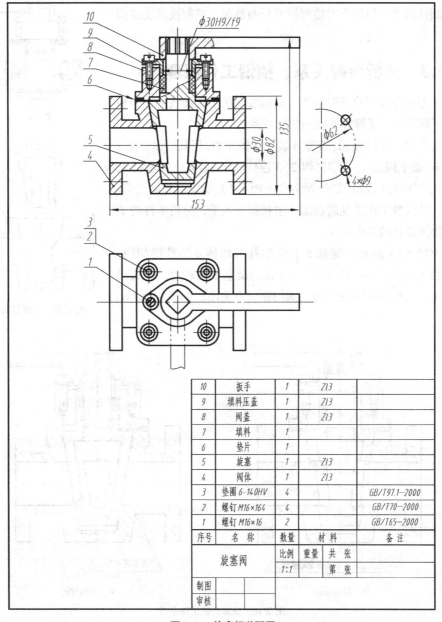

10	扳手	1	Z13	
9	填料压盖	1	Z13	
8	阀盖	1	Z13	
7	填料	1		
6	垫片	1		
5	旋塞	1	Z13	
4	阀体	1	Z13	
3	垫圈 6-140HV	4		GB/T97.1—2000
2	螺钉 M16×164	4		GB/T70—2000
1	螺钉 M16×16	2		GB/T65—2000
序号	名 称	数量	材 料	备 注

图 9.16   旋塞阀装配图

9.5.1 概括了解

浏览视图，结合标题栏、明细表了解部件的名称、作用、各组成部分的概况及其位置等。

由图 9.16 所示旋塞阀的装配图、标题栏明细表可知：该部件是旋塞阀，应用于管路系统，它由七个非标准件和三种标准件组成。从绘图比例和图中的尺寸可知它是一个比较简单的小型部件。

9.5.2 分析视图

看装配图采用了哪些表达方法、找到剖视图的剖切位置及投影方向，搞清各视图的表达重点。

从图 9.17 可知，旋塞阀的装配图采用了三个视图，主视图采用全剖视图，以表达零件的装配关系和工作原理；俯视图采用基本视图，表达外形、扳手旋转 90°的位置及阀体阀盖之间四个连接螺钉的分布情况；局部视图反映阀体上安装孔的分布情况。

9.5.3 分析装配关系、搞清工作原理

将图中零件序号与明细表对照，根据装配图中剖面线的方向和间隔区分不同零件，了解零件间的装配关系。

装配过程如图 9.17 所示，旋塞 5 装入阀体 4 中，用圆锥面定位；装上垫片 6、盖上阀盖 8、用螺钉组 2、3 连接固定；装入密封填料 7、加上压盖 9，用螺钉 1 连接固定；最后套上扳手 10，旋塞阀装配完毕。

然后，从反映工作原理的视图（主视图）入手，分析零件的工作过程，搞清部件的工作原理。

如图 9.18（a）所示，旋塞 5 上梯形孔与阀体 4 的管路相通，该阀处于最大开通状态，而当扳手 10 带动旋塞 5 旋转时，该阀门将逐渐关闭，在扳手旋转 90° 时，阀门则完全关闭，如图 9.18（b）所示。

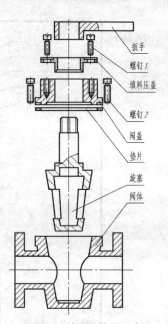

图 9.17 旋塞阀的装配过程

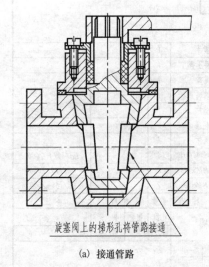

(a) 接通管路

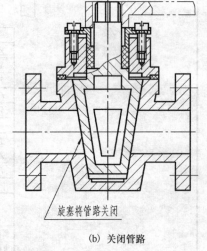

(b) 关闭管路

图 9.18 旋塞阀的工作原理

9.5.4　分析尺寸

分析装配图的尺寸，进一步了解部件的规格、零件间的配合要求、外形大小以及安装情况等。图9.16所示旋塞阀的装配图中的尺寸含义如下。

规格尺寸：$\phi 30$，反映阀的规格，即工作时管路通径。

配合尺寸：$\phi 30H9/f9$，装配要求为：填料压盖10与阀盖内孔间为基孔制的间隙配合。

安装尺寸：$\phi 82$、62、$4 \times \phi 9$，表示旋塞阀安装到管路上时，安装孔的定形、定位尺寸。

外形尺寸：$\phi 82$、153、135，反映装配体的整体大小。

9.5.5　从装配图中拆画零件图

由装配图拆画某个零件的零件图，不仅是机械设计中的重要环节，也是考核度装配图效果的重要手段。

根据装配图拆画零件图不仅需要较强的读图、画图能力，而且需要有一定的设计和制造知识。在此，只利用旋塞阀中旋塞（件5）的零件图简要说明拆画零件图的主要方法和注意事项。

1. 认真构思零件形状

由装配图拆画零件图，关键在于认真读懂装配图，从图中正确区分出所拆画零件的轮廓，并想象出零件的整体结构形状。在装配图中，由于零件的互相遮挡，或由于简化画法的影响，零件的某些具体形状可能表达得不够清楚。这时，对零件的某些结构就应根据其作用及与相邻零件的装配关系进行猜想。完整地构思出零件的结构形状是拆画零件图的前提。旋塞的结构形状如图9.19所示。

2. 确定零件的表达方法

装配图的表达方案，是以表达装配体结构的需要而确定的。因此，拆画零件图时，不可照搬装配图中对该零件的表达方法，而应根据该零件本身的结构特点另行选取表达方案，如图9.20所示。

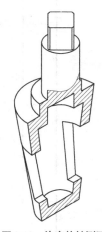

图9.19　旋塞的轴测图

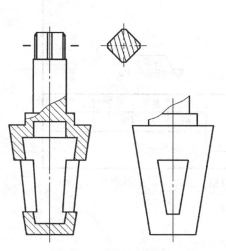

图9.20　旋塞的表达方案

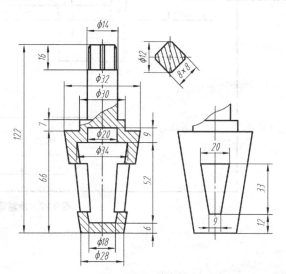

图9.21　旋塞零件图的尺寸标注

3．正确、完整、清晰、合理地标注尺寸和技术要求

装配图中只有少数重要尺寸，其中与所拆画零件图有关的尺寸，可直接移注到零件图中。某些标准结构（如螺纹、键槽、沉孔、退刀槽等）的尺寸，应查阅有关资料来确定。还有些尺寸，可由装配图中按比例量取。值得指出的是，凡装配图中具有装配关系的各尺寸，一定要注意互相协调，如图 9.21 所示。

零件图中的技术要求，要根据零件在装配体中的作用和要求确定，必要时参考相似产品的图样来确定。

图 9.22 所示为拆画完成的旋塞零件图。

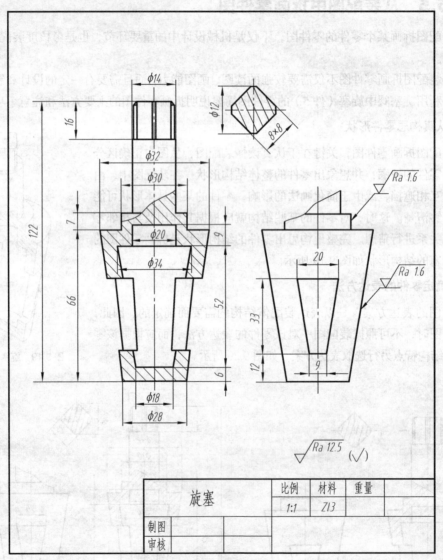

图 9.22　旋塞零件图

*第10章

专用图样的识读

课堂讨论

（1）有多个钢件焊接而成的构件，能用零件图或装配图表达吗？

（2）焊接件的焊接方法、要求等，该如何在图样中表达出来呢？

（3）制造薄板制件时，用什么图样呢？

（4）管路图的表达方法是怎样的？

随着社会发展的日新月异，各种专用图样被广泛使用，了解一些常用的专用图样的基本知识很有必要，既能增强综合识图能力，又能提高实践动手能力。

本章我们要讨论的专用图样包括焊接图、展开图和管路图。

学习目标

● 了解焊接图的规定画法、焊缝符号及标注

● 了解展开图的画法

● 了解管路的图示方法，管路布置图的作用、内容

● 了解管路图的阅读方法

10.1 焊接图的表达方法

焊接是一种不可拆连接，是生产中一种常见的连接方式，在造船、机械、电子、化工、建筑等行业都有广泛的应用。焊接图是焊接加工焊接件时所用的图样。这种图样应清晰地表示出各焊接件的相互位置、焊接形式、焊接要求以及焊缝尺寸等内容；有的还可表达出零件或构件的全部结构形状、尺寸及技术要求等内容。

10.1.1　焊缝的种类和表示方法

焊接中常见的焊接接头有对接接头（见图 10.1（a））、T 形接头（见图 10.1（b））、角接接头（见图 10.1（c））和搭接接头（见图 10.1（d））等四种形式。

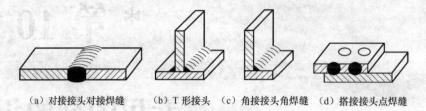

（a）对接接头对接焊缝　　（b）T 形接头　（c）角接接头角焊缝　（d）搭接接头点焊缝

图 10.1　常见的焊接接头

焊缝的画法在 GB/T 5185—2005 和 GB/T 324—2008 中已作规定。可见焊缝用细实线画一组圆弧来表示，不可见焊缝用粗实线来表示。若需在图样中简易地绘制焊缝时，可用视图、剖视图或断面图表示，也可用轴测图示意地表示。焊缝的画法如图 10.2 所示。

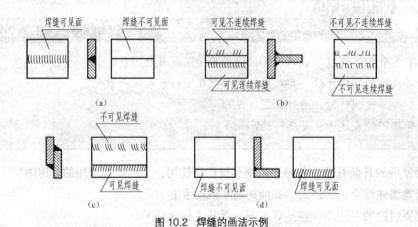

图 10.2　焊缝的画法示例

10.1.2　焊缝符号及其标注

在焊接图样上，机件的焊接处应标注焊缝符号，用来说明焊缝形式和焊接要求。焊缝符号一般由基本符号与指引线组成。必要时还可以加注辅助符号、补充符号、焊缝尺寸符号等。

1. 基本符号

基本符号是表示焊缝横截面形状的符号，用粗实线绘制。在 GB/T 324—2008 中，焊缝的基本符号共有 13 种。表 10.1 所示为常见焊缝的基本符号及标注示例。

表 10.1　　　　　　　　　　　　常见焊缝的基本符号及标注示例

焊缝名称	焊缝形式	基本符号	标注示例		
I 型焊缝		‖			

焊缝名称	焊缝形式	基本符号	基本符号	
V 型焊缝		$\vee$	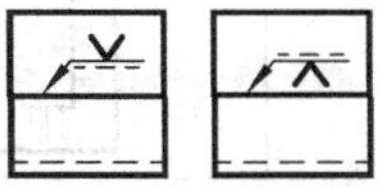	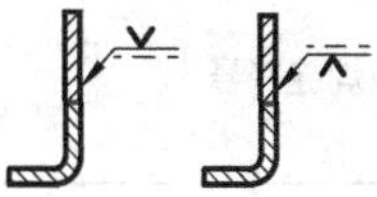
角焊缝			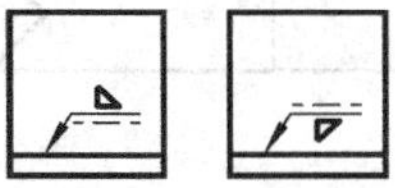	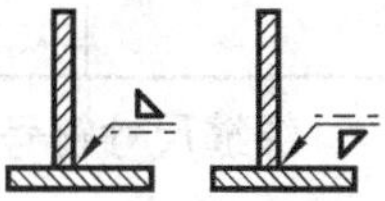
点焊缝	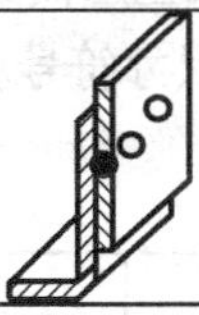	$\bigcirc$	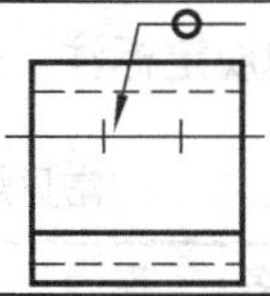	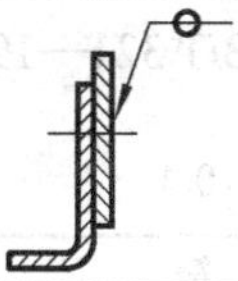

2．辅助符号

辅助符号是表示焊缝表面形状特征的符号，用粗实线绘制，如表 10.2 所示。当不需要确切说明焊缝的表面形状时，可以不用辅助符号。

表 10.2　　　　　　　　　　焊缝的辅助符号

名　称	示意图	符　号	说　明
平面符号		——	表示焊缝表面平直（一般经过加工）
凹面符号	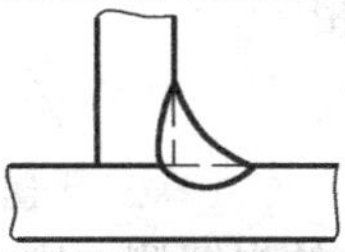	 ⌣	表示焊缝表面凹陷
凸面符号		 ⌢	表示焊缝表面凸起

3．补充符号

补充符号是为了补充说明焊缝某些特征而采用的符号，用粗实线绘制，见表 10.3。

表 10.3　　　　　　　　　　焊缝的补充符号

名　称	符　号	形　式	说　明
带垫板符号	 ▭	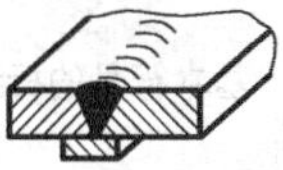	表示焊缝底部有垫板
三面焊缝符号	 ⊏	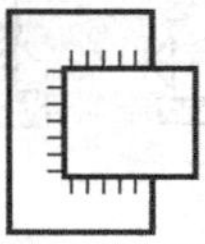	表示三面带有焊缝

续表

名　称	符　号	形　式	说　明
周围焊缝符号	 ○	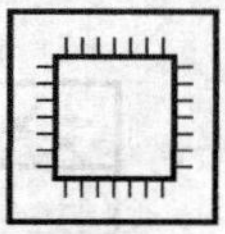	表示环绕工件周围焊缝
现场符号	—		表示在现场或工地上进行焊接
尾部符号	—		可以参照 GB 5185 标注焊接工艺方法等内容

4. 焊缝尺寸符号

焊缝尺寸符号用来表示坡口及焊缝尺寸。一般不标注,如设计或生产需要注明焊缝尺寸时,可按 GB/T 321—1988 焊缝代号的规定标注。表 10.4 所示为常见焊缝尺寸符号。

表 10.4　　　　　　　　　　常见焊缝尺寸符号

符　号	名　称	符　号	名　称
板材厚度	δ	焊缝间距	e
坡口角度	α	焊角尺寸	K
根部间隙	b	焊点熔核直径	d
钝边高度	p	焊缝余高	H

5. 指引线

指引线采用细实线绘制,一般由带箭头的箭头线和两条基准线(一条为细实线,一条为虚线)组成,如图 10.3 所示。

箭头线用来将整个焊缝符号指到图样上的有关焊缝处,必要时允许弯折一次。基准线一般应与图样标题栏的长边相平行。基准线的上、下两侧用来加注焊缝符号和焊缝尺寸。基准线的虚线可画在细实线的上侧或下侧,如图 9.4 所示。

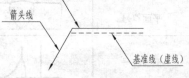

图 10.3　指引线

焊缝符号标注在基准线上。如果指引线的箭头指在接头的焊缝侧,则将基本符号标在基准线的实线一侧,如图 10.4(a)所示。如果指引线的箭头指在接头焊缝的另一侧(即焊缝的背面),则将基本符号标在基准线的虚线一侧,如图 10.4(b)所示。

标注双面焊缝及对称焊缝时,基准线的虚线可省略不画,如图 10.5 所示。

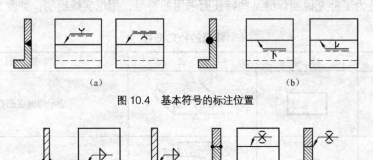

(a)　　　　　　　　　　　　　　　　(b)

图 10.4　基本符号的标注位置

(a)　　　　　　　　　　(b)

图 10.5　双面焊缝及对称焊缝的标注

10.1.3 焊接图示例

图 10.6 所示为挂架的焊接图。该挂架由圆筒、竖板、肋板和横板四部分组成，该焊接图不仅表达了每个构件的形状、尺寸大小，同时还表达了各构件间的装配、焊接要求和技术要求。图中有五处焊接符号，圆筒 1 与竖板 2 为环绕圆筒施焊的角焊接，焊角尺寸为 4mm；圆筒 1 与肋板为对称角焊接，焊角尺寸为 5mm；肋板与横板为对称角焊接，焊角尺寸为 5mm；竖板两侧分别与肋板为角焊接，焊角尺寸为 4mm；竖板与横板为双面焊缝，上面为表面平直的单边 V 型焊缝，坡口角度为 45°、根部间隙为 2mm、钝边高度为 4mm，下面为角焊缝，焊角尺寸为 5mm。

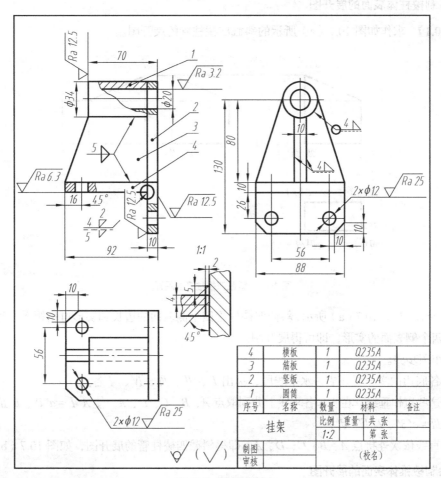

图 10.6 挂架焊接图

10.2 展开图

展开图是用于制造薄板制件的图样，它是将制件表面按照其实际大小和形状依次连续地展开摊在同一平面上所得的图形。因此，画薄板制件展开图的实质就是求出制件表面展开后的实形。

薄板材料只需要经过弯折而又不延展变形就可形成的表面称为可展平面。薄板制件虽种类繁

多,但都是由一些基本体组合而成的。在基本体中,可展平面有平面立体表面(如棱柱面、棱锥面)和曲面立体表面(如圆柱面、圆锥面等)。本节主要讨论可展平面展开图的画法。

10.2.1　平面立体的表面展开

平面立体制件是指完全由平面组成的制件,如矩形管、矩形渐缩管等,它的表面都是平面多边形。所以,绘制平面立体的表面展开图,其实质是求出各表面多边形的实形,并按一定顺序排列摊平。常见的有绘制棱柱表面展开图和绘制棱锥面的展开图。

1. 绘制棱柱体表面的展开图

【例10.1】　求作如图10.7(a)所示的斜截四棱柱管的展开图。

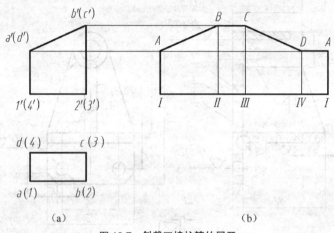

(a)　　　　　　　　　　　　　(b)

图10.7　斜截四棱柱管的展开

(1)分析。如图10.7(a)所示,斜截四棱柱管四个侧表面的边长和实形可由视图中直接量起,依次画出四个侧表面的实形,即可得展开图。

(2)作图步骤。

① 将各底边的实长展开成一水平线段,标出 I 、II 、III 、IV 、I 各点。

② 过这些点作垂线,在所作各垂线上分别取点 A、B、C、D、A,使 A I =a′1′、B II =b′2′。

③ C III =c′3′、D IV =d′4′。

④ 用直线依次连接点 A、B、C、D、A,即得斜截四棱柱管的展开图,如图10.7(b)所示。

2. 绘制棱锥体表面的展开图

【例10.2】　求作如图10.8(a)所示的四棱台管的展开图。

(1)分析。四棱台管的表面为前后、左右对应相等的四个等腰梯形,都不反映实形。这时可将每个梯形用对角线分成两个三角形,并用直角三角形法作出各个三角形的实形,然后将它们依次相连画在一个平面上,即可得展开图。

(2)作图步骤。

① 在俯视图上分别作对角线 1b、b3,将梯形 ab21 分成两个三角形 △ ab1、△ b12,将梯形 bc32 分成两个三角形 △ bc3、△ b23。其中,ab、bc、12、23 分别为相应线段 AB、BC、I II 、II III 的实长,如图10.8(a)所示。

② 用直角三角形法作出三角形在投影图上不反映实长的另几个边 $b1$、$b2$（$b2=a1=c3$）、$b3$ 的实长 $BⅠ$、$BⅡ$（$AⅠ$、$CⅢ$）、$BⅢ$。例如，作线段 $BⅠ$ 的实长时，应以 $BⅠ$ 的水平投影 $b1$ 为一直角边，以线段 $BⅠ$ 两端点的 Z 轴坐标差（$\triangle Z=Z_b - Z_1$）为另一直角边作直角三角形，斜边即是线段 $BⅠ$ 的实长，如图 10.8(b) 所示。

③ 分别以 $AB=ab$、$AⅠ=BⅡ$、$BⅠ$ 为三条边画出 $\triangle ABⅠ$ 和以 $BⅠ$、$ⅠⅡ$、$BⅡ$ 为三条边画出 $\triangle BⅠⅡ$，得前面梯形 $ABⅡⅠ$。同理可作出右边梯形。四棱台管的表面为前后、左右对应相等的四个梯形，所以，同样也可以作出梯形 $CDⅣⅢ$、梯形 $DAⅠⅣ$。由此，即可得四棱台管的展开图，如图 10.8（c）所示。

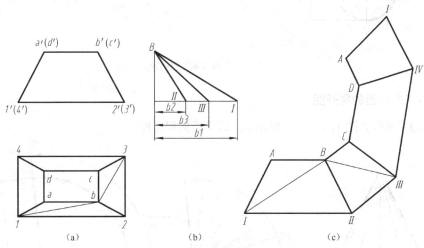

图 10.8　四棱台管的展开

10.2.2　可展曲面的展开图

可展曲面是指能展开摊平在一个平面上的曲面，可展曲面上两相邻素线是相互平行或相交。因此，绘制可展曲面的展开图时，可以把相邻两素线之间的曲面当作平面近似展开。常见的有绘制圆柱面展开图和绘制圆锥面展开图。

1. 绘制斜截圆柱面的展开图

【例 10.3】 求作如图 10.9（a）所示的斜截口圆管的展开图。

（1）分析。斜截口圆管展开时，斜截圆管表面上各素线的长度不等，但在主视图上反映实形。可在底圆周长的展开线上求出素线的位置，截取每一根素线的实际长度，将素线的端点连线。

（2）作图步骤。

① 将圆柱等分为若干等份（12 等份）。在俯视图上将反映底部实形的圆周 12 等分，在主视图上分别作出相应的投影 a'、b'、c'、d'、e'、f'、g'…如图 10.9（a）所示。

② 画水平线段，取水平线段 aga 长度为圆柱的周长（$aga=\pi D$）。利用平行线等分线段的方法将线段 aga 等分成与圆柱同样的等份数（12 等份），如图 10.9（b）所示。

③ 过水平线段 aga 的每一个等份点作垂线，其长度分别为各点在圆柱非圆视图上（主视图）投影的高度。

④ 将这些垂线的端点连成光滑的曲线，即可得斜截口圆管展开图，如图 10.9（b）所示。

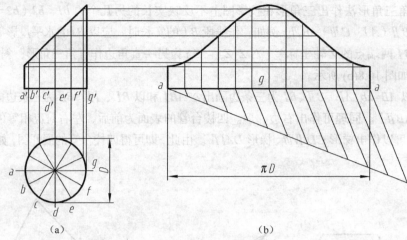

<table>
<tr><td>(a)</td><td>(b)</td></tr>
</table>

图 10.9 斜截口圆管的展开

2. 绘制正圆锥面的展开图

【例 10.4】 求作如图 10.10（a）所示的正圆锥面的展开图。

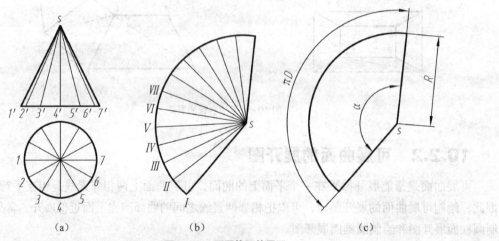

<table>
<tr><td>（a）</td><td>（b）</td><td>（c）</td></tr>
</table>

图 10.10 正圆锥面的展开

（1）分析。正圆锥表面的展开图为一扇形。可将正圆锥表面看成是由很多三角形组成，那么这些三角形的展开图近似地为锥管表面的展开图。

（2）作图步骤。

① 如图 10.10（a）所示，在俯视图上将反映底部实形的圆周 12 等份，在主视图上分别作出相应的投影 $s'1'$、$s'2'$、$s'3'$、…、$s'12'$。

② 以圆锥素线实际长度 $s'1'$ 为半径画弧，按等分底圆所得各段圆弧的弦长（例如弧长 12 的长度），在圆弧上依次截取 12 等份，将首尾两点与圆心相连，即可得正圆锥表面的展开图，如图 10.10（b）所示。

用计算法作图，如图 10.10（c）所示。由于正圆锥表面的展开图为一扇形，可根据计算出的相应参数直接画图。其中，扇形半径等于圆锥素线实际长度 R，圆心角 $\alpha = 180° D/R$，这时的弧长等于 πD（D 为底圆直径）。

3．绘制正圆台面的展开图

【例 10.5】　求作如图 10.11 所示正圆台管的展开图。

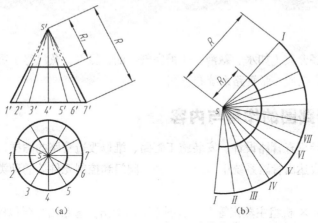

图 10.11　正圆台管的展开

先画出完整圆锥的扇形展开图，再在扇形上部截去上部延伸的小圆锥面（图中用点画线表示部分）的展开图，即得正圆台管的展开图，如图 10.11 所示。

10.2.3　应用示例

【例 10.6】　求作如图 10.12 所示上圆下方变形接头的展开图。

（1）分析。上圆下方变形接头的表面由四个全等的等腰三角形和四个相同的局部斜圆锥面组成。方圆变形接头的上口和下口的水平投影反映实形和实长；三角形的两腰以及锥面上的所有素线均为一般位置直线。因此，必须求出它们的实长，才能画出展开图。

（2）作图步骤。

① 在俯视图上将上圆口的 1/4 圆周分成 3 等份，得等分点 1、2、3、4，并与下口顶点相连，得 $b1$、$b2$、$b3$、$b4$ 分别为斜圆锥面上四条素线 $B\rm{I}$、$B\rm{II}$、$B\rm{III}$、$B\rm{IV}$ 的水平投影，其中素线实长 $A\rm{I}=B\rm{I}=B\rm{IV}$、$B\rm{II}=B\rm{III}$，用三角形法求作素线实长 $A\rm{I}=B\rm{I}=B\rm{IV}=B_1 1_1'$、$B\rm{II}=B\rm{III}=B_1 2'$，如图 10.12（b）所示。

② 在展开图上，如图 10.12（c）所示，取线段 $AB=ab$ 为底，$A\rm{I}=B\rm{I}=B_1 1_1'$ 为两腰，作出等腰三角形 $\triangle AB\rm{I}$。在分别以 B、$\rm{I}$ 为圆心，以 $B_1 2'$ 和上圆口等分弧的弦长（如弦长 12）为半径画圆弧，交于 $\rm{II}$ 点，作出 $\triangle B\rm{I}\rm{II}$。同理依次作出 $\triangle B\rm{II}\rm{III}$、$\triangle B\rm{III}\rm{IV}$，用光滑的曲线连接 $\rm{I}$、$\rm{II}$、$\rm{III}$、$\rm{IV}$ 各点，即可得 1/4 斜圆锥面的展开图。

③ 用上述完全相同的方法向两侧继续作图，即可得上圆下方变形接头的展开图，如图 10.12（c）所示。

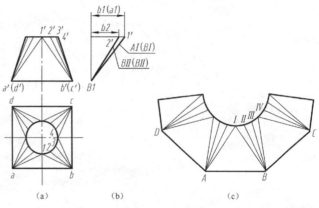

图 10.12　上圆下方变形接头的展开

10.3 管路图的识读

在生产中，有许多介质（如水、碱液、压缩空气、油、氨气、蒸汽等）都需要管路传送，形成一个管路传输系统，构成一张管路系统布置图。

10.3.1 管路图的作用与内容

管路图是用于指导审查管路设计、安装施工管路、维修改造管路的图样，它体现了管路工程的设计意图，清晰地表达出管路系统中管路、管件、阀门和控制元件等的种类以及具体布置安装情况。

图 10.13 所示为 ×× 机组主蒸汽管图。从图中可以看出，管路图主要包括视图、尺寸、标题栏和明细表。

1．一组视图

管路图宜采用双线或单线三面视图绘制，也可采用单线轴测图绘制。管路图中视图分为立面图和平面图（平面图相当于俯视图，立面图相当于主视图或左视图）。用双线或单线表示的管路图，应以平面图为主视图，辅以左视图或正视图。当仍表示不清楚时，还应绘出局部视图，也可采用剖视图、断面图等表达，以表明管路的布置情况，管路的具体走向、管路的分支、管路与设备连接、管架的配置、管路与建筑物的位置关系等情况。

2．必要的尺寸

必要的尺寸标注，可以说明各管路中的工艺物料、管道直径、阀门型号、管件规格、安装要求等。如管道、设备、管口、管件、建筑物等的定位情况，以及它们间的相互距离关系；管子的公称通径与壁厚、管道的长度、转弯处的弯曲半径、水平管的安装坡度；整个管路的高度和水平管的标高。

3．标题栏和明细表

与装配图类似。说明管路图的名称，各种非标准型管件、管架等的图例、代号的含义。

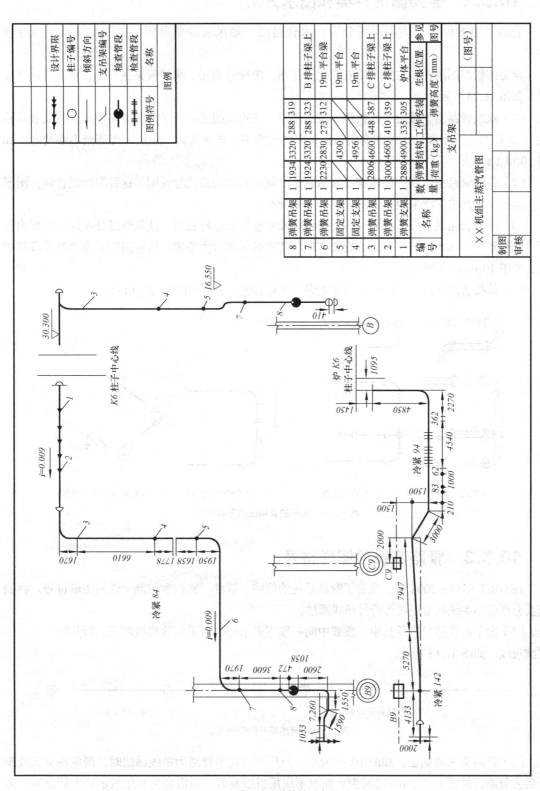

图 10.13　醋坛残液蒸馏管道布置图

10.3.2　管路图的种类和图示方法

管路图根据传送介质不同可分为汽水管路图、烟风煤粉管路图、电厂化学及除灰等管路图。

常见的管路图的图示方法主要有双线管路图、单线管路图、单线管路展开图、单线管路轴测图，如图 10.14 所示。

（1）双线管路图。按管子的粗细、按比例用两条粗实线表示管子的外经（中间点画线表示轴线）。内经的虚线不画。这种图真实性强，但图线繁多、画图费时，识图时也感到不够清晰，如图 10.14（a）所示。

（2）单线管路图。用一根粗实线表示管子，管子粗细另用代号说明。这种图画图省时，图形简明清晰，因此被广泛采用。如图 10.14（b）所示。

（3）单线管路展开图。将立体管道的各管段在连接处进行旋转，使各管段处在同一平面内所得出的投影图，称为管路展开图。旋转方向应使投影不重合为原则，这种图用来表明各管段的实长，如图 10.14（c）所示。

（4）单线管路轴测图。这种图图像直观，容易看懂，如图 10.14（d）所示。

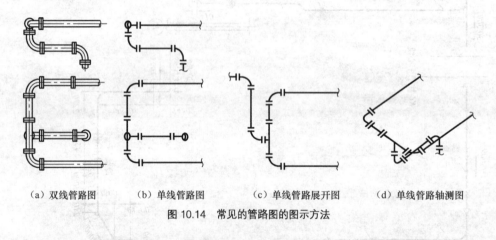

（a）双线管路图　　　（b）单线管路图　　　（c）单线管路展开图　　　（d）单线管路轴测图

图 10.14　常见的管路图的图示方法

10.3.3　管路系统的图形符号

在 GB/T 6567—2008 中，规定了管路系统的管路、管件、阀门和控制元件的图形符号。我们简要介绍管路系统的常用图形符号单线画法。

（1）图中的管路只表示其中一段或中间一段不表示时，可采用波浪线断开，断开的两端应绘制波浪线，如图 10.15 所示。

（a）只表示其中一段　　　　　　　　（b）中间一段不表示

图 10.15　管路断开的图示方法

（2）管路交叉的画法，如图 10.16 所示。当后方遮挡的管路为单线画法时，则应在交叉处断开后方管路，并留有 1~2mm 的间隙，断端不应用折线断开。当需要完整地表示后方管路时，可将前方管路断开，断开端应绘有折断线。

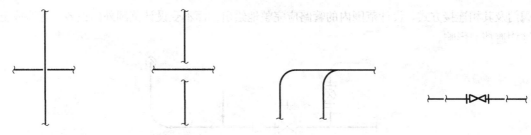

（a）后方被遮挡部分不表示　（b）完整表示后方被遮挡部分　（a）后方被遮挡部分不表示　　（b）完整表示后方被遮

图 10.16　管路交叉的图示方法　　　　　　　　图 10.17　管路重叠的图示方法

（3）管路重叠的画法，如图 10.17 所示。管路重叠时，被遮挡的管路、管件、阀门等可不绘出，单线管路的弯管或弯头，在弯曲处后方的管路应断开，并稍留有间隙，断端不应绘有折断线；当需要完整地表示后方的管路、管件和阀门时，可将前方的管路用折断线断开。

（4）弯道或弯头的画法，如图 10.18 所示。

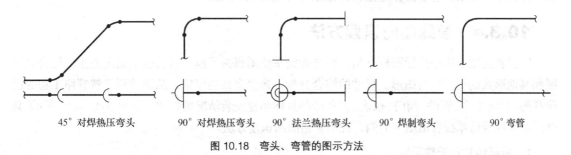

45°对焊热压弯头　　　90°对焊热压弯头　　90°法兰热压弯头　　90°焊制弯头　　　90°弯管

图 10.18　弯头、弯管的图示方法

（5）管路三通的画法，如图 10.19 所示。单线管路与三通相接的焊接处宜绘出黑圆点。

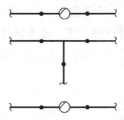

图 10.19　单线管路与三通相接的图示方法

（6）阀门的画法，如图 10.20 所示。

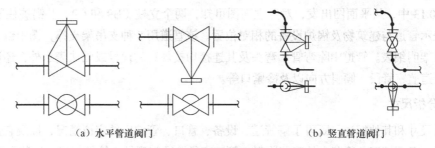

（a）水平管道阀门　　　　　　　　　　（b）竖直管道阀门

图 10.20　阀门的图示方法

（7）管路组合画法，如图 10.21 所示。管路连接的组合画法应完整地表示出该管路、管件、阀门及其相连接方式。设计范围内的管路应完整地绘出，而不受设计范围外的设备、管路或土建结构遮挡的影响。

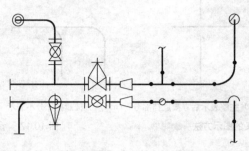

图 10.21 管路组合的图示方法

（8）管路中常用管径介质类别代号（水 W、碱液 B、压缩空气 A、油 O、氨气 AM、蒸汽 S）的标注方法。如 $S\phi 76 \times 4$，表示传输介质为蒸汽、管子外径 76mm、管子厚度 4mm；WDN100，表示传输介质为水、管子公称通径 (DN 表示公称通径)100mm。

10.3.4 管路图的识读方法

阅读管路图，应先从标题栏开始，结合管路系统图概括了解；然后以平面图为主，结合立面图和其他形式的视图进行图形、尺寸的综合分析，建立完整的印象，从而达到了解管路工程的设计意图、弄清管道、管件、阀门、仪表、设备等的具体布置安装情况的目的。下面以图 10.13 所示（某电厂主蒸汽管道单线管道图）为例，说明管路图的识读方法。

1. 看标题栏和管路系统图

看标题栏，了解管路图的名称、复杂程度及其应用；看管路系统图，概括了解工程管路的视图配置、数量及各视图的表达重点内容；看明细表，初步了解图例、代号的含义及非标准型管件、管架等的图样；最后浏览设备位号、管口表、施工要求以及各不同标高的平面布置图等内容。

图 10.13 中，传输介质单一，管道简单，采用三视图（平面图、正视图和左视图）表达管路系统，管路系统图简明，反映了系统概况。

2. 分析图形

管路图可分段进行识读。首先根据流程次序，按照管道编号，逐条弄清管道的起点、终点的设备位号及管口。然后依照布置图的投影关系、表达方法、图示符号及有关规定，弄清每条管道的来龙去脉、分支情况、安装位置，以及阀门、管件、仪表、管架等的布置情况。

图 10.13 中，从平面图出发，对照立面图可知，两个立柱（B9 和 C9）及锅炉柱子（K6）的中心线表示管道与建筑物及锅炉设备的相对位置。该管道用 8 种支吊架支撑，图中编了号，还列出了支吊架明细表。管道中除弯管、弯头及其连接均按规定的代号或画法表示外，还用规定代号表示了管道监察管段、倾斜方向以及冷紧口等。

3. 分析尺寸

分析尺寸和其他标注，既可了解管道、设备、管口、管件等的定位情况，以及它们间的相互距离关系；又可搞清各管路中的工艺物料、管道直径、阀门型号、管件规格、安装要求等。

图 10.13 中，每一管段的长度和厂房立柱、锅炉立柱的相对位置都注有尺寸；三段水平管的高度分别注以标高 7.260、16.550 和 30.300，其单位为 m；水平管的坡度为 $i=0.009$，箭头表示倾斜方向。

*第 11 章

第三角画法

课堂讨论

识读图 11.1 所示的两组三视图，想象空间形状，思考下面的问题。

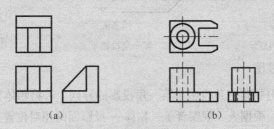

（a）　　　　（b）

图 11.1

（1）图示三视图与学过的三视图有什么不同？为什么？

（2）此三视图是怎样形成的？在什么情况下会用到这样的三视图？

工程图样是工程界的共同技术语言，它保障了产品设计、技术交流、生产及贸易等环节的顺利进行。用正投影法编制工程图样时，根据物体的位置不同，有第一角画法和第三角画法。在 GB/T 17451—1998 中规定：技术图样应采用正投影法绘制，并优先采用第一角画法。必要时才允许使用第三角画法。英国、美国、日本等国以及中国香港特别行政区、中国台湾地区则采用第三角画法。随着全球经济的一体化和国际科学技术交流的日益发展，为了进行国际间的技术交流和协作，工程技术人员必须掌握第三角投影的基本原理和应用。

学习目标

● 熟悉第三角视图的画法

● 能识读用第三角画法表达的机械图样

11.1 第三角投影与第一角投影

11.1.1 第三角投影的形成

1. 第三角画法的投影面

如图 11.2 所示，三个投影面垂直相交，将空间分成八个分角（Ⅰ、Ⅱ、Ⅲ、Ⅳ、Ⅴ、Ⅵ、Ⅶ、Ⅷ）。第一角画法和第三角画法分别采用第一分角和第二分角，如图 11.3、图 11.4 所示。

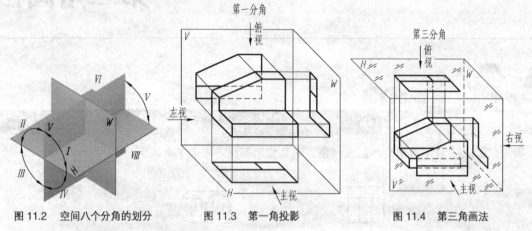

图 11.2　空间八个分角的划分　　　图 11.3　第一角投影　　　图 11.4　第三角画法

2. 第三角画法的三视图

（1）用对比的方法分析第三角投影与第一角投影的异同。若将物体置于第一分角内，使其处于观察者与投影面之间，根据人（观察者）—物体—投影面的相对位置关系而作的正投影，在投影面上所得图形称为第一角投影，这种画法称为第一角画法，如图 11.3 所示。若将物体置于第三分角内，使投影面处于观察者与物体之间，根据人（观察者）—投影面—物体的相对位置关系而作的正投影，在投影面上所得图形称为第三角投影，这种画法称为第三角画法，如图 11.4 所示。这种投影法，犹如隔着"玻璃"看物体，将物体的轮廓形状映在"玻璃"（投影面）上。

（2）第三角三视图的形成、名称和展开。

① 三视图的形成。将物体置于第三角的三投影面体系中，从前向后投影，在 V 面得到的视图称为主视图；从上向下投影，在 H 面得到的视图称为俯视图；从右向左投影，在 W 面得到的视图称为右视图，如图 11.5 所示。

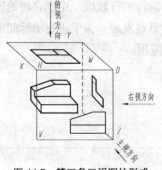

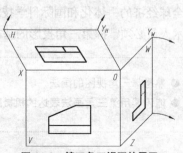

图 11.5　第三角三视图的形成　　　　　图 11.6　第三角三视图的展开

② 三视图的展开。V 面（主视图）保持不动，将 H 面（俯视图）绕 OX 轴向上旋转 $90°$，将 W 面绕 OZ 轴向右旋转 $90°$，使三个投影面展开在同一平面内，如图 11.6 所示。

③ 第三角三视图的配置及其投影关系如图 11.7 所示。

位置关系：俯视图在主视图的上方，右视图在主视图的右方。

尺寸关系：主视图和俯视图同长（长对正），主视图和右视图同高（高齐平），俯视图和右视图同宽（宽相等）。

方位关系：在第三角画法中，靠近主视图的一侧表示物体的前面，远离主视图的一侧表示物体的后面。

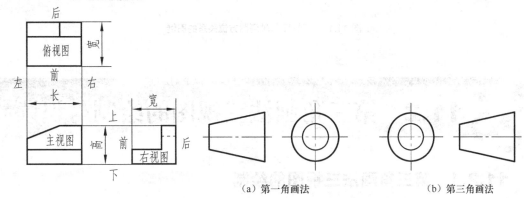

图 11.7　三个视图之间的关系　　　　图 11.8　第一角画法和第三角画法的识别标志

（3）第一角和第三角画法的识别标志。在国际标准（ISO）中规定，当采用第一角或第三角画法时，必须在标题栏中专设的表格内画出相应的识别符号（见图 11.8）。由于我国仍采用第一角画法，所以无需画出表示第一角画法的识别符号。当采用第三角画法时，则必须在标题栏中画出识别符号。

11.1.2　第三角画法的三视图与轴测图

用轴测图表示物体时，有三个可见的表面。依照人们的视觉习惯，轴测图中可见的三个表面可分配为：上、左、右，如图 11.9（a）所示。

第一角投影的三视图为：主、俯、左视图，用轴测图表达时，应将物体的主、俯、左三个方位作为可见部分进行表达，如图 11.9（b）所示。

第三角投影的三视图为：主、俯、右视图。在实际应用中，为保证可见性，轴测图中应将物体的主、俯、右视图三个方位作为可见部分进行表达，如图 11.9（c）所示。

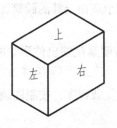
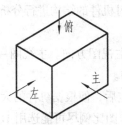
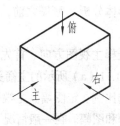

（a）轴测图中可见的表面　　　（b）第一视角三视图的可见表面　　　（c）第三视角三视图的可见表面

图 11.9　两种视角中，三视图与轴测图的方位关系

根据以上原则，第一角和第三角投影的三视图与轴测图的方位关系如图 11.10 所示。

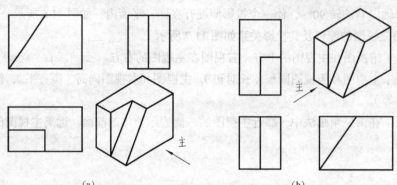

(a)   (b)

图 11.10　三视图与轴测图方位关系的图例

11.2　第三角画法三视图的绘制与识读

11.2.1　第三角画法三视图的绘制

用第三角画法绘制机件图样的步骤和第一角画法的步骤大致相同，都是由结构分析、主视图的确定、比例和图幅的确定以及绘制三视图四步组成。

【例 11.1】　利用第三角画法绘制如图 11.11（a）所示轴承座的三视图。

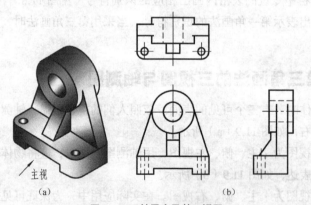

(a)   (b)

图 11.11　轴承座及其三视图

（1）形体分析。画图之前，首先对机件的结构进行分析。轴承座由上部的圆筒、支承板、底板及肋板组成。

（2）选择主视图方向。首先确定主视图方向。主视图一般应明显反映机件形状的主要特征，选择如图 11.11（a）所示的主箭头方向。

（3）选比例、定图幅。主视图确定后，便根据机件的大小和复杂程度，按制图规定选择适当的作图比例和图幅。在一般情况下，作图比例尽可能选用 1:1。

（4）布置视图，绘制轴承座的视图。在选定的图纸上，妥善布置各视图的位置，确定各视图基准和边线的位置，按第三角投影原理绘制轴承座的三视图，如图 11.11（b）所示。

11.2.2　第三角画法三视图的识读

第三角投影的三视图为：主视图（从前往后观察，看到的轮廓形状）、俯视图（从上往下观察，看到的轮廓形状）、右视图（从右往左观察，看到的轮廓形状）。读图时不但要注意俯视图和右视图的前后方位，还要在轴测图中将前、上、右侧作为可见部分进行表达。

1. 根据第三角画法三视图绘制轴测图

如前所述，轴测图是采用平行投影法将物体投射到单一投影面而产生的具有立体感的图形。根据三视图画物体的轴测图，无论第一角画法，还是第三角画法，画轴测图的作图规律是相同的，但轴测轴的方位定义有所变化，如图 11.12 所示。

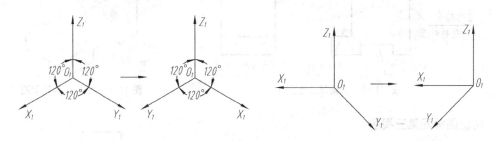

（a）正等轴测图轴测轴变化　　　　　　　　　　（b）斜二轴测图轴测轴变化

图 11.12　轴测图的轴测轴

【例 11.2】　已知第三角画法表示的支座三视图，如图 11.13 所示，读图并绘制斜二测图。

（1）分析。形体有长方板底板和挖孔拱形板叠加而成。

（2）绘图步骤。

① 绘制底板的斜二测图，使前、上、右侧面可见，如图 11.14（a）所示。

② 根据俯视图的尺寸为拱形板定位，绘制斜二测图，如图 11.14（b）所示。

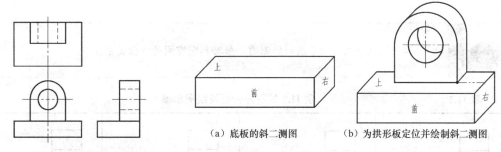

（a）底板的斜二测图　　　　（b）为拱形板定位并绘制斜二测图

图 11.13　第三角画法的支座三视图　　　　　图 11.14　支座斜二测图的画法

【例 11.3】　已知第三角画法表示的机件三视图，如图 11.15 所示，读图并绘制正等轴测图。

（1）读第三视角三视图的方法，如图 11.15 所示。

① 确定出主视图（从前往后观察，看到的轮廓形状），对其进行形体分析，确定形体中各组成部分的形状和相对位置，如图 11.16 所示。

② 由俯视图确定形体各组成部分宽度方向的形状尺寸和相对位置（注意前后的方位关系）。

图 11.15　例 11.2 三视图

③ 由左视图前上方的切角。

（2）综合想象出机件的整体结构形状，绘制正等轴测图（将前、上、右侧作为可见部分进行表达），如图 11.17 所示。

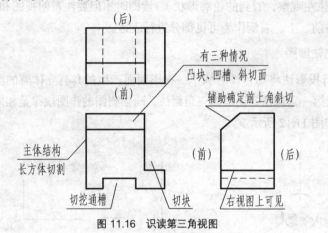

图 11.16　识读第三角视图

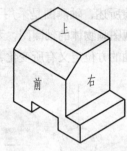

图 11.17　绘制正等轴测图

2. 两视图补画第三视图

【例 11.4】　如图 11.17 所示，已知右视图、俯视图，想象立体形状，补画主视图。

（1）分析。用形体分析法先作主要分析。根据所给的两视图，可知它的基本形体是长方体，其前上方被切挖掉一个小长方体，前下方斜切一角，如表 11.1 所示。

（2）绘图步骤如表 11.1 所示。

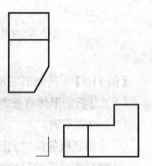

图 11.18　例 11.4 的两视图

 提示　读图过程中也可徒手绘制轴测图，帮助判断空间的方位关系。

表 11.1　　　　　　　　　　例 11.3 的形体分析及绘图步骤

形体分析	根据投影关系，绘制长方体的主视图	根据高平齐，补画前上方挖切长方块的主视图	根据长对正，补画切角的主视图

11.3　第三角画法机件的表达方式

利用第三角画法绘制机件图样时，同样也采用基本视图、局部视图、斜视图、剖面图等形式来完整、清晰地表达机件的内、外结构形状。

11.3.1　第三角画法的六个基本视图

第三角画法同样有六个基本视图，除主视图、俯视图和右视图三个视图外还有左视图、仰视图和后视图。如图 11.19 所示，为六个基本视图的形成、展开及配置。

第三角画法的六个基本视图之间仍保持"长对正，高平齐，宽相等"的投影关系，即主视图、俯视图、仰视图之间"长对正"，并与后视图"长相等"；主视图、右视图、左视图、后视图之间"高平齐"；俯视图、右视图、仰视图、左视图之间"宽相等"。以"主视图"为准，除后视图以外的其他基本视图，靠近主视图的一边（内边）为机件的前面，远离主视图的一边（外边）为机件的后面，简称"远离主视是后方"；主视图、俯视图、仰视图的右边表示机件的右边，左边表示机件的左边，而后视图则相反，其右边表示机件的左边，左边表示机件的右边。

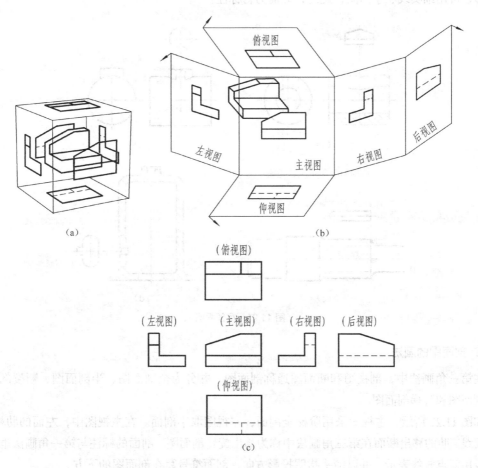

图 11.19　第三角画法六个基本视图的形成、展开及配置

11.3.2 第三角画法机件表达方法的特点及其应用

1. 视图近侧配置，既方便识读又便于表达

第三角画法是将投影面置于观察者与机件之间进行投射，即观察者先看到投影面，再看到机件。在六面视图中，除后视图外，其他视图都配置在相邻视图的近侧，方便识读。这一特点对于识读较长的轴、杆类零件时尤为突出。如图 11.20 所示，该轴左端的形状配置在主视图左方，其右视图是将该轴右端的形状配置在主视图右方。与第一角画法相比较，显然，用第三角画法的近侧配置更方便画图与读图。

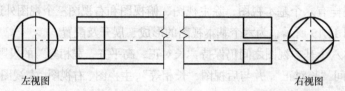

左视图　　　　　　　　　　　　　　　右视图

图 11.20　较长轴的左、右视图

利用第三角画法近侧配置的特点，对于表达机件上的局部结构比较清楚简明。如图 11.21 所示，只要将局部视图配置在视图上所需表示的局部结构的附近，并用细点画线将两者相连，无中心线的图形也可用细实线联系两图，此时，无需另行标注。

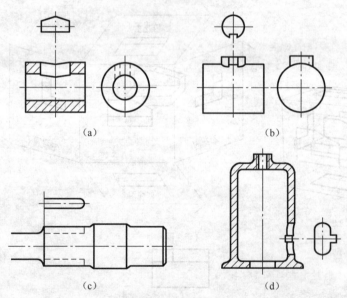

(a)　　　　　　　　　　　　　　(b)

(c)　　　　　　　　　　　　　　(d)

图 11.21　局部视图

2. 剖面图的画法

在第三角画法中，剖视图和断面图通称剖面图，并分为全剖面图、半剖面图、断裂剖面图、旋转剖面图和阶梯剖面图。

如图 11.22 所示，主视图采用阶梯全剖面，左视图取半剖面。在主视图中，左面的肋板也不画剖面线。肋的移出断面在第三角画法中称为移出旋转剖面图。剖面的标注与第一角画法也不同，剖面线用双点画线表示，并以箭头指明投影方向。剖面符号写在剖面图的下方。

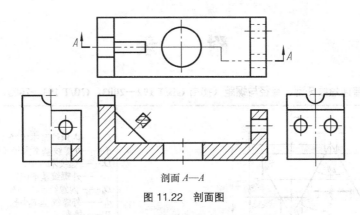

剖面 $A—A$

图 11.22　剖面图

11.3.3　第三角表达方法应用示例

用第三角画法表达机件的结构、形状时，其表达方案的选择与第一角画法一样，也应遵循如下的原则：

（1）在完整、清晰地表达形体结构的前提下，使视图的数量减少。

（2）力求绘图简便、看图方便。

（3）选择的每一个视图都有一个表达的重点，又要注意彼此间的联系和分工。

【例 11.5】　确定如图 11.23（a）所示支架的表达方案。

（1）形体分析。支架由圆筒、带四个圆柱通孔的倾斜底板和十字肋板组成，支架前后对称。

（2）主视图的选择。根据支架的结构特点，将支架上圆筒的轴线水平放置，选择图 11.23（a）中的箭头 S 方向为主视图的投影方向。为了表达圆筒的内部结构和倾斜底板上的四个圆柱通孔的形状，主视图采用了两个断裂剖面图，既表达了圆筒、倾斜底板和十字肋板的外部形状，又表达了圆筒上的孔和倾斜底板上四个圆柱通孔的形状。

（3）其他视图的选择。由于底板的主要表面和圆筒之间是倾斜的，为了绘图简便、看图方便，不宜选用其他的基本视图。可采用两个局部视图近侧配置，一个用来表达圆筒与十字肋板的连接关系，一个用来表达底板的实形。采用移出旋转剖面图表达十字肋板的断面形状。

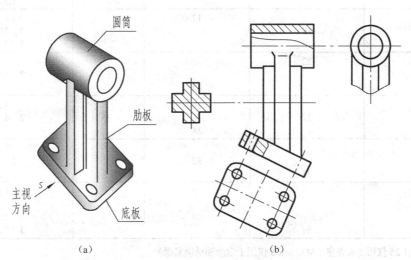

（a）　　　　　　　　　　　　　　　（b）

图 11.23　支架的表达方案

附 录

附表 1　　普通螺纹牙型、直径与螺距（摘自 GB/T 192—2003、GB/T 193—2003）　　　　mm

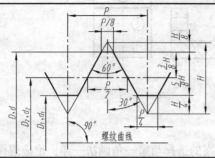

D ——内螺纹基本大径（公称直径）
d ——外螺纹基本大径（公称直径）
D_2 ——螺纹基本中径
d_2 ——外螺纹基本中径
D_1 ——内螺纹基本小径
d_1 ——外螺纹基本小径
P ——螺距
H ——原始三角形高度

标记示例：

M10（粗牙普通外螺纹、公称直径 $d=10$、中径及大径公差带均为 6g、中等旋合长度、右旋）

M10×1-LH（细牙普通内螺纹、公称直径 $D=10$、螺距 $P=1$、中径及大径公差带均为 6H、中等旋合长度、左旋）

公称直径 D、d			螺距 P	
第一系列	第二系列	第三系列	粗牙	细牙
4	3.5		0.7	0.5
5			0.8	0.5
		5.5		
6			1	0.75
	7		1	0.75
8			1.25	1、0.75
		9	1.25	1、0.75
10			1.5	1.25、1、0.75
		11	1.5	1.5、1、0.75
12			1.75	1.25、1
	14		2	1.5、1.25、1
		15		1.5、1
16			2	1.5、1
		17		1.5、1
	18		2.5	2、1.5、1
20			2.5	2、1.5、1
	22		2.5	
24			3	2、1.5、1
		25		
		26		1.5
	27		3	2、1.5、1
		28		2、1.5、1
30			3.5	（3）、2、1.5、1
		32		2、1.5
	33		3.5	（3）、2、1.5
		35		1.5
36			4	3、2、1.5
		38		1.5
	39			3、2、1.5

注：M14×1.25 仅用于火花塞；M35×1.5 仅用于滚动轴承锁紧螺母。

标记示例：Tr36×12（6）–LH

梯形螺纹，公称直径 d = 36mm，导程 12，螺距为 6，双线左旋。

| 公称直径 d | | 螺距 P | 中径 $d_2=D_2$ | 大径 D_4 | 小径 | | 公称直径 d | | 螺距 P | 中径 $d_2=D_2$ | 大径 D_4 | 小径 | |
第一系列	第二系列				d_3	D_1	第一系列	第二系列				d_3	D_1
8		1.5	7.25	8.30	6.20	6.50			3	24.5	26.5	22.5	23.0
	9	1.5	8.25	9.30	7.20	7.50		26	5	23.5	26.5	20.5	21.0
	9	2	8.00	9.50	6.50	7.00			8	22.0	27.0	17.0	18.0
10		1.5	9.25	10.30	8.20	8.50			3	26.5	28.5	24.5	25.0
10		2	9.00	10.50	7.50	8.00	28		5	25.5	28.5	22.5	23.0
	11	2	10.00	11.5	8.50	9.00			8	24.0	29.0	19.0	20.0
	11	3	9.50	11.50	7.50	8.00			3	28.5	30.5	26.5	29.0
12		2	11.00	12.50	9.50	10.0		30	6	27.0	31.0	23.0	24.0
12		3	10.50	12.50	8.50	9.00			10	25.0	31.0	19.0	20.0
	14	2	13.00	14.50	11.50	12.0			3	30.5	32.5	28.5	29.0
	14	3	12.50	14.50	10.50	11.0	32		6	29.0	33.0	25.0	26.0
16		2	15.00	16.50	13.50	14.0			10	27.0	33.0	21.0	22.0
16		4	14.00	16.50	11.50	12.0			3	32.5	34.5	30.5	31.0
	18	2	19.00	18.50	15.50	16.0		34	6	31.0	35.0	27.0	28.0
	18	4	16.00	18.50	13.50	14.0			10	29.0	35.0	23.0	24.0
20		2	19.00	20.50	17.50	18.0			3	34.5	36.5	32.5	33.0
20		4	18.00	20.50	15.50	16.0	36		6	33.0	37.0	29.0	30.0
	22	3	20.50	20.50	18.50	19.0			10	31.0	37.0	25.0	26.0
	22	5	19.50	20.50	16.50	17.0			3	36.5	38.5	34.5	35.0
	22	8	18.00	23.00	13.00	14.0		38	7	34.5	39.0	30.0	31.0
24		3	22.50	24.50	20.50	21.0			10	33.0	39.0	27.0	28.0
24		5	21.50	24.50	18.50	19.0			3	38.5	40.5	36.5	37.0
24		8	20.00	25.00	15.00	16.0	40		7	36.5	41.0	32.0	33.0

附表 3 　　　　　　用螺纹密封的管螺纹（摘自 GB/T　7306.1—2000）　　　　　　　mm

标记示例：

1½ 圆锥内螺纹：Rc 1½ ；　　　　　　　　　　　　圆锥内螺纹与圆锥外螺纹的配合：Rc 1½ / R 1½ ；

1½ 圆柱内螺纹：Rp 1½ ；　　　　　　　　　　　　圆柱内螺纹与圆锥外螺纹的配合：Rc 1½ / R 1½ ；

1½ 圆锥外螺纹：R 1½ ；

1½ 圆锥外螺纹，左旋：Rc 1½ - LH。

尺寸代号	每 25.4mm 内的牙数 n	螺距 P	牙高 h	圆弧半径 $r \approx$	基面上的基本直径			基准距离	有效螺纹长度
					大径（基准直径）$d = D$	中径 $d_2 = D_2$	小径 $d_1 = D_1$		
⅟₁₆	28	0.907	0.851	0.125	7.723	7.142	6.561	4.0	6.5
⅛	28	0.907	0.851	0.125	9.728	9.147	8.566	4.0	6.5
¼	19	1.337	0.856	0.184	13.157	12.301	11.445	6.0	9.7
⅜	19	1.337	0.856	0.184	16.662	15.806	14.950	6.4	10.1
½	14	1.814	1.162	0.249	20.955	19.793	18.631	8.2	13.2
¾	14	1.814	1.162	0.249	26.441	25.279	24.117	9.5	14.5
1	11	2.309	1.479	0.317	33.249	31.770	30.291	10.4	16.8
1¼	11	2.309	1.479	0.317	41.910	40.431	38.952	12.7	19.1
1½	11	2.309	1.479	0.317	47.803	48.324	44.845	12.7	19.1
2	11	2.309	1.479	0.317	59.614	58.135	56.656	15.9	23.4
2½	11	2.309	1.479	0.317	75.184	73.705	72.226	17.5	26.7
3	11	2.309	1.479	0.317	87.884	86.405	84.926	20.6	29.8
3½	11	2.309	1.479	0.317	100.330	98.351	97.372	22.2	31.4
4	11	2.309	1.479	0.317	113.030	111.531	110.072	25.4	35.8
5	11	2.309	1.479	0.317	138.430	135.951	136.472	28.6	40.1

标记示例：

1½ 内螺纹：G1½ ；　　　　　　　　　内外螺纹的装配标记：G1½ / G1½ A ；

1½A 级外螺纹：G1½A ；

1½B 级外螺纹，左旋：G1½ B – LH ；

尺寸代号	每 25.4mm 内的牙数 n	螺距 P	牙高 h	圆弧半径 r ≈	基面上的基本直径		
					大径 d = D	中径 d₂ = D₂	小径 d₁ = D₁
1/16	28	0.907	0.851	0.125	7.723	7.142	6.561
1/8	28	0.907	0.851	0.125	9.728	9.147	8.566
1/4	19	1.337	0.856	0.184	13.157	12.301	11.445
3/8	19	1.337	0.856	0.184	16.662	15.806	14.950
1/2	14	1.814	1.162	0.249	20.955	19.793	18.631
5/8	14	1.814	1.162	0.249	22.911	21.749	20.587
3/4	14	1.814	1.162	0.249	26.441	25.279	24.117
7/8	14	1.814	1.162	0.249	30.201	29.039	27.877
1	11	2.309	1.479	0.317	33.249	31.770	30.291
1 1/8	11	2.309	1.479	0.317	37.897	36.418	34.939
1 1/4	11	2.309	1.479	0.317	41.910	40.431	38.952
1 1/2	11	2.309	1.479	0.317	47.803	48.324	44.845
1 3/4	11	2.309	1.479	0.317	53.746	52.267	50.788
2	11	2.309	1.479	0.317	59.614	58.135	56.656
2 1/4	11	2.309	1.479	0.317	65.710	64.231	62.752
2 1/2	11	2.309	1.479	0.317	75.184	73.705	72.226
2 3/4	11	2.309	1.479	0.317	81.534	80.055	78.576
3	11	2.309	1.479	0.317	87.884	86.405	84.926
3 1/2	11	2.309	1.479	0.317	100.330	98.351	97.372
4	11	2.309	1.479	0.317	113.030	111.531	110.072
4 1/2	11	2.309	1.479	0.317	138.430	135.951	136.472

六角头螺栓 — C 级（摘自 GB/T 5780—2000）

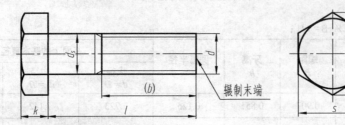

标记示例：

螺栓 GB/T 5780 M20×100

（螺纹规格 d=M20、公称长度 l=100 右旋、性能等级为 4.8 级、不经表面处理、杆身半螺纹、C 级的六角头螺栓）

六角头螺栓 — 全螺纹—C 级（摘自 GB/T 5781—2000）

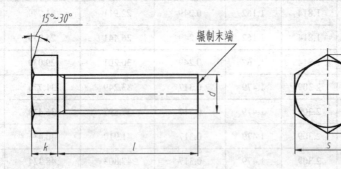

标记示例：

螺栓 GB/T 5781 M12×80

（螺纹规格 d=M12、公称长度 l = 80 右旋、性能等级为 4.8 级、不经表面处理、全螺纹、C 级的六角头螺栓）

螺纹规格 d		M5	M6	M8	M10	M12	M16	M20	M24	M30	M36	M42	M48
b 参考	$l \leqslant 125$	16	18	22	26	30	38	40	54	66	78	—	—
	$125 < l \leqslant 200$	—	—	28	32	36	44	52	60	72	84	96	108
	$l > 200$	—	—	—	—	—	57	65	73	85	97	109	121
k 公称		3.5	4.0	5.3	6.4	7.5	10	12.5	15	18.7	22.5	26	30
s_{max}		8	10	13	16	18	24	30	36	46	55	65	75
e_{max}		8.63	10.9	14.2	17.6	19.9	26.2	33.0	39.6	50.9	60.8	72.0	82.6
d_{smax}		5.48	6.48	8.58	10.6	12.7	16.7	20.8	24.8	30.8	37.0	45.0	49.0
l 范围	GB/T 5780—2000	25~50	30~60	35~80	40~100	45~120	55~160	65~200	80~240	90~300	110~300	160~420	180~480
	GB/T 5781—2000	10~40	12~50	16~65	20~80	25~100	30~100	40~100	50~100	60~100	70~100	80~420	90~480
l 系列		10、12、16、20~50（5 进位）、（55）、60、（65）、70~160（10 进位）、180、220~500（20 进位）											

注：1. 括号内的规格尽可能不用。末端按 GB/T 2—2001 规定。

2. 螺纹公差：8g（GB/T 5780—2000）；6g（GB/T 5781—2000）；机械性能等级：4.6、4.8；产品等级：C。

Ⅰ型六角螺母—A和B级（摘自 GB/T 6170—2000）

Ⅰ型六角头螺母—细牙—A和B级（摘自 GB/T 6171—2000）

Ⅰ型六角螺母—C级（摘自 GB/T 41—2000）

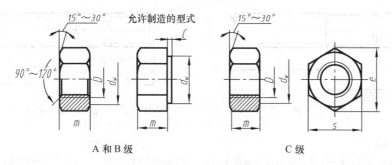

允许制造的型式

A 和 B 级   C 级

标记示例：

螺母 GB/T 41 M12

（螺纹规格 D=M12、性能等级为 5 级、不经表面处理、C 级的Ⅰ型六角螺母）

螺母 GB/T 6171 M24×2

（螺纹规格 D=M24、公称长度 P=2、性能等级为 10 级、不经表面处理、B 级的Ⅰ型细牙六角螺母）

螺纹规格	D	M4	M5	M6	M8	M10	M12	M16	M20	M24	M30	M36	M42	M48
	$D×P$	—	—	—	M8×1	M10×1	M12×1.5	M16×1.5	M20×2	M24×2	M30×2	M36×3	M42×3	M48×3
C		0.4	0.5			0.6			0.8				1	
S_{max}		7	8	10	13	16	18	24	30	36	46	55	65	75
e_{min}	A、B 级	7.66	8.79	11.05	14.38	17.77	20.03	26.75	32.95	39.95	50.85	60.79	72.02	82.6
	C 级	—	8.63	10.89	14.2	17.59	19.85	26.17						
m_{max}	A、B 级	3.2	4.7	5.2	6.8	8.4	10.8	14.8	18	21.5	25.6	31	34	38
	C 级	—	5.6	6.1	7.9	9.5	12.5	15.9	18.7	22.3	26.4	31.5	34.9	38.9
$d_{w min}$	A、B 级	5.9	6.9	8.9	11.6	14.6	16.6	22.5	27.7	33.2	42.7	51.1	60.6	69.4
	C 级	—	6.9	8.7	11.5	14.5	16.5	22						

注：1. P——螺距。

2. A 级用于 $D \leqslant 16$ 的螺母；B 级用于 $D > 16$ 的螺母；C 级用于 $D \geqslant 5$ 的螺母。

3. 螺纹公差：A、B 级为 6H，C 级为 7H；机械性能等级：A、B 级为 6、8、10 级，C 级为 4、5 级。

附表 7 　　　　　**双头螺柱（摘自 GB/T 897 ～ 900—1998）** 　　　　　　mm

b_m=1d(GB/T 897—1998)； b_m=1.25d(GB/T 898—1998)； b_m=1.5d(GB/T 899—1998)； b_m=2d(GB/T 900—1998)

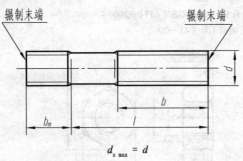 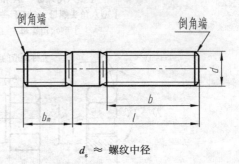

$d_{s\,max} = d$　　　　　　　　　　　　　　$d_s ≈$ 螺纹中径

标记示例：

螺柱 GB/T 900 M10×50

（两端均为粗牙普通螺纹、d=10、l=50、性能等级为 4.8 级、不经表面处理、B 型、b_m=2d 的双头螺柱）

螺柱 GB/T 900 AM10-10×1×50

（旋入机体一端为粗牙普通螺纹、旋螺母端为螺距 P=1 的细牙普通、d=10、l=50、性能等级为 4.8 级、不经表面处理、A 型、b_m=2d 的双头螺柱）

螺纹规格 d	b_m（旋入机体端长度）				l/b（螺柱长度 / 旋入螺母端长度）				
	GB/T 897	GB/T 898	GB/T 899	GB/T 900					
M4	—	—	6	8	$\frac{16\sim22}{8}$	$\frac{25\sim40}{14}$			
M5	5	6	8	10	$\frac{16\sim22}{8}$	$\frac{25\sim50}{16}$			
M6	6	8	10	12	$\frac{20\sim22}{10}$	$\frac{25\sim30}{14}$	$\frac{32\sim75}{18}$		
M8	8	10	12	16	$\frac{20\sim22}{12}$	$\frac{25\sim30}{16}$	$\frac{32\sim90}{22}$		
M10	10	12	15	20	$\frac{25\sim28}{14}$	$\frac{30\sim38}{16}$	$\frac{40\sim120}{26}$	$\frac{130}{32}$	
M12	12	15	18	24	$\frac{25\sim30}{14}$	$\frac{32\sim40}{16}$	$\frac{45\sim120}{26}$	$\frac{130\sim180}{32}$	
M16	16	20	24	32	$\frac{30\sim38}{16}$	$\frac{40\sim55}{20}$	$\frac{60\sim120}{30}$	$\frac{130\sim200}{36}$	
M20	20	25	30	40	$\frac{35\sim40}{20}$	$\frac{45\sim65}{30}$	$\frac{70\sim120}{38}$	$\frac{130\sim200}{44}$	
(M24)	24	30	36	48	$\frac{45\sim50}{25}$	$\frac{55\sim75}{35}$	$\frac{80\sim120}{46}$	$\frac{130\sim200}{52}$	
(M30)	30	38	45	60	$\frac{60\sim65}{40}$	$\frac{70\sim90}{50}$	$\frac{95\sim120}{66}$	$\frac{130\sim200}{72}$	$\frac{210\sim250}{85}$
M36	36	45	54	72	$\frac{65\sim75}{45}$	$\frac{80\sim110}{60}$	$\frac{120}{78}$	$\frac{130\sim200}{84}$	$\frac{210\sim300}{97}$
M42	42	52	63	84	$\frac{70\sim80}{50}$	$\frac{85\sim110}{70}$	$\frac{120}{90}$	$\frac{130\sim200}{96}$	$\frac{210\sim300}{109}$
M48	48	60	72	96	$\frac{80\sim90}{60}$	$\frac{95\sim110}{80}$	$\frac{120}{102}$	$\frac{130\sim200}{108}$	$\frac{210\sim300}{121}$
l系列	12、（14）、16、（18）、20、（22）、25、（28）、30、（32）、35、（38）、40、45、50、55、60、（65）、70、75、80、（85）、90、（95）、100~260（10 进位）、280、300								

注：1. 尽可能不采用括号内的规格。末端按 GB/T 2—2001 规定。

　　2. b_m=1d，一般用于钢对钢；b_m=（1.25~1.5）d，一般用于钢对铸铁；b_m=2d，一般用于钢对铝合金。

附表 8 　　　　　　　　　　　　　螺钉（一）　　　　　　　　　　　　　　　　mm

开槽盘头螺钉
（摘自 GB/T 67—2008）

开槽沉头螺钉
（摘自 GB/T 68—2000）

开槽半沉头螺钉
（摘自 GB/T 69—2000）

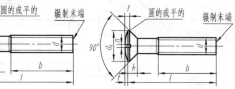

（无螺纹部分杆径≈中径或 = 螺纹大径）

标记示例：

螺钉 GB/T 67　M5×60

（螺纹规格 d=M5、l=60、性能等级为 4.8 级、不经表面处理的开槽盘头螺钉）

螺纹规格 d	P	b_{min}	n 公称	f	r_f	k_{max}		$d_{k\,max}$		t_{min}			$l_{范围}$		全螺纹时最大长度	
				GB/T 69	GB/T 69	GB/T 67	GB/T 68 GB/T 69	GB/T 67	GB/T 68 GB/T 69	GB/T 67	GB/T 68	GB/T 69	GB/T 67	GB/T 68 GB/T 69	GB/T 67	GB/T 68 GB/T 69
M2	0.4	25	0.5	4	0.5	1.3	1.2	4	3.8	0.5	0.4	0.8	2.5~20	3~20	30	
M3	0.5		0.8	6	0.7	1.8	1.65	5.6	5.5	0.7	0.6	1.2	4~30	5~30		
M4	0.7	38	1.2	9.5	1	2.4	2.7	8	8.4	1	1	1.6	5~40	6~40	40	45
M5	0.8				1.2	3		9.5	9.3	1.2	1.1	2	6~50	8~50		
M6	1		1.6	12	1.4	3.6	3.3	12	12	1.4	1.2	2.4	8~60	8~60		
M8	1.25		2	16.5	2	4.8	4.65	16	16	1.9	1.8	3.2	10~80			
M10	1.5		2.5	19.5	2.3	6	5	20	20	2.4	2	3.8				
$l_{系列}$	2、2.5、3、4、5、6、8、10、12、(14)、16、20~50（5 进位）、(55)、60、(65)、70、(75)、80															

注：螺纹公差：6g；机械性能等级：4.8、5.8；产品等级：A

附表 9 　　　　　　　　　　　　　螺钉（二）　　　　　　　　　　　　　　　　mm

开槽锥端紧定螺钉
（摘自 GB/T 71—2000）

开槽平端紧定螺钉
（摘自 GB/T 73—2000）

开槽长圆柱端紧定螺钉
（摘自 GB/T 75—2000）

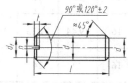
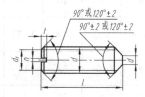
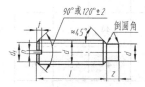

标记示例：

螺钉 GB/T71　M5×20

（螺纹规格 d=M5、l=20、性能等级为 14H 级、表面氧化的开槽锥端紧定螺钉）

螺纹规格 d	P	d_f	$d_{t\,max}$	$d_{p\,max}$	n 公称	t_{max}	Z_{max}	$l_{范围}$		
								GB/T 71	GB/T 73	GB/T 75
M2	0.4	螺纹小径	0.2	1	0.25	0.84	1.25	3~10	2~10	3~10
M3	0.5		0.3	2	0.4	1.05	1.75	4~16	3~16	5~16
M4	0.7		0.4	2.5	0.6	1.42	2.25	6~20	4~20	6~20
M5	0.8		0.5	3.5	0.8	1.63	2.75	8~25	5~25	8~25
M6	1		1.5	4	1	2	3.25	8~30	6~30	8~30
M8	1.25		2	5.5	1.2	2.5	4.3	10~40	8~40	10~40
M10	1.5		2.5	7	1.6	3	5.3	12~50	10~50	12~50
M12	1.75		3	8.5	2	3.6	6.3	14~60	12~60	14~60
$l_{系列}$	2、2.5、3、4、5、6、8、10、12、(14)、16、20、25、30、35、40、45、50、(55)、60									

注：螺纹公差：6g；机械性能等级：14H、22H；产品等级：A

附表 10　　　　　　　内六角圆柱头螺钉（摘自 GB/T 70.1—2008）　　　　　　　mm

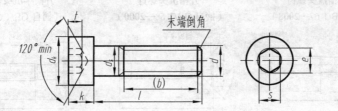

标记示例：

螺钉 GB/T 70.1　M5×20

（螺纹规格：d=M5、公称长度 l=20 性能等级为 8.8 级、表面氧化的内六角圆柱头螺钉）

螺纹规格 d		M4	M5	M6	M8	M10	M12	M(14)	M16	M20	M24	M30	M36
螺距 P		0.7	0.8	1	1.25	1.5	1.75	2	2	2.5	3	3.5	4
$b_{参考}$		20	22	24	28	32	36	40	44	52	60	72	84
$d_{k\,max}$	光滑头部	7	8.5	10	13	16	18	21	24	30	36	45	54
	滚花头部	7.22	8.72	10.22	13.27	16.27	18.27	21.33	24.33	30.33	36.39	45.39	54.46
k_{max}		4	5	6	8	10	12	14	16	20	24	30	36
t_{min}		2	2.5	3	4	5	6	7	8	10	12	15.5	19
$S_{公称}$		3	4	5	6	8	10	12	14	17	19	22	27
e_{min}		3.44	4.58	5.72	6.86	9.15	11.43	13.72	16	19.44	21.73	25.15	30.35
$d_{s\,max}$		4	5	6	8	10	12	14	16	20	24	30	36
$l_{范围}$		6~40	8~50	10~60	12~80	16~100	20~120	25~140	25~160	30~200	40~200	45~200	55~200
全螺纹时最大长度		25	25	30	35	40	45	55	55	65	80	90	100
$l_{系列}$		6、8、10、12、（14）、（16）、20~50（5 进位）、（55）、60、（65）、70~160（10 进位）、180、200											

注：1. 尽可能不采用括号内的规格。末端按 GB/T 2—2001 规定。

　　2. 机械性能等级：8.8、12.9。

　　3. 螺纹公差：机械性能等级 8.8 级时为 6g，12.9 时为 5g、6g。

　　4. 产品等级：A。

小垫圈—A 级（摘自 GB/T 848—2002）
平垫圈—A 级（摘自 GB/T 97.1—2002）
平垫圈—倒角型—A 级（摘自 GB/T 97.2—2002）
平垫圈—C 级（摘自 GB/T 95—2002）
大垫圈—A 级（摘自 GB/T 96.1—2002）
特大垫圈—C 级（摘自 GB/T 5287—2002）

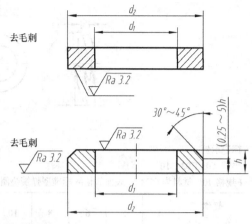

标记示例：

垫圈 GB/T 95　8

（标准系列、公称尺寸 d=8、性能等级为 100HV 级、不经表面处理的平垫圈）

垫圈 GB/T 97.2　8

（标准系列、公称尺寸 d=8、性能等级为 A140 级、倒角型、不经表面处理的平垫圈）

公称尺寸（螺纹规格）d	标准系列									特大系列			大系列			小系列		
	GB/T 95（C 级）			GB/T 97.1（A 级）			GB/T 97.2（A 级）			GB/T 5287（C 级）			GB/T 96.1（A 级）			GB/T 848（A 级）		
	d_{1min}	d_{2max}	h	d_{1min}	d_{2max}	h	d_{1min}	d_{2max}	h	d_{1min}	d_{2max}	h	d_{1min}	d_{2max}	h	d_{1min}	d_{2max}	h
4	—	—	—	4.3	9	0.8	—	—	—	—	—	—	74.3	12	1	4.3	8	0.5
5	5.5	10	1	5.3	10	1	5.3	10	1	5.5	18	2	5.3	15	1.2	5.3	9	1
6	6.6	12	1.6	6.4	12	1.6	6.4	12	1.6	6.6	22	2	6.4	18	1.6	6.4	11	1.6
8	9	16	1.6	8.4	16	1.6	8.4	16	1.6	9	28	3	8.4	24	2	8.4	15	1.6
10	11	20	2	10.5	20	2	10.5	20	2	11	34	3	10.5	30	2.5	10.5	18	1.6
12	13.5	24	2.5	13	24	2.5	13	24	2.5	13.5	44	4	13	37	3	13	20	2
14	15.5	28	2.5	15	28	2.5	15	28	2.5	15.5	50	4	15	44	3	15	24	2.5
16	17.5	30	3	17	30	3	17	30	3	17.5	56	5	17	50	3	17	28	2.5
20	22	37	3	21	37	3	21	37	3	22	72	5	22	60	4	21	34	3
24	26	44	4	25	44	4	25	44	4	26	85	6	26	72	5	25	39	4
30	33	56	4	31	56	4	31	56	4	33	105	6	33	92	6	31	50	4
36	39	66	5	37	66	5	37	66	5	39	125	8	39	110	8	37	60	5
42①	45	78	8	—	—	—	—	—	—	—	—	—	45	125	10	—	—	—
48②	52	92	8	—	—	—	—	—	—	—	—	—	52	145	10	—	—	—

注：1. A 级适用于精装配系列，C 级适用于中等装配系列。

　　2. C 级垫圈没有 Ra3.2 和去毛刺的要求。

　　3. GB/T 848—2002 主要用于圆柱头螺钉，其他用于标准的六角螺栓、螺母和螺钉。

　　①表示尚未列入相应产品标准的规格。

附表 12　　　　　　　　　　标准型弹簧垫圈（摘自 GB/T 93—1987）　　　　　　　　　mm

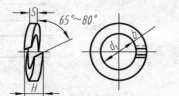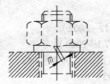

标记示例：

垫圈 GB/T 93　10

（规格 10、材料为 65Mn、表面氧化的标准型弹簧垫圈）

规格 （螺纹大径）	4	5	6	8	10	12	16	20	24	30	36	42	48
$d_{1\,min}$	4.1	5.1	6.1	8.1	10.2	12.2	16.2	20.2	24.5	30.5	36.5	42.5	48.5
$S=b$ 公称	1.1	1.3	1.6	2.1	2.6	3.1	4.1	5	6	7.5	9	10.5	12
$m \leqslant$	0.55	0.65	0.8	1.05	1.3	1.55	2.05	2.5	3	3.75	4.5	5.25	6
H_{max}	2.75	3.25	4	5.25	6.5	7.75	10.25	12.5	15	18.75	22.5	26.25	30

注：m 应大于零。

附表 13　　　　　　圆柱销（不淬硬钢和奥氏体不锈钢）（摘自 GB/T 119.1—2000）　　　　　mm

标记示例：

销 GB/T 119.1　6 m6×30

（公称直径 d=6、公差为 m6、公称长度 l=30、不经表面处理的圆柱销）

标记示例：

销 GB/T 119.1　10 m6×30—A1

（公称直径 d=10、公差为 m6、公称长度 l=30、材料为 A1 组奥氏体不锈钢、表面简单处理的圆柱销）

d（公称） m6/h8	2	3	4	5	6	8	10	12	16	20	25
$c \approx$	0.35	0.5	0.63	0.8	1.2	1.6	2	2.5	3	3.5	4
l 范围	6~20	8~30	8~40	10~50	12~60	14~80	18~95	22~140	26~180	35~200	50~200
l 系列 （公称）	2、3、4、5、6~32（2 进位）、35~100（5 进位）、120~200（按 20 递增）									

附表 14　　　　　　　　**圆锥销（摘自 GB/T 117—2000）**　　　　　　　　mm

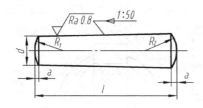

A 型（磨削）

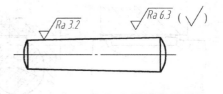

B 型（切削或冷镦）

标记示例：

销 GB/T 117　10×60

（公称直径 $d=10$、长度 $l=60$、材料为 35 钢、热处理硬度 28~38HRC、表面氧化处理的圆锥销）

$d_{公称}$	2	2.5	3	4	5	6	8	10	12	16	20	25
$a\approx$	0.25	0.3	0.4	0.5	0.63	0.8	1.0	1.2	1.6	2.0	2.5	3.0
$l_{范围}$	10~35	10~35	12~45	14~55	18~60	22~90	22~120	26~160	32~180	40~200	45~200	50~200
$l_{系列}$	2、3、4、5、6~32（2 进位）、35~100（5 进位）、120~200（20 进位）										

附表 15　　　　　　　　**开口销（摘自 GB/T 91—2000）**　　　　　　　　mm

允许制造的形式

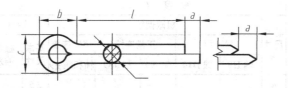

标记示例：

销　GB/T 91　5×50

（公称直径 $d=5$、公称长度 $l=50$、材料为低碳钢、不经表面处理的开口销）

	公称	0.8	1	1.2	1.6	2	2.5	3.2	4	5	6.3	8	10	12
d	max	0.7	0.9	1	1.4	1.8	2.3	2.9	3.7	4.6	5.9	7.5	9.5	11.4
	min	0.6	0.8	0.9	1.3	1.7	2.1	2.7	3.5	4.4	5.7	7.3	9.3	11.1
c_{max}		1.4	1.8	2	2.8	3.6	4.6	5.8	7.4	9.2	11.8	15	19	24.8
b		2.4	3	3	3.2	4	5	6.4	8	10	12.6	16	20	26
a_{max}		1.6			2.5			3.2		4			6.3	
$l_{范围}$		5~16	6~20	8~26	8~32	10~40	12~50	14~65	18~80	22~100	30~120	40~160	45~200	70~200
$l_{系列}$		4、5、6~32（2 进位）、36、40~100（5 进位）、120~200（20 进位）												

注：销孔的公称直径等于 $d_{公称}$，d_{min} ≤（销的直径）≤ d_{max}。

附表16 普通平键及键槽各部分尺寸（摘自 GB/T 1095—2003、GB/T 1096—2003） mm

普通平键、键槽的尺寸与公差（GB/T 1095—2003）

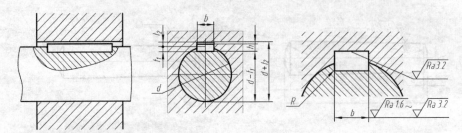

普通平键的形式与尺寸（GB/T 1096—2003）

A 型   B 型   C 型

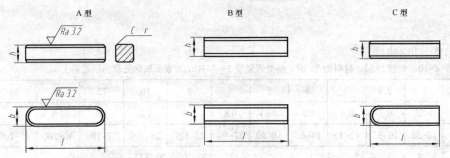

标记示例：

键 16×10×100 GB/T 1096（圆头普通平键、b=16、h=10、L=100）

键 B16×10×100 GB/T 1096（平头普通平键、b=16、h=10、L=100）

键 C16×10×100 GB/T 1096（单圆头普通平键、b=16、h=10、L=100）

轴	键		键 槽											
			宽 度 b						深 度				半径 r	
公称直径 d	键尺寸 $b×h$ (h8) (h11)	长度 L (h14)	基本尺寸 b	极限偏差					轴 $t1$		毂 $t2$			
				松连接		正常连接		紧密连接	基本尺寸	极限偏差	基本尺寸	极限偏差		
				轴 H9	毂 D10	轴 N9	毂 JS9	轴和毂 P9					min	max
>10~12	4×4	8~45	4	+0.030 0	+0.078 +0.030	0 −0.030	±0.015	−0.012 −0.042	2.5	+0.1 0	1.8	+0.1 0	0.08	0.16
>12~17	5×5	10~56	5						3.0		2.3			
>17~22	6×6	14~70	6						3.5				0.16	0.25
>22~30	8×7	18~90	8	+0.036 0	+0.098 +0.040	0 −0.036	±0.018	−0.015 −0.051	4.0					
>30~38	10×8	22~110	10						5.0					
>38~44	12×8	28~140	12	+0.043 0	+0.120 +0.050	0 −0.043	±0.0215	−0.018 −0.061	5.0				0.25	0.40
>44~50	14×9	36~160	14						5.5					
>50~58	16×10	45~180	16						6.0	+0.2 0		+0.2 0		
>58~65	18×11	50~200	18						7.0					
>65~75	20×12	56~220	20	+0.052 0	+0.149 +0.065	0 −0.052	±0.026	−0.022 −0.074	7.5					
>75~85	22×14	63~250	22						9.0				0.40	0.60
>85~95	25×14	70~280	25						9.0					
>95~110	16×10	80~320	28						10					

注：1. L 系列：6~22（2 进位）、25、28、32、36、40、45、50、56、63、70、80、90、100、125、140、160、180、200、220、250、280、320、360、400、450、500。

2. GB/T 1095—2003、GB/T1096—2003 中无轴的公称直径一列，现列出仅供参考。

附表 17 　　　　　　　　滚动轴承（摘自 GB/T 117—2000）　　　　　　　　mm

深沟球轴承 （摘自 GB/T 276—1994）	圆锥滚子轴承 （摘自 GB/T 297—1994）	推力球轴承 （摘自 GB/T 301—1995）
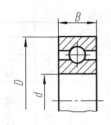	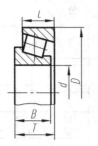	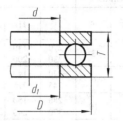

标记示例：
滚动轴承 6310 GB/T 276 　　标记示例：
滚动轴承 30212 GB/T 297 　　标记示例：
滚动轴承 51305 GB/T 301

轴承 型号	尺寸/mm			轴承 型号	尺寸/mm					轴承 型号	尺寸/mm			
	d	D	B		d	D	B	C	T		d	D	T	d_1
尺寸系列〔(0) 2〕				尺寸系列〔02〕						尺寸系列〔12〕				
6202	15	35	11	30203	17	40	12	11	13.25	51202	15	32	12	17
6203	17	40	12	30204	20	47	14	12	15.25	51203	17	35	12	19
6204	20	47	14	30205	25	52	15	13	16.25	51204	20	40	14	22
6205	25	52	15	30206	30	62	16	14	17.25	51205	25	47	15	27
6206	30	62	16	30207	35	72	17	15	18.25	51206	30	52	16	32
6207	35	72	17	30208	40	80	18	16	19.75	51207	35	62	18	37
6208	40	80	18	30209	45	85	19	16	20.75	51208	40	68	19	42
6209	45	85	19	30210	50	90	20	17	21.75	51209	45	73	20	47
6210	50	90	20	30211	55	100	21	18	22.75	51210	50	78	22	52
6211	55	100	21	30212	60	110	22	19	23.75	512115	55	90	25	57
6212	60	110	22	30213	65	120	23	20	24.75	1212	60	95	26	62
尺寸系列〔(0) 3〕				尺寸系列〔03〕						尺寸系列〔13〕				
6302	15	42	13	30302	15	42	13	11	14.25	51304	20	47	18	22
6303	17	47	14	30303	17	47	14	12	15.25	51305	25	52	18	27
6304	20	52	15	30304	20	52	15	13	16.25	51306	30	60	21	32
6305	25	62	17	30305	25	62	17	15	18.25	51307	35	68	24	37
6306	30	72	19	30306	30	72	19	16	20.75	51308	40	78	26	42
6307	35	80	21	30307	35	80	21	18	22.75	51309	45	85	28	47
6308	40	90	23	30308	40	90	23	20	25.25	51310	50	95	31	52
6309	45	100	25	30309	45	100	25	22	27.25	51311	55	105	35	57
6310	50	110	27	30310	50	110	27	23	29.25	51312	60	110	35	62
6311	55	120	29	30311	55	120	29	25	31.50	51313	65	115	36	67
6312	60	130	31	30312	60	130	31	26	33.50	51314	70	125	40	72

注：圆括号中的尺寸系列代号在轴承代号中省略。

附表 18   轴的常用公差带及其极限

代号		a	b	c	d	e	f	g	h					
公称尺寸（mm）		公 差												
大于	至	11	11	11	9	8	7	6	5	6	7	8	9	10
—	3	−270 −330	−140 −200	−60 −120	−20 −45	−14 −28	−6 −16	−2 −8	0 −4	0 −6	0 −10	0 −14	0 −25	0 −40
3	6	−270 −345	−140 −215	−70 −145	−30 −60	−20 −38	−10 −22	−4 −12	0 −5	0 −8	0 −12	0 −18	0 −30	0 −48
6	10	−280 −370	−150 −240	−80 −170	−40 −76	−25 −47	−13 −28	−5 −14	0 −6	0 −9	0 −15	0 −22	0 −36	0 −58
10	14	−290 −400	−150 −260	−95 −205	−50 −93	−32 −59	−16 −34	−6 −17	0 −8	0 −11	0 −18	0 −27	0 −43	0 −70
14	18													
18	24	−300 −430	−160 −290	−110 −240	−65 −117	−40 −73	−20 −41	−7 −20	0 −9	0 −13	0 −21	0 −33	0 −52	0 −84
24	30													
30	40	−310 −470	−170 −330	−120 −280	−80 −142	−50 −89	−25 −50	−9 −25	0 −11	0 −16	0 −25	0 −39	0 −62	0 −100
40	50	−320 −480	−180 −340	−130 −290										
50	65	−340 −530	−190 −380	−140 −330	−100 −174	−60 −106	−30 −60	−10 −29	0 −13	0 −19	0 −30	0 −46	0 −74	0 −120
65	80	−360 −550	−200 −390	−150 −340										
80	100	−380 −600	−220 −440	−170 −390	−120 −207	−72 −126	−36 −71	−12 −34	0 −15	0 −22	0 −35	0 −54	0 −87	0 −140
100	120	−410 −630	−240 −460	−180 −400										
120	140	−460 −710	−260 −510	−200 −450	−145 −245	−85 −148	−43 −83	−14 −39	0 −18	0 −25	0 −40	0 −63	0 −100	0 −160
140	160	−520 −770	−280 −530	−210 −460										
160	180	−580 −830	−310 −560	−230 −480										
180	200	−660 −950	−340 −630	−240 −530	−170 −285	−100 −172	−50 −96	−15 −44	0 −20	0 −29	0 −46	0 −72	0 −115	0 −185
200	225	−740 −1030	−380 −670	−260 −550										
225	250	−820 −1110	−420 −710	−280 −570										
250	280	−920 −1240	−480 −800	−300 −620	−190 −320	−110 −191	−56 −108	−17 −49	0 −23	0 −32	0 −52	0 −81	0 −130	0 −210
280	315	−1050 −1370	−540 −860	−330 −650										
315	355	−1200 −1560	−600 −960	−360 −720	−210 −350	−125 −214	−62 −119	−18 −54	0 −25	0 −36	0 −57	0 −89	0 −140	0 −230
355	400	−1350 −1710	−680 −1040	−400 −760										
400	450	−1500 −1900	−760 −1160	−440 −840	−230 −385	−135 −232	−68 −131	−20 −60	0 −27	0 −40	0 −63	0 −97	0 −155	0 −250
450	500	−1650 −2050	−840 −1240	−480 −880										

偏差（摘自 GB/T 1800.2—2009）　　　　μm

		js	k	m	n	p	r	s	t	u	v	x	y	z
11	12	6	6	6	6	6	6	6	6	6	6	6	6	6
0/−60	0/−100	±3	+6/0	+8/+2	+10/+4	+12/+6	+16/+10	+20/+14	—	+24/+18	—	+26/+20	—	+32/+26
0/−75	0/−120	±4	+9/+1	+12/+4	+16/+8	+20/+12	+23/+15	+27/+19	—	+31/+23	—	+36/+28	—	+43/+35
0/−90	0/−150	±4.5	+10/+1	+15/+6	+19/+10	+24/+15	+28/+19	+32/+23	—	+37/+28	—	+43/+34	—	+51/+42
0/−110	0/−180	±5.5	+12/+1	+18/+7	+23/+12	+29/+18	+34/+23	+39/+28	—	+44/+33	—	+51/+40	—	+61/+50
											+50/+39	+56/+45	—	+71/+60
0/−130	0/−210	±6.5	+15/+2	+21/+8	+28/+15	+35/+22	+41/+28	+48/+35	—	+54/+41	+60/+47	+67/+54	+76/+63	+86/+73
									+54/+41	+61/+48	+68/+55	+77/+64	+88/+75	+101/+88
0/−160	0/−250	±8	+18/+2	+25/+9	+33/+17	+42/+26	+50/+34	+59/+43	+64/+48	+76/+60	+84/+68	+96/+80	+110/+94	+128/+112
									+70/+54	+86/+70	+97/+81	+113/+97	+130/+114	+152/+136
0/−190	0/−300	±9.5	+21/+2	+30/+11	+39/+20	+51/+32	+60/+41	+72/+53	+85/+66	+106/+87	+121/+102	+141/+122	+163/+144	+191/+172
							+62/+43	+78/+59	+94/+75	+121/+102	+139/+120	+165/+146	+193/+174	+229/+210
0/−220	0/−350	±11	+25/+3	+35/+13	+45/+23	+59/+37	+73/+51	+93/+71	+113/+91	+146/+124	+168/+146	+200/+178	+236/+214	+280/+258
							+76/+54	+101/+79	+126/+104	+166/+144	+194/+172	+232/+210	+276/+254	+332/+310
0/−250	0/−400	±12.5	+28/+3	+40/+15	+52/+27	+68/+43	+88/+63	+117/+92	+147/+122	+195/+170	+227/+202	+273/+248	+325/+300	+390/+365
							+90/+65	+125/+100	+159/+134	+215/+190	+253/+228	+305/+280	+365/+340	+440/+415
							+93/+68	+133/+108	+171/+146	+235/+210	+277/+252	+335/+310	+405/+380	+490/+465
0/−290	0/−460	±14.5	+33/+4	+46/+17	+60/+31	+79/+50	+106/+77	+151/+122	+195/+166	+265/+236	+313/+284	+379/+350	+454/+425	+549/+520
							+109/+80	+159/+130	+209/+180	+287/+258	+339/+310	+414/+385	+499/+470	+604/+575
							+113/+84	+169/+140	+225/+196	+313/+284	+369/+340	+454/+425	+549/+520	+669/+640
0/−320	0/−520	±16	+36/+4	+52/+20	+66/+34	+88/+56	+126/+94	+190/+158	+250/+218	+347/+315	+417/+385	+507/+475	+612/+580	+742/+710
							+130/+98	+202/+170	+272/+240	+382/+350	+457/+425	+557/+525	+682/+650	+822/+790
0/−360	0/−570	±18	+40/+4	+57/+21	+73/+37	+98/+62	+144/+108	+226/+190	+304/+268	+426/+390	+511/+475	+626/+590	+766/+730	+936/+900
							+150/+114	+244/+208	+330/+294	+471/+435	+566/+530	+696/+660	+856/+820	+1036/+1000
0/−400	0/−630	±20	+45/+5	+63/+23	+80/+40	+108/+68	+166/+126	+272/+232	+370/+330	+530/+490	+635/+595	+780/+740	+960/+920	+1140/+1100
							+172/+132	+292/+252	+400/+360	+580/+540	+700/+660	+860/+820	+1040/+1000	+1290/+1250

等级

代号		A	B	C	D	E	F	G	H					
公称尺寸（mm）		公 差												
大于	至	11	11	11	9	8	8	7	6	7	8	9	10	11
—	3	+330 +270	+200 +140	+120 +60	+45 +20	+28 +14	+20 +6	+12 +2	+6 0	+10 0	+14 0	+25 0	+40 0	+60 0
3	6	+345 +270	+215 +140	+145 +70	+60 +30	+38 +20	+28 +10	+16 +4	+8 0	+12 0	+18 0	+30 0	+48 0	+75 0
6	10	+370 +280	+240 +150	+170 +80	+76 +40	+47 +25	+35 +13	+20 +5	+9 0	+15 0	+22 0	+36 0	+58 0	+90 0
10	14	+400 +290	+260 +150	+205 +95	+93 +50	+59 +32	+43 +16	+24 +6	+11 0	+18 0	+27 0	+43 0	+70 0	+110 0
14	18	+400 +290	+260 +150	+205 +95	+93 +50	+59 +32	+43 +16	+24 +6	+11 0	+18 0	+27 0	+43 0	+70 0	+110 0
18	24	+430 +300	+290 +160	+240 +110	+117 +65	+73 +40	+53 +20	+28 +7	+13 0	+21 0	+33 0	+52 0	+84 0	+130 0
24	30	+430 +300	+290 +160	+240 +110	+117 +65	+73 +40	+53 +20	+28 +7	+13 0	+21 0	+33 0	+52 0	+84 0	+130 0
30	40	+470 +310	+330 +170	+280 +120	+142 +80	+89 +50	+64 +25	+34 +9	+16 0	+25 0	+39 0	+62 0	+100 0	+160 0
40	50	+480 +320	+340 +180	+290 +130	+142 +80	+89 +50	+64 +25	+34 +9	+16 0	+25 0	+39 0	+62 0	+100 0	+160 0
50	65	+530 +340	+380 +190	+330 +140	+174 +100	+106 +60	+76 +30	+40 +10	+19 0	+30 0	+46 0	+74 0	+120 0	+190 0
65	80	+550 +360	+390 +200	+340 +150	+174 +100	+106 +60	+76 +30	+40 +10	+19 0	+30 0	+46 0	+74 0	+120 0	+190 0
80	100	+600 +380	+440 +220	+390 +170	+207 +120	+125 +72	+90 +36	+47 +12	+22 0	+35 0	+54 0	+87 0	+140 0	+220 0
100	120	+630 +410	+460 +240	+400 +180	+207 +120	+125 +72	+90 +36	+47 +12	+22 0	+35 0	+54 0	+87 0	+140 0	+220 0
120	140	+710 +460	+510 +260	+450 +200	+245 +145	+148 +85	+106 +43	+54 +14	+25 0	+40 0	+63 0	+100 0	+160 0	+250 0
140	160	+770 +520	+530 +280	+460 +210	+245 +145	+148 +85	+106 +43	+54 +14	+25 0	+40 0	+63 0	+100 0	+160 0	+250 0
160	180	+830 +580	+560 +310	+480 +230	+245 +145	+148 +85	+106 +43	+54 +14	+25 0	+40 0	+63 0	+100 0	+160 0	+250 0
180	200	+950 +660	+630 +340	+530 +240	+285 +170	+172 +100	+122 +50	+61 +15	+29 0	+46 0	+72 0	+115 0	+185 0	+290 0
200	225	+1030 +740	+670 +380	+550 +260	+285 +170	+172 +100	+122 +50	+61 +15	+29 0	+46 0	+72 0	+115 0	+185 0	+290 0
225	250	+1110 +820	+710 +420	+570 +280	+285 +170	+172 +100	+122 +50	+61 +15	+29 0	+46 0	+72 0	+115 0	+185 0	+290 0
250	280	+1240 +920	+800 +480	+620 +300	+320 +190	+191 +110	+137 +56	+69 +17	+32 0	+52 0	+81 0	+130 0	+210 0	+320 0
280	315	+1370 +1050	+860 +540	+650 +330	+320 +190	+191 +110	+137 +56	+69 +17	+32 0	+52 0	+81 0	+130 0	+210 0	+320 0
315	355	+1560 +1200	+960 +600	+720 +360	+350 +210	+214 +125	+151 +62	+75 +18	+36 0	+57 0	+89 0	+140 0	+230 0	+360 0
355	400	+1710 +1350	+1040 +680	+760 +400	+350 +210	+214 +125	+151 +62	+75 +18	+36 0	+57 0	+89 0	+140 0	+230 0	+360 0
400	450	+1900 +1500	+1160 +760	+840 +440	+385 +230	+232 +135	+165 +68	+83 +20	+40 0	+63 0	+97 0	+155 0	+250 0	+400 0
450	500	+2050 +1650	+1240 +840	+880 +480	+385 +230	+232 +135	+165 +68	+83 +20	+40 0	+63 0	+97 0	+155 0	+250 0	+400 0

偏差（摘自 GB/T 1800.2—2009） μm

	JS		K			M	N		P		R	S	T	U
等 级														
12	6	7	6	7	8	7	6	7	6	7	7	7	7	7
+100 / 0	±3	±5	0 / -6	0 / -10	0 / -14	-2 / -12	-4 / -10	-4 / -14	-6 / -12	-6 / -16	-10 / -20	-14 / -24	—	-18 / -28
+120 / 0	±4	±6	+2 / -6	+3 / -9	+5 / -13	0 / -12	-5 / -13	-4 / -16	-9 / -17	-8 / -20	-11 / -23	-15 / -27	—	-19 / -31
+150 / 0	±4.5	±7	+2 / -7	+5 / -10	+6 / -16	0 / -15	-7 / -16	-4 / -19	-12 / -21	-9 / -24	-13 / -28	-17 / -32	—	-22 / -37
+180 / 0	±5.5	±9	+2 / -9	+6 / -12	+8 / -19	0 / -18	-9 / -20	-5 / -23	-15 / -26	-11 / -29	-16 / -34	-21 / -39		-26 / -44
+210 / 0	±6.5	±10	+2 / -11	+6 / -15	+10 / -23	0 / -21	-11 / -24	-7 / -28	-18 / -31	-14 / -35	-20 / -41	-27 / -48	—	-33 / -54
													-33 / -54	-40 / -61
+250 / 0	±8	±12	+3 / -13	+7 / -18	+12 / -27	0 / -25	-12 / -28	-8 / -33	-21 / -37	-17 / -42	-25 / -50	-34 / -59	-39 / -64	-51 / -76
													-45 / -70	-61 / -86
+300 / 0	±9.5	±15	+4 / -15	+9 / -21	+14 / -32	0 / -30	-14 / -33	-9 / -39	-26 / -45	-21 / -51	-30 / -60	-42 / -72	-55 / -85	-76 / -106
											-32 / -62	-48 / -78	-64 / -94	-91 / -121
+350 / 0	±11	±17	+4 / -18	+10 / -25	+16 / -38	0 / -35	-16 / -38	-10 / -45	-30 / -52	-24 / -59	-38 / -73	-58 / -93	-78 / -113	-111 / -146
											-41 / -76	-66 / -101	-91 / -126	-131 / -166
+400 / 0	±12.5	±20	+4 / -21	+12 / -28	+20 / -43	0 / -40	-20 / -45	-12 / -52	-36 / -61	-28 / -68	-48 / -88	-77 / -117	-107 / -147	-155 / -195
											-50 / -90	-85 / -125	-119 / -159	-175 / -215
											-53 / -93	-93 / -133	-131 / -171	-195 / -235
+460 / 0	±14.5	±23	+5 / -24	+13 / -33	+22 / -50	0 / -46	-22 / -51	-14 / -60	-41 / -70	-33 / -79	-60 / -106	-105 / -151	-149 / -195	-219 / -265
											-63 / -109	-113 / -159	-163 / -209	-241 / -287
											-67 / -113	-123 / -169	-179 / -225	-267 / -313
+520 / 0	±16	±26	+5 / -27	+16 / -36	+25 / -56	0 / -52	-25 / -57	-14 / -66	-47 / -79	-36 / -88	-74 / -126	-138 / -190	-198 / -250	-295 / -347
											-78 / -130	-150 / -202	-220 / -272	-330 / -382
+570 / 0	±18	±28	+7 / -29	+17 / -40	+28 / -61	0 / -57	-26 / -62	-16 / -73	-51 / -87	-41 / -98	-87 / -144	-169 / -226	-247 / -304	-369 / -426
											-93 / -150	-187 / -244	-273 / -330	-414 / -471
+630 / 0	±20	±31	+8 / -32	+18 / -45	+29 / -68	0 / -63	-27 / -67	-17 / -80	-55 / -93	-45 / -108	-103 / -166	-209 / -272	-307 / -370	-467 / -530
											-109 / -172	-229 / -292	-337 / -400	-517 / -580

附表 20　　　　　　　　　　　　　基孔制常用、优先配合

基准孔	轴																				
	a	b	c	d	e	f	g	h	js	k	m	n	p	r	s	t	u	v	x	y	z
	间隙配合								过渡配合						过盈配合						
H6						$\frac{H6}{f5}$	$\frac{H6}{g5}$	$\frac{H6}{h5}$	$\frac{H6}{js5}$	$\frac{H6}{k5}$	$\frac{H6}{m5}$	$\frac{H6}{n5}$	$\frac{H6}{p5}$	$\frac{H6}{r5}$	$\frac{H6}{s5}$	$\frac{H6}{t5}$					
H7						$\frac{H7}{f6}$	$\boxed{\frac{H7}{g6}}$	$\boxed{\frac{H7}{h6}}$	$\frac{H7}{js6}$	$\boxed{\frac{H7}{k6}}$	$\frac{H7}{m6}$	$\boxed{\frac{H7}{n6}}$	$\boxed{\frac{H7}{p6}}$	$\frac{H7}{r6}$	$\boxed{\frac{H7}{s6}}$	$\frac{H7}{t6}$	$\boxed{\frac{H7}{u6}}$	$\frac{H7}{v6}$	$\frac{H7}{x6}$	$\frac{H7}{y6}$	$\frac{H7}{z6}$
H8					$\frac{H8}{e7}$	$\boxed{\frac{H8}{f7}}$	$\frac{H8}{g7}$	$\boxed{\frac{H8}{h7}}$	$\frac{H8}{js7}$	$\frac{H8}{k7}$	$\frac{H8}{m7}$	$\frac{H8}{n7}$	$\frac{H8}{p7}$	$\frac{H8}{r7}$	$\frac{H8}{s7}$	$\frac{H8}{t7}$	$\frac{H8}{u7}$				
H8				$\frac{H8}{d8}$	$\frac{H8}{e8}$	$\frac{H8}{f8}$		$\frac{H8}{h8}$													
H9			$\frac{H9}{c9}$	$\boxed{\frac{H9}{d9}}$	$\frac{H9}{e9}$	$\frac{H9}{f9}$		$\boxed{\frac{H9}{h9}}$													
H10			$\frac{H10}{c10}$	$\frac{H10}{d10}$				$\frac{H10}{h10}$													
H11	$\frac{H11}{a11}$	$\frac{H11}{b11}$	$\boxed{\frac{H11}{c11}}$	$\frac{H11}{d11}$				$\boxed{\frac{H11}{h11}}$													
H12		$\frac{H12}{b12}$						$\frac{H12}{h12}$													

① $\frac{H6}{n5}$、$\frac{H7}{p6}$ 在 ≤ 3mm 和 $\frac{H8}{r7}$ ≤ 100mm 时为过渡配合。

② 方框中的配合符号为优先配合。

附表 21　　　　　　　　　　　　　基轴制常用、优先配合

基准轴	孔																				
	A	B	C	D	E	F	G	H	JS	K	M	N	P	R	S	T	U	V	X	Y	Z
	间隙配合								过渡配合						过盈配合						
h5						$\frac{F6}{h5}$	$\frac{G6}{h5}$	$\frac{H6}{h5}$	$\frac{JS6}{h5}$	$\frac{K6}{h5}$	$\frac{M6}{h5}$	$\frac{N6}{h5}$	$\frac{P6}{h5}$	$\frac{R6}{h5}$	$\frac{S6}{h5}$	$\frac{T6}{h5}$					
h6						$\frac{F7}{h6}$	$\boxed{\frac{G7}{h6}}$	$\boxed{\frac{H7}{h6}}$	$\frac{JS7}{h6}$	$\boxed{\frac{K7}{h6}}$	$\frac{M7}{h6}$	$\boxed{\frac{N7}{h6}}$	$\boxed{\frac{P7}{h6}}$	$\frac{R7}{h6}$	$\boxed{\frac{S7}{h6}}$	$\frac{T7}{h6}$	$\boxed{\frac{U7}{h6}}$	$\frac{V7}{h6}$	$\frac{X7}{h6}$	$\frac{Y7}{h6}$	$\frac{Z7}{h6}$
h7					$\frac{E8}{h7}$	$\boxed{\frac{F8}{h7}}$		$\boxed{\frac{H8}{h7}}$	$\frac{JS8}{h7}$	$\frac{K8}{h7}$	$\frac{M8}{h7}$	$\frac{N8}{h7}$	$\frac{P8}{h7}$	$\frac{R8}{h7}$	$\frac{S8}{h7}$	$\frac{T8}{h7}$	$\frac{U8}{h7}$				
h8				$\frac{D8}{h8}$	$\frac{E8}{h8}$	$\frac{F8}{h8}$		$\frac{H8}{h8}$													
h9			$\frac{C9}{h9}$	$\boxed{\frac{D9}{h9}}$	$\frac{E9}{h9}$	$\frac{F9}{h9}$		$\boxed{\frac{H9}{h9}}$													
h10			$\frac{C10}{h10}$	$\frac{D10}{h10}$				$\frac{H10}{h10}$													
h11	$\frac{A10}{h11}$	$\frac{B10}{h11}$	$\boxed{\frac{C10}{h11}}$	$\frac{D10}{h11}$				$\boxed{\frac{H10}{h11}}$													
h12		$\frac{B12}{h12}$						$\frac{H12}{h12}$													

参 考 文 献

[1] 徐玉华. 机械制图［M］. 北京：人民邮电出版社，2006.

[2] 金大鹰. 机械制图［M］. 第7版. 北京：机械工业出版社，2007.

[3] 梁德本，叶玉驹. 机械制图手册［M］. 第3版. 北京：机械工业出版社，2002.

[4] 胡建生. 工程制图［M］. 第3版. 北京：化学工业出版社，2006.

[5] 钱可强. 机械制图［M］. 第五版. 北京：中国劳动社会保障出版社，2007.

[6] 胡建生. 机械制图［M］. 北京：机械工业出版社，2009.

[7] 王幼龙. 机械制图［M］. 第3版. 北京：高等教育出版社，2007.